普通高等教育"十一五"国家级规划教材

21世纪计算机科学与技术实践型教程

丛书主编 陈明

付 钪 主编

何 娟 鞠慧敏 副主编

计算机基础实践导学教程

清华大学出版社

北京

内 容 简 介

本书以信息获取和信息处理为主线设置各章节的内容。内容包括Windows XP的使用、信息的获取、文字处理、数据处理、图像处理、视频处理、数据库、设计与开发型实验和研究与创新型实验。

随书光盘除了提供课堂所用的全部导学实验文件外，还提供了大量的拓展导学实验，供学生开阔视野，起到将课堂延伸到工作中的作用。

图书在版编目（CIP）数据

计算机基础实践导学教程 / 付钪主编 . —北京：清华大学出版社，2010.6
（21世纪计算机科学与技术实践型教程）
ISBN 978-7-302-22488-4

Ⅰ．①计… Ⅱ．①付… Ⅲ．电子计算机—教材 Ⅳ．①TP3

中国版本图书馆 CIP 数据核字（2010）第 067640 号

责任编辑：谢 琛 顾 冰
责任校对：白 蕾
责任印制：何 芊

出版发行：清华大学出版社　　　　　　　　　　地　　址：北京清华大学学研大厦 A 座
　　　　　http://www.tup.com.cn　　　　　　　邮　　编：100084
　　　社　总　机：010-62770175　　　　　　　邮　　购：010-62786544
　　　投稿与读者服务：010-62795954，jsjjc@tup.tsinghua.edu.cn
　　　质　量　反　馈：010-62772015，zhiliang@tup.tsinghua.edu.cn
印 刷 者：清华大学印刷厂
装 订 者：三河市李旗庄少明装订厂
经　　销：全国新华书店
开　　本：185×260　　　　印　　张：23.25　　　字　　数：526 千字
　　　　　（附光盘 1 张）
版　　次：2010 年 6 月第 1 版　　　　印　　次：2010 年 6 月第 1 次印刷
印　　数：1～8000
定　　价：39.50 元

产品编号：035373-01

21 世纪计算机科学与技术实践型教程

编辑委员会

21 世纪计算机科学与技术实践型教程

序

21世纪影响世界的三大关键技术:以计算机和网络为代表的信息技术;以基因工程为代表的生命科学和生物技术;以纳米技术为代表的新型材料技术。信息技术居三大关键技术之首。国民经济的发展采取信息化带动现代化的方针,要求在所有领域中迅速推广信息技术,导致需要大量的计算机科学与技术领域的优秀人才。

计算机科学与技术的广泛应用是计算机学科发展的原动力,计算机科学是一门应用科学。因此,计算机学科的优秀人才不仅应具有坚实的科学理论基础,而且更重要的是能将理论与实践相结合,并具有解决实际问题的能力。培养计算机科学与技术的优秀人才是社会的需要、国民经济发展的需要。

制定科学的教学计划对于培养计算机科学与技术人才十分重要,而教材的选择是实施教学计划的一个重要组成部分,《21世纪计算机科学与技术实践型教程》主要考虑了下述两方面。

一方面,高等学校的计算机科学与技术专业的学生,在学习了基本的必修课和部分选修课程之后,立刻进行计算机应用系统的软件和硬件开发与应用尚存在一些困难,而《21世纪计算机科学与技术实践型教程》就是为了填补这部分空白。将理论与实际联系起来,使学生不仅学会了计算机科学理论,而且也学会应用这些理论解决实际问题。

另一方面,计算机科学与技术专业的课程内容需要经过实践练习,才能深刻理解和掌握。因此,本套教材增强了实践性、应用性和可理解性,并在体例上做了改进——使用案例说明。

实践型教学占有重要的位置,不仅体现了理论和实践紧密结合的学科特征,而且对于提高学生的综合素质,培养学生的创新精神与实践能力有特殊的作用。因此,研究和撰写实践型教材是必需的,也是十分重要的任务。优秀的教材是保证高水平教学的重要因素,选择水平高、内容新、实践性强的教材可以促进课堂教学质量的快速提升。在教学中,应用实践型教材可以增强学生的认知能力、创新能力、实践能力以及团队协作和交流表达能力。

实践型教材应由教学经验丰富、实际应用经验丰富的教师撰写。此系列教材的作者不但从事多年的计算机教学,而且参加并完成了多项计算机类的科研项目,他们把积累的经验、知识、智慧、素质融合于教材中,奉献给计算机科学与技术的教学。

我们在组织本系列教材过程中,虽然经过了详细的思考和讨论,但毕竟是初步的尝试,不完善甚至缺陷不可避免,敬请读者指正。

本系列教材主编　陈明
2005 年 1 月于北京

前　言

时光流转,从第一台个人计算机诞生到现在已经过去了 29 年。

信息技术的发展使得对个人计算机基础素养的要求也在不断提升。因此大学计算机基础课程也要与时俱进。鉴于学生的水平不同、兴趣不同所造成的个性差异,要使共性教学在个性学习中发挥最大的作用,就要在"实践"中实现因材施教。

理论与实践在教学中的关系一直是教学改革中的不变话题。在以往的计算机基础课程的教学中,普遍强调形成知识网络。但知识网络的构成往往是粗略地以软件功能作为主线。无论是菜单式教学还是案例教学,其对于学生能力的培养都有不足之处,原因就在于教授的知识之间没有形成有机的联系,学生最终获得的是割裂的知识和技术,而不是整体的能力和智慧。

根据教育部高等学校计算机科学与技术教学指导委员会提出的《关于进一步加强高等学校计算机基础教学的意见》中关于"加强实践教学,注重能力培养"的指导思想,2006年我们提出了"实践导学"的教学模式,并编写了《大学计算机基础导学》一书,其教学模式和教材受到了广大师生的赞誉。为了满足目前企事业单位对员工办公软件应用能力的要求和国家十一五规划教材的建设需要,我们在《大学计算机基础导学》一书的基础上进一步完善、提高,形成了此书。

本书以实验案例展开导学,引导学习者自主地、循序渐进地学习和进步。根据教育部高等学校计算机科学与技术教学指导委员会对计算机基础实验层次设置的指导,本书设计了基础与验证型实验、设计与开发型实验和研究与创新型实验,以满足不同使用者、不同专业、不同阶层的需求,目的在于让学习者快速适应并胜任办公室计算机工作的大部分需求。

1. 本书的指导思想——学以致用,实践导学,写一本给人智慧的书

计算机基础作为一门基础通用性学科,其着重培养的并不只是学生的专业能力,同时更要对非专业的通用工作能力进行训练。这就要求教材必须从实际工作出发,传授学生工作能力,做到真正的学以致用。同时,对于未能有机会接触办公室工作的学生们,则要以实际中可能遇到的问题作为实例,引导和启发学生对于实际问题的解决思路与方法,并在导学中使学生养成良好的工作习惯和工作意识。让学生在今后的工作中可以凭借出众的工作能力达到个人整体素质的展现——授人以识,不如授人以智。

2. 本书实验设计思路

(1) 工作量饱满:保证不同层次的学生在同一课堂学习中均有提高,强调个性化教育,解决了入学起点不一致引起的困境。同时也为课外自学、希望进一步学习的学生提供了充足的内容。

（2）实验环境与实验指导融为一体：真实应用环境下的导学实验文件中的实验任务、实验要求、知识点、操作提示、样例、预备知识、可能遇到的问题、思考总结等导学提示,使学习突破了时间、地点、教材的限制,提高了学习的效率。

（3）环环相扣循序渐进：前后实验内容环环相扣,使学生在逐步深化的问题中不断地发现问题、解决问题,激发学生的求知欲望。在多种场合应用同一类知识点和技能点,强化运用意识。

（4）学以致用：以今后的工作和学习为出发点,为学生提供实际性、应用性实验。

3. 本书的特色

（1）内容体系：以实际工作的流程作为主线。从计算机获取信息、处理信息(文字信息处理、数据信息处理、图像信息以及音频视频信息处理)的角度设置各章内容,从而使学生获得"信息获取与处理"这一整体能力。

（2）实践层面：以实验案例展开导学,使学生循序渐进地学习和进步。通过导学实验学生可以在操作中获取知识、提高实际操作能力。

（3）实验内容：根据教育部高等学校计算机科学与技术教学指导委员会对计算机基础实验层次设置的指导方针,"实践导学"设计了三个层次的实验,以满足不同层次、不同专业、不同阶段的需求。针对实际工作设计了各种真实环境的实验,目的在于学习本书后可快速适应并胜任办公室计算机工作的大部分需求。

基础实验——验证、理解、巩固并掌握基本内容及技能要求。

设计与开发型实验——以"任务"驱动,带着问题自主学习,重在综合应用。

研究与创新型实验——自主研究、完成实验任务,增强创新意识及能力。

（4）模板思想：为提高工作效率及管理水平,在本书中特别贯彻进行制作模板、使用模板的训练,使学生在学习中体会规范高效的工作方法,培养高层次的工作意识。

（5）教材配套资源：本书光盘提供了全书的导学实验文件和素材,导学实验文件是在所学习软件界面下结合软件自身特点制作的,导学实验文件中有学习引导文件、操作步骤、结果样例等,使学生学习时免去书本和电子媒介之间的转换,为学生自主学习提供了便利——在办公软件界面下完成全部教学内容。配套资源中还提供了大量拓展的导学实验,以供学生开阔视野,起到延伸课堂教学的作用。

（6）菜单式教学：针对目前学生计算机基础水平差距大、各专业对计算机基础课程的需求不一致等情况,在实际教学中我们采用了"多层次＋多模块＋实践导学"的菜单式结构。

多层次——将实验分为初级、中级、高级三个层次。

多模块——将计算机基础课中应培养的学生能力分为六大部分,即基础知识、文字处理、数据处理、图像处理、音频、视频处理及相关的综合应用,每部分按不同应用软件分了若干模块,每个模块中包含若干个导学实验文件夹,每个导学实验文件夹一般为 2 学时。各专业可根据学时和需求选择不同的导学实验进行组合。实际教学中,也可根据需要和发展添加自己的教学文件夹。机房将预装全部导学文件夹,以方便学生使用,如图 1

所示。

《计算机基础实践导学教程》\菜单式

📁 导学实验1——Windows XP的使用、SnagIt抓图（初级）（4学时）
📁 导学实验2——信息的获取（初级）（2学时）
📁 导学实验3——Word简单文档排版（初级）（2学时）
📁 导学实验4——Word长文档排版（中级）（2学时）
📁 导学实验5——Word论文排版（高级）（2学时）
📁 导学实验6——Word表格、公式（中级）（2学时）
📁 导学实验7——Word自选图形、文本框、项目符号（中级）（2学时）
📁 导学实验8——Word题注和交叉引用（高级）（2学时）
📁 导学实验9——设计个性化的演示文稿、制作多模板文件（中级）（2学时）
📁 导学实验10——演示文稿的放映设置（中级）（2学时）
📁 导学实验11——Visio绘制流程图（初级）（2学时）
📁 导学实验12——Excel工作表基本操作（初级）（2学时）
📁 导学实验13——Excel公式和函数的基本应用1（初级）（2学时）
📁 导学实验14——Excel公式和函数的基本应用2（初级）（2学时）
📁 导学实验15——Excel图表应用（初级）（2学时）
📁 导学实验16——Excel排序、筛选、分类汇总（初级）（2学时）
📁 导学实验17——Excel条件格式、数据透视表（中级）（2学时）
📁 导学实验18——Excel批注、名称、工作表及工作簿的保护、数据有效性（中级）（2学时）
📁 导学实验19——Excel工作簿间单元格引用、打印专题（高级）（2学时）
📁 导学实验20——Excel查询函数VLOOKUP、列表（高级）（2学时）
📁 导学实验21——Photoshop制作证件照、网上报名照片（初级）（2学时）
📁 导学实验22——Photoshop光盘盘面制作、选取工具（初级）（2学时）
📁 导学实验23——Photoshop色彩色调调整、图层蒙版、矢量蒙版（中级）（2学时）
📁 导学实验24——Photoshop通道、动作和批处理（高级）（2学时）
📁 导学实验25——Premiere素材的导入、剪辑、输出（初级）（2学时）
📁 导学实验26——Premiere特效处理（初级）（2学时）
📁 导学实验27——Premiere标记、特效、字幕之综合应用（中级）（2学时）
📁 导学实验28——Access学生成绩管理系统（8学时）
📁 导学实验29——设计与开发型实验—邮件合并（2学时）
📁 导学实验30——设计与开发型实验—共享工作簿、单人成绩输出、制作试卷（2学时）
📁 导学实验31——研究与创新型实验—飞行时间统计（2学时）
📁 导学实验32——研究与创新型实验—自动显示空教室（2学时）
📁 导学实验33——计算机系统的组成（初级）（2学时）
📁 导学实验34——计算机病毒相关知识（初级）（2学时）
📁 导学实验35——信息表示、存储及进制转换（初级）（2学时）
📁 导学实验36——码制（中级）（2学时）
📁 导学实验37——网络基本知识及IE使用（初级）（2学时）

图 1　菜单式教学文件夹

本书由付钪、何娟、鞠慧敏主编，朱立平、李红豫参加编写。特别鸣谢周平、张利霞、贾群芳、王海舻为本书提供的帮助。

本书是一本既不同于传统教学也不同于案例教学的计算机基础用书，无论对于编者或读者都是一个全新的角度。由于编者水平有限，书中存在的不妥之处，敬请各位读者批评指正。

本书中的所有内容、所使用的一切素材，未经版权所有者同意不得擅自用于商业用途。

书中部分素材未能及时联系到原作者，望与本书作者联系，以便寄付样书及稿酬。

作者

2010 年 3 月

关于本教材的使用方法

1. 初学者(零起点)

随着高中信息技术课程的普及,大多数同学已经掌握了基本的计算机操作,如建立新文件夹、复制文件(夹)、粘贴文件(夹)、重命名文件(夹)、删除文件(夹)、中文及西文录入、切换输入法、打开文件、保存文件、关闭文件、压缩及解压缩文件等,因此本书没有专门介绍这些内容,初学者如有困难,可以利用当前软件的帮助功能,参考其他入门书籍,请教他人,利用网络学习掌握这些基本的计算机操作以及书中提到的一些与计算机相关的概念和词汇。

2. 软件版本

本书主要使用的软件有 Windows XP、Office 2003、Photoshop CS2、Premiere Pro 2.0。本书的导学实验文件可以在同类软件及不同版本的软件环境中使用。

3. 导学文件的使用

本书光盘中的导学实验文件及素材文件尽可能多地使用了模板文件。这样做出于两方面考虑:一是教学方便,保护文件内容不轻易被改写;二是想潜移默化地影响使用者在今后的工作中利用模板提高效率,改善管理水平。

本书中所涉及的导学实验大部分可以脱离书本,仅凭光盘中的导学实验文件即可进行学习,达到了学习、实验同界面,让使用者在学习的过程中可以随时进行实践,提高学习效率(见图3)。

图1 随书光盘文件夹

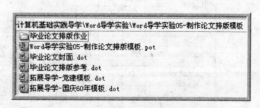

图2 具体导学实验文件夹中的内容

图3　Word导学文件

	C	D	E	F	G
1	身份证号	性别	民族	身高	入学成绩
2	110103198802190022	女	蒙古	172	507
3	110104198711230012	男	满	177	528
4	110104198807200012	男	满	163	456
5	110101198806060024	女	回	165	493
6	112104198803080014	男	回	160	489
7	110105198809100014	男	汉	179	555
8	110102198710070038	女	汉	175	499
9	110102198709050017	男	汉	189	498
10	110302198803160011	男	汉	183	495
11	110105198702260022	女	汉	171	490
12	112104198707240023	女	汉	163	488
13	110105198711160014	男	白	178	485
14	110104198802140012	男	汉	164	484
15	110103198804030029	女	满	160	481
16	110101198710020024	女	汉	164	480
17	110102198612030011	男	汉	185	476
18	110102198709160016	男	蒙古	176	475
19	110302198605040021	女	维	170	473
20	110102198802020022	女	汉	170	473
21	112104198803010014	男	汉	185	471
22	110105198803150014	男	回	176	466
23	110103198709150022	女	满	163	466
24	110101198610010024	女	汉	173	461
25	110102198709300011	男	汉	168	460
26	110102198803050016	男	蒙古	180	458
27	110302198703100011	男	回	168	456
28	110102198802260022	女	汉	176	444
29	112104198710180014	男	汉	161	454
30	112104198701210023	女	汉	177	447
31	110106198701090016	男	汉	174	446
32	110402198710170011	男	蒙古	168	446
33	112104198907140023	女	朝鲜	174	469

	A	B	C	D	E	F	G
1	学号	姓名	身份证号	性别	民族	身高	入学成绩
2	0704333603	张1	110103198802190022	女	蒙古	172	507
3	0704333602	张2	110104198711230012	男	满	177	528
4	0704333622	张3	110104198807200012	男	满	163	456
5	0704333604	张4	110101198806060024	女	回	165	493
6	0704333609	张5	112104198803080014	男	回	160	489
15	0704333613	张14	110103198804030029	女	满	160	481
18	0704333616	张17	110102198709160016	男	蒙古	176	475
22	0704333621	张21	110105198803150014	男	回	176	466
23	0704333623	张22	110103198709150022	女	满	163	466
26	0704333626	张25	110102198803050016	男	蒙古	180	458
27	0704333627	张26	110302198703100011	男	回	168	456
32	0704333632	张31	110402198710170011	男	蒙古	168	446

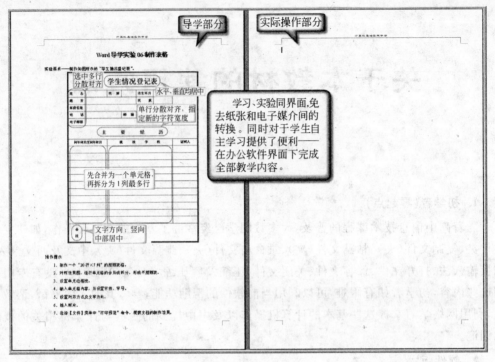

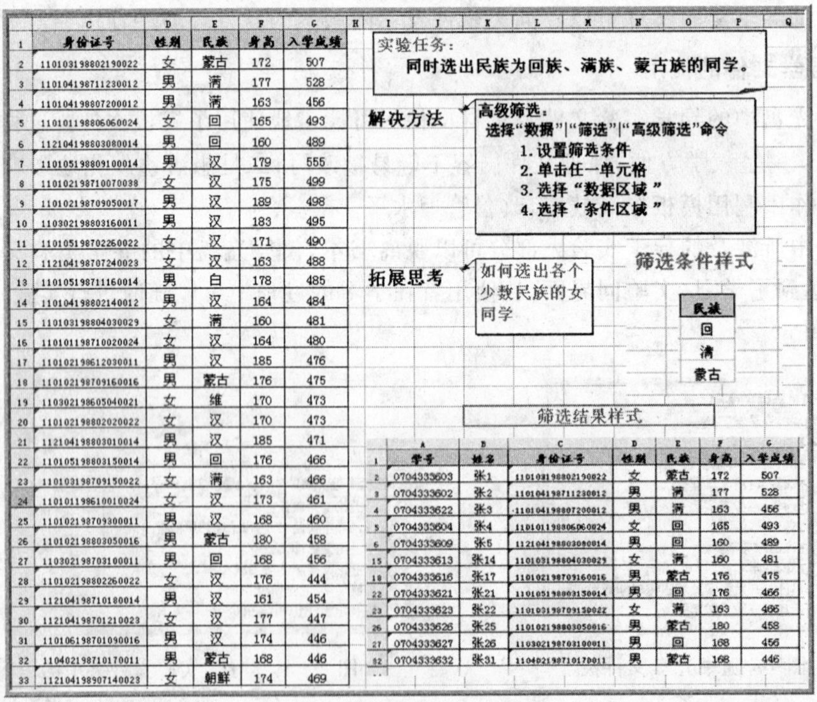

图4　Excel导学文件

4. 作业文件的使用

本书部分作业为一人一题,根据对应学号选择文件完成作业即可,如图 5 所示。

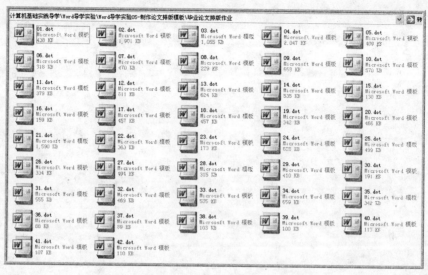

图 5　与学号对应的作业文件

目　　录

第1章 Windows XP 的使用

本章学习目标：

掌握 Windows XP 的基本操作；学会运用计算机进行文件管理、磁盘管理和系统管理；学会使用 Windows 的帮助。通过 Windows XP 操作系统的学习，掌握其他类似操作系统的使用。

1.1 概　　述

Windows XP 是微软公司于 2001 年推出的一个操作系统，它以功能强大、简单易用、工作稳定等特点吸引了大量的用户。通过 Windows XP 操作系统可以有效地管理本地计算机系统中的软硬件资源，而且还可以访问网络中的其他计算机，使用其中的软硬件资源。

启动 Windows XP 后的界面如图 1-1 所示，它由桌面图标、"开始"按钮、快速启动区、任务栏等组成。

图 1-1　Windows XP 界面

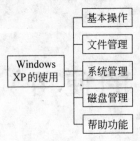

图 1-2 Windows 基本操作

通过"我的电脑"或"资源管理器"可以实现对系统的资源的管理。其中,资源管理器是操作系统中用来管理文件和文件夹的一个应用程序。

启动资源管理器的步骤:单击"开始"|"程序"|"附件"|"Windows 资源管理器"或右击"开始"按钮,在弹出的快捷菜单中选择"资源管理器"。

图 1-2 列出了本章中要介绍的 Windows XP 的基本操作和管理功能。下面通过一系列的导学实验来学习这些内容。

1.2　Windows XP 的基本操作导学实验

1.2.1　01——任务栏的使用

1. 实验目的

了解任务栏的使用。

2. 操作步骤

运行"开始"|"程序"|"附件"菜单中的"画图"和"写字板"程序,查看任务栏中出现的图标。从任务栏中激活"画图"窗口,完成下列操作:

(1) 向下移动窗口。

(2) 缩小窗口直至出现水平滚动条和垂直滚动条。

(3) 浏览窗口内容。

(4) 最大化窗口。

(5) 还原窗口。

(6) 双击窗口的标题栏,观察窗口大小的变化。

(7) 切换至"写字板"窗口。

(8) 双击"写字板"标题栏最左侧的控制按钮,观察窗口的变化。

1.2.2　02——设置任务栏

1. 实验目的

熟悉任务栏的设置。

2. 操作步骤

(1) 右击任务栏的空白区域在弹出的快捷菜单中选择"属性"命令,打开"任务栏和开始菜单属性"对话框。

(2) 设置"将任务栏保持在其他窗口的前端"、"自动隐藏任务栏"及"显示时钟"。

(3) 双击任务栏右侧的时钟,将计算机的日期和时间设置为"2009 年 10 月 1 日 0:00"。

(4) 将桌面上的快捷图标移动到任务栏的快速启动区。

3. 知识点

任务栏中显示打开窗口的按钮图标,单击各个按钮可在各个窗口之间切换;任务栏的左侧是"快速启动区",单击"快速启动区"中的按钮可打开相应的程序;任务栏的右侧有时间图标、音量图标等,通过这些图标可设置系统的日期、时间、声音效果等。

1.2.3　03——建立快捷方式

1. 实验目的

学会在某一位置创建应用程序的快捷方式。

2. 实验要求

(1) 在桌面上建立字处理程序 WINWORD. EXE 快捷方式,快捷方式名为"文字处理"。

(2) 在 D 盘中创建"画图"和"写字板"程序的快捷方式。

3. 知识点

Windows 桌面上有多个图标,其中有些图标是在安装操作系统的时候自动生成的,如"我的电脑"、"网上邻居"、"回收站"等;有些图标是在安装应用软件时自动添加到桌面的,如Word 软件的快捷方式等;有些图标是用户通过创建快捷方式的方法在桌面上添加的。

4. 操作步骤

方法 1:通过选择"开始"|"搜索"|"文件或文件夹"命令,打开"搜索结果"窗口,搜索WINWORD. EXE,搜索结果如图 1-3 所示。右击搜索结果窗口中的文件名 WINWORD. EXE,在弹出的快捷菜单中选择"发送到"|"桌面快捷方式"命令,在桌面上更改快捷方式的文件名即可。

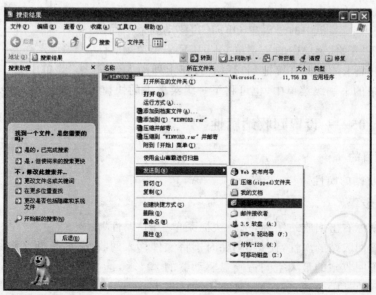

图 1-3　搜索到文件后建立快捷方式

方法 2：单击"开始"|"设置"|"任务栏和开始菜单"，打开"任务栏和开始菜单属性"对话框，在"开始菜单"选项卡中单击"自定义"按钮，打开"自定义经典开始菜单"对话框，单击"添加"按钮，打开创建快捷方式对话框，通过"浏览"按钮找到 WINWORD. EXE 文件，即 C:\Program Files\Microsoft Office\OFFICE11\WINWORD. EXE，单击"确定"按钮，单击"下一步"按钮，在"选择程序文件夹"对话框中选择要存放快捷方式的文件夹，本实验中选择"桌面"文件夹，单击"下一步"按钮后在"选择程序标题"对话框中输入快捷方式的名称，单击"完成"按钮实现快捷方式的创建。

"画图"和"写字板"程序的快捷方式的创建可参照以上方法。

1.2.4　04——在"开始"菜单中添加和删除程序的快捷方式

1. 实验目的

学会在"开始"菜单中添加和删除程序的快捷方式。

2. 操作步骤

(1) 在"开始"菜单中添加一个子菜单 OFFICE，该子菜单中包含 WORD、EXCEL 和 POWERPOINT 三个应用程序的快捷方式。

方法 1：在桌面上建立一个名为 OFFICE 的文件夹，加入要求的三个快捷方式（可通过"开始"|"程序"，找到对应的程序名后，右击并选择"复制"命令进行复制，粘贴到 OFFICE 的文件夹中），将文件夹拖到"开始"按钮上即可。

方法 2：单击"开始"|"设置"|"任务栏和开始菜单"，单击"开始菜单"选项卡中的"自定义"按钮，单击"自定义经典开始菜单"中的"高级"按钮，在打开的"开始菜单"窗口中选择"文件"|"新建"|"文件夹"命令创建新文件夹，将新建文件夹改名为 OFFICE，在其中加入要求的三个快捷方式。

(2) 单击"开始"|"程序"|Microsoft Office，观察下一级菜单图标上是否有表示快捷方式的箭头。

(3) 将"开始"菜单中的子菜单 OFFICE 移动到最上面。

(4) 删除"开始"菜单中的子菜单 OFFICE 子菜单项。

(5) 将桌面上的图标直接拖到"开始"按钮上即加入到"开始"菜单中了。还可继续拖到"开始"菜单的下一级菜单中，也可将下一级菜单中的快捷方式拖到上一级菜单中。

1.2.5　05——设置回收站属性

1. 实验目的

了解回收站的属性。

2. 操作步骤

(1) 用鼠标右击回收站图标，选择快捷菜单中的"属性"命令。

(2) 设置回收站的属性，使得"删除时不将文件移入回收站，而是彻底删除"。

(3) 设置回收站的最大空间占硬盘驱动器的 20%。

(4) 使回收站中各硬盘驱动器具有不同的最大空间。

(5) 设置回收站使删除文件时不显示删除确认对话框。

1.2.6　06——恢复回收站的内容

1. 实验目的

学会恢复被删除的文件。

2. 实验要求

(1) 双击"回收站"图标打开"回收站"窗口,执行"还原所有项目"命令还原回收站中的全部内容。

(2) 双击"回收站"图标打开"回收站"窗口,选中回收站中的部分文件,执行"还原选定的项目"命令恢复选定的内容。

(3) 删除文件时选中要删除的文件,按 Shift+Delete 键,单击"确认文件删除"对话框中的"是"按钮,到回收站中观察能否将其恢复。

3. 补充

如果不修改回收站属性的设置,用户删除的文件、文件夹通常都会放置在回收站中,这些文件、文件夹是可以还原的。但是,移动存储设备,如 U 盘、移动硬盘上的文件执行删除操作后会直接删除,不会暂存在回收站中。

1.2.7　07——使启动系统后自动运行一个应用程序

1. 实验目的

了解 Windows 的启动功能。

2. 操作步骤

在"开始"菜单的"启动"子菜单中添加 C:\WINDOWS\system32 中 calc.exe(计算器)的快捷方式,之后每次启动系统会自动打开计算器应用程序。

1.2.8　08——启动计算器

1. 实验目的

了解 Windows 的附件程序,熟悉计算器的主要功能。

2. 操作步骤

单击"开始"|"程序"|"附件"|"计算器",启动计算器,选择"查看"|"科学型"命令,分别计算 35 和 24 的十、二、八、十六进制值,熟记十进制数 0,8,15,16,32,127,128,255,65 535 的二进制值。

1.2.9　09——强制结束任务

1. 实验目的

了解如何强制结束任务。

2. 操作步骤

(1) 运行随书光盘中的"Windows 导学实验\飞鸟动画.exe",试着将其停止。

(2) 同时按 Ctrl、Alt 和 Del 键,在"Windows 安全"对话框中选择"任务管理器"打开

"Windows 任务管理器"对话框,在"应用程序"选项卡中,选中某任务后,单击"结束任务"按钮,如图 1-4 所示。

图 1-4 强制结束任务

1.2.10 10——启动剪贴板查看程序

1. 实验目的

了解剪贴板的作用。

2. 知识点

剪贴板是在 Windows 操作系统的内存中预留出来的一块存储空间,它用来暂时存放在 Windows 应用程序间要交换的数据,这些数据可以是文本、图像、声音或应用程序等。剪贴板好像是信息的中转站,可在不同的磁盘或文件夹之间做文件(或文件夹)的移动或复制。剪贴板只能保留一份数据,每当新的数据传入后,旧的数据便会被覆盖掉。注意:关闭操作系统后剪贴板中的信息会自动清除。剪贴板查看程序位置为:

C:\WINDOWS\system32\clipbrd.exe。

3. 操作步骤

单击"开始"|"运行"打开"运行"对话框,输入
clipbrd,如图 1-5 所示,单击"确定"按钮启动剪贴板查看程序,观察其存储的内容。

图 1-5 启动剪贴板查看程序

1.3 文件管理

文件是一个完整的、有名称的信息集合,如程序、程序所使用的一组数据或用户创建的文档。文件是基本存储单位,它使计算机能够区分不同的信息组。文件是数据集合,用

户可以对这些数据进行检索、更改、删除、保存或发送到一个输出设备（例如，打印机或电子邮件程序）。

文件夹是图形用户界面中存放程序和文件的容器，在计算机中用一个文件夹的图标表示。文件夹是在磁盘上组织程序和文档的一种手段，它既可包含文件，也可包含其他文件夹。

1.3.1　11——显示文件的扩展名

1. 实验目的

学会设置"文件夹选项"对话框。

2. 知识点

文件名包括两部分：主文件名和扩展名，如"计算机基础.DOC"。系统约定以文件的扩展名来表示文件的类型以及创建或打开文件的程序。表1-1列出了一些常用的文件扩展名及其代表的文件类型。

3. 操作步骤

在"资源管理器"窗口中选择"工具"|"文件夹选项"命令，在"文件夹选项"对话框的"查看"选项卡中将"隐藏已知文件类型的扩展名"前的对钩去掉（如图1-6所示），单击"应用"按钮，观察资源管理器中文件名称的变化。

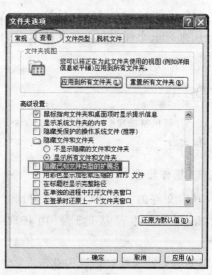

图1-6　"文件夹选项"对话框

表1-1　扩展名及其文件类型列表

扩展名	文件类型
EXE	可执行文件
HLP	帮助信息文件
DOC	文档文件
BMP	位图文件
C	C语言源程序文件

1.3.2　12——获取文件的完整路径、文件名和扩展名

1. 实验目的

（1）学会从文件属性对话框中获取文件的完整路径、文件名和扩展名。

（2）学会从地址栏中获取文件的完整路径，从文件图标获取文件名和扩展名。

2. 知识点

文件的组织：Windows 操作系统使用树型结构组织计算机中的文件、文件夹、磁盘驱动器和其他资源，如图 1-7 所示。

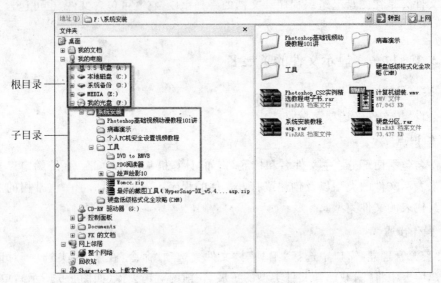

图 1-7   树型结构的文件目录

每一个文件或文件夹在计算机中都有一个位置，这个位置就是文件或文件夹的路径，路径用来标识文件或文件夹在磁盘中的位置。文件或文件夹的路径可表示为：

盘符：\文件夹名\文件夹名

例如：

C:\计算机基础实验\多媒体素材\GIF 动画素材\鳄鱼.GIF

3. 操作步骤

获取文件的完整路径和名称可通过从文件属性对话框中获取及从地址栏中获取两种方式得到。

1）从文件属性对话框中获取

右击某文件图标（也可是搜索窗口中搜索得到的文件名），选择"属性"命令，在文件属性对话框中用鼠标从左至右拖动选中"位置"项后的路径（如图 1-8 所示），右击选中的文字，在快捷菜单中选择"复制"命令，粘贴在 Word 文档（VB 代码窗口或其他需要的地方）中，即可得到文件的路径。

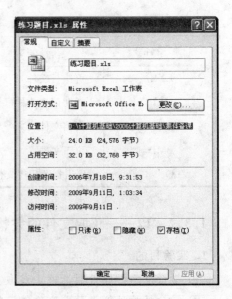

图 1-8   复制路径

在文件属性对话框中选中文件图标后文本框中的文件名,右击蓝色反选区域,选择
"复制"命令,即得到文件名及其扩展名,如图 1-9 所示;用"\"将文件路径和文件名两者相
连,得到该文件的完整路径及文件名(包括扩展名)。

2)从地址栏中获取

如图 1-10 所示设置"文件夹选项"对话框后,则会在地址栏中显示当前文件或文件夹
的地址,复制即可得到该地址。

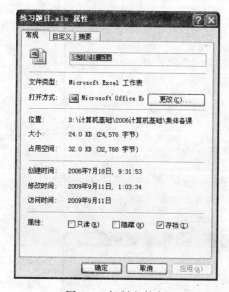
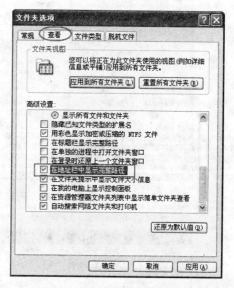

图 1-9　复制文件名　　　　图 1-10　选中"在地址栏中显示完整路径"复选框

1.3.3　13——搜索文件及文件夹

1. 实验目的

能利用 Windows 的搜索功能,找到需要的文件。

2. 实验要求

方法 1:单击"开始"|"搜索"进行搜索,如图 1-11 所示。

方法 2:若已进入资源管理器,则单击"搜索"按钮进行搜索,如图 1-12 所示。

3. 知识点

文件和文件夹的基本操作包括复制、移动、删除、搜索、备份文件、压缩文件及文件夹
等。其中在计算机中搜索某个或多个文件时,搜索文件名后的文本框中可使用通配符
" * "和"?",其中" * "代表任意多个字符,"?"代表任意一个字符。

可以在搜索窗口中对搜索出的文件进行打开、复制、删除、重命名等操作。

4. 操作步骤

(1)在 C 盘中搜索 WINWORD. EXE——查找有确定文件名的文件。

(2)在 C:\WINDOWS\system32 中搜索 Win * . exe——在文件夹中查找文件名为

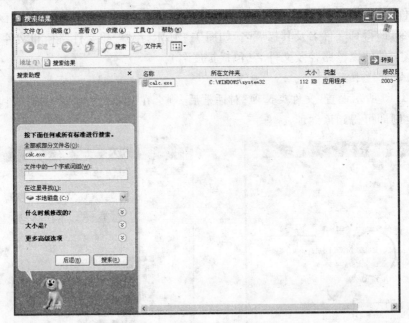

图 1-11 从开始菜单搜索文件或文件夹

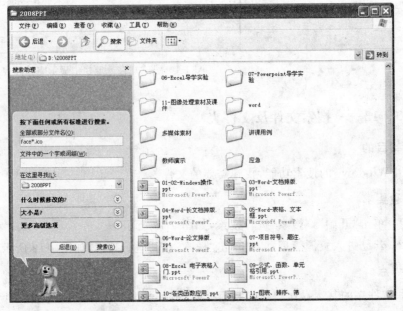

图 1-12 在资源管理器中单击"搜索"按钮

Win(任意多个字符),扩展名为 exe 的可执行文件。

(3) 在 C:\WINDOWS\system32 中搜索 Win????.exe——在文件夹中查找文件名为 Win(4 个字符),扩展名为 exe 的可执行文件。

(4) 在 C:\WINDOWS\system32 中搜索 Win????.*——在文件夹中查找文件名为 Win(4 个字符),扩展名任意的文件。(比较(2)、(3)、(4)项搜索结果的差异。)

（5）在 C 盘搜索 * . ico——查找所有扩展名为 ico 的图标文件。

（6）在 C 盘中搜索 face * . ico——查找文件名为 face（任意多个字符），扩展名为 ico 的图标文件。

（7）在"本机硬盘驱动器（C: 或 D:）"中搜索 2009/08/08～2009/08/31 修改的所有文件。

（8）在 C 盘中搜索 * . bmp 大小至少为 1MB 的文件。

（9）查找 mspaint. exe 和 notepad. exe 文件，并将它们复制到 D 盘。

（10）在 C 盘中查找含有文字 Excel 的所有文件。

1.3.4 14——重命名文件

1. 实验目的

重命名文件。

2. 实验要求

将 D 盘中的 mspaint 和 notepad 文件的名称分别改为"画图"和"写字板"。

3. 实验步骤

在需要重命名的文件上右击，在弹出的快捷菜单中选择"重命名"命令，输入新名称即可。

1.3.5 15——查看及排列图标

1. 实验目的

了解图标的排列方式。

2. 实验要求

分别以图标、列表、缩略图和详细信息 4 种方式浏览 WINDOWS 文件夹中的内容，并按名称、类型、大小、修改时间排列图标。

3. 实验步骤

通过"查看"菜单 ⊞▾ 中的"图标"、"列表"、"缩略图"、"详细信息"等实现。

1.3.6 16——查看隐藏的文件和文件夹

1. 实验目的

查看隐藏的文件和文件夹。

2. 操作步骤

右击某文件夹，将其属性改为隐藏，观察文件夹的变化。选择"资源管理器"窗口中"工具"|"文件夹选项"命令，在"文件夹选项"对话框的"查看"选项卡中选中"显示所有文件和文件夹"单选按钮，如图 1-13 所示，观察文件夹的变化。

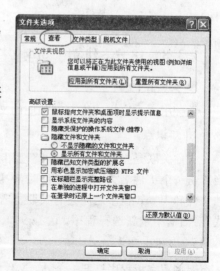

图 1-13 更改文件和文件夹属性

1.3.7　17——将一个文件夹设为共享文件夹

1. 实验目的

学会设置共享文件夹。

2. 知识点

共享文件夹允许网络上其他用户可以使用另一台计算机上的文件夹或文件。

3. 操作步骤

右击某一文件夹,在快捷菜单中选择"共享和安全"命令,选中"在网络上共享这个文件夹"复选框(如图 1-14 所示),单击"应用"按钮,观察文件夹的变化。

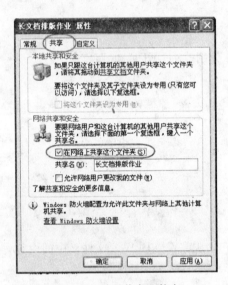

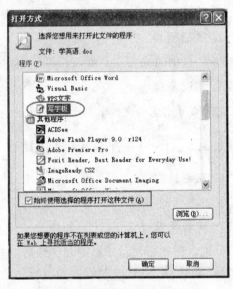

图 1-14　设置共享文件夹　　　　　图 1-15　选择打开文件的关联程序

1.3.8　18——建立 Word 文档与写字板程序的关联

1. 实验目的

学会用一个应用程序打开相应的文件。

2. 知识点

文件关联是指 Windows 始终使用相同程序打开具有相同文件扩展名的文件。例如,当双击一个扩展名为 jpg 的文件时,一般会启动 ACDSee 程序。同样,扩展名为 doc 的文档文件和 Word 程序之间建有关联。若要用其他程序打开有关联的文件,则要在"打开方式"对话框中重新选择程序。

3. 操作步骤

要用写字板程序打开一个 doc 文件,右击文件名,选择"打开方式"|"选择程序"命令,在弹出的"打开方式"对话框(如图 1-15 所示)中选择"写字板"图标,单击"确定"按钮即可。

若要建立 doc 文件与写字板程序的永久性关联,需要选中"始终使用选择的程序打开这种文件"复选框(见图 1-15),单击"确定"按钮即可。

在计算机中有一些文件的图标是 Windows 徽标图案(如图 1-16 所示),这种文件是尚未建立任何关联程序的文件。双击这种文件,并不能直接打开它,而是弹出"打开方式"对话框,这时,可以选择一种适当的应用程序将其打开,也可以进一步让其与此程序建立永久性关联。

图 1-16　未建关联程序的文件图标

1.4　系　统　管　理

用户可以通过控制面板设置或改变系统的属性,如改变桌面背景、调整系统时间、添加打印机、装载自己喜欢的字体等,为在系统重新启动后仍保留这些设置,用户更改后的信息被保存在 Windows 的注册表中。

控制面板所有选项及其功能如图 1-17 所示。

图 1-17　控制面板

1.4.1　19——设置屏幕的显示属性

1. 实验目的

学会修改屏幕显示属性,创建个性化的屏幕外观。

2. 实验要求

右击桌面空白处,选择快捷菜单中的"属性"命令,打开"显示属性"对话框对屏幕进行设置。

3. 操作步骤

（1）通过"主题"选项卡，尝试设置不同风格的主题。（主题影响桌面的整体外观，包括背景、图标、窗口、鼠标指针和声音。如果多人使用同一台计算机，每个人都有自己的用户账户，每个人都可以选择不同的主题。）

（2）在"桌面"选项卡中，将桌面背景设置为 Coffee Bean，并分别以居中、平铺和拉伸三种方式显示。也可以通过"浏览"按钮查找硬盘中的一个图片文件，并将它设置为桌面背景。（也可以在计算机中找到图片，右击该图片，然后在弹出的快捷菜单中选择"设为桌面背景"命令。）

（3）使用个人图片作为屏幕保护程序。在"屏幕保护程序"选项卡下，选择"屏幕保护程序"下拉列表中的"图片收藏幻灯片"项。单击"设置"按钮指定包含图片的文件夹，定义图片大小并设置其他选项。

（4）在"屏幕保护程序"下拉列表中选择"字幕"项，单击"设置"按钮，设置显示内容为"你好！自己的姓名"，并进行字体格式及背景颜色的设置。

（5）在"设置"选项卡中，设置"颜色质量"为"中（16 位）"，"屏幕分辨率"为 1024×768。

（6）在"外观"选项卡中，改变显示外观。

另外，可在 Office 软件中选择"工具"|"自定义"|"选项"命令，勾选"大图标"复选框，观察显示外观的变化。

1.4.2　20——添加字体

1. 实验目的

学会在系统中添加新的字体，创造与众不同的效果。

2. 操作步骤

复制字体文件，粘贴到"字体"窗口中即可。

1.4.3　21——设置"打印机"

1. 实验目的

学会添加打印机。

2. 操作步骤

单击"开始"|"打印机和传真"或启动控制面板，双击"打印机和传真"图标，打开"打印机和传真"窗口，选择"文件"|"添加打印机"命令，按"添加打印机向导"对话框中的提示选择相应项目即可。

提示：在公共机房未装打印机的情况下，有时某些应用程序用不了"打印预览"功能，此时只要添加任一型号的打印机就可正常预览相应文档的打印效果。

1.4.4　22——设置"鼠标"

1. 实验目的

熟悉"鼠标"属性的设置。

2. 实验要求

（1）将鼠标设置为左手习惯。

（2）设置鼠标指针方式（自己选择）。

（3）调整指针移动速度。

（4）调整并测试双击速度。

1.4.5　23——设置"网络和拨号连接"

1. 实验目的

建立网络连接。

2. 操作步骤

选择"开始"|"控制面板"命令，打开"控制面板"窗口，双击"网络连接"项，打开"网络连接"窗口，执行"创建一个新的连接"，打开"新建连接向导"对话框，按向导提示设置新建连接。

1.4.6　24——删除 ACDSee 程序

1. 实验目的

学会利用"添加/删除程序"卸载应用程序。

2. 操作步骤

双击"控制面板"中的"添加或删除程序"，打开"添加或删除程序"窗口，选择 ACDSee 程序，单击"更改/删除"按钮，删除程序。

1.4.7　25——用户账户的设置

1. 实验目的

学会创建一个新的用户账户及更改已有账户的权限、密码、名称等。

2. 操作步骤

启动"控制面板"中的"用户账户"程序，打开"用户账户"窗口，可选择"更改账户"或"创建一个新账户"，按向导提示进行选择和设置。

1.4.8　26——注册表的使用

1. 实验目的

了解 Windows 注册表的使用，包括注册表的备份、恢复以及用注册表清除木马程序。

2. 知识点

注册表是存储计算机配置信息的数据容器。注册表包含操作过程中 Windows 持续引用的信息,例如,每个用户的配置文件、计算机上安装的程序和每个程序可以创建的文档类型、文件夹和程序图标的属性设置、系统中现有的硬件以及正在使用的端口。

注册表中的信息很重要,注册表中的信息一旦被破坏,系统就会不能正常运行甚至瘫痪,因此 Windows 每天自动为注册表备份。用户也可修改注册表,但修改前一定先做备份。当注册表信息被破坏后,可利用备份的注册表文件恢复注册表。

3. 操作步骤

1) 注册表的备份

执行"开始"|"运行"命令,打开"运行"对话框,输入 regedt32(如图 1-18 所示)或 regedit(如图 1-19 所示),都可启动注册表编辑器,如图 1-20 所示。

图 1-18　运行 regedt32 程序　　　　　　　图 1-19　运行 regedit 程序

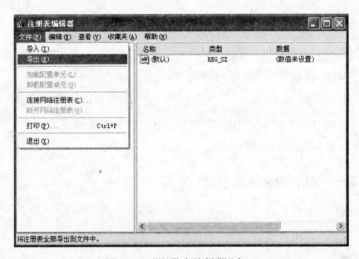

图 1-20　"注册表编辑器"窗口

选择注册表编辑器中的"文件"|"导出"命令,打开如图 1-21 所示的"导出注册表文件"对话框,用户指定文件名和保存位置,系统自动生成扩展名为 reg 的注册表备份文件,完成备份。

2) 注册表的恢复

需要恢复注册表时,选择注册表编辑器中的"文件"|"导入"命令,选择注册表备份文件打开即可。

图 1-21　"导出注册表文件"对话框

提示：若忘记文件位置，可通过搜索"＊.reg"类型文件得到。

3）利用注册表手动清除木马程序

许多木马程序在开机时自动运行，虽删除了它们，但重新开机后会再次出现，原因是木马程序修改了注册表中的关键值，因而需要手动将注册表中的关键值改回原来的值，其方法是：打开注册表编辑器，选择"编辑"|"查找"命令，在"查找"对话框中输入木马程序文件名，找到并将其删除。（建议进行此操作前备份注册表。）

1.5　磁　盘　管　理

磁盘管理包括格式化磁盘、清理磁盘、磁盘碎片整理、磁盘备份、检查磁盘等工作。

1.5.1　27——格式化 U 盘

1. 实验目的

学会格式化磁盘。

2. 知识点

格式化磁盘的作用主要有划分磁道和扇区、检查坏块、建立文件系统。

3. 操作步骤

打开资源管理器，右击 U 盘盘符，选择"格式化"命令。打开"格式化"对话框，单击"开始"按钮开始格式化操作，如图 1-22 所示。（快速格式化将删除磁盘上的文件，但不会扫描磁盘以查看是否有坏扇区。只有在该磁盘已被格式

图 1-22　"格式化"对话框

化,并且确保其未被破坏的情况下才能使用该选项。)

1.5.2　28——使用"磁盘清理程序"清理磁盘

1. 实验目的

了解磁盘清理。

2. 知识点

执行磁盘清理程序时会搜索驱动器,然后列出临时文件、Internet 缓存文件和可以安全删除的不需要的程序文件,释放这些文件所占的硬盘驱动器空间。

3. 操作步骤

选择"开始"|"程序"|"附件"|"系统工具"|"磁盘清理"命令,选择要清理的磁盘后,执行清理磁盘的操作。

1.5.3　29——使用"磁盘碎片整理程序"整理磁盘

1. 实验目的

了解磁盘碎片整理。

2. 知识点

磁盘碎片整理程序是将计算机硬盘上的碎片文件和文件夹合并在一起,占据单个和连续的空间,以有效地利用磁盘空间。

3. 操作步骤

选择"开始"|"程序"|"附件"|"系统工具"|"磁盘碎片整理程序"命令,参照图 1-23 所示的步骤完成磁盘碎片整理。

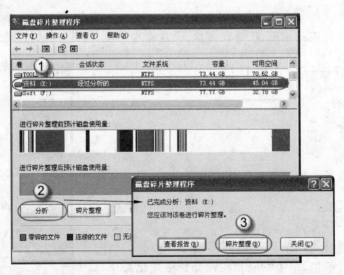

图 1-23　磁盘分析

磁盘碎片整理后的结果如图1-24所示。

4. 补充

（1）磁盘备份。万一硬盘上的原始数据被意外删除或覆盖，或由于硬盘故障而无法访问，可使用磁盘备份程序恢复丢失或损坏的数据。启动磁盘备份程序的方法是选择"开始"|"程序"|"附件"|"系统工具"|"备份"命令。

（2）检查磁盘。通过检查磁盘的操作可对磁盘进行错误检查，自动修复文件系统错误，扫描并恢复坏扇区。

检查磁盘的方法：右击要检查的盘符，在弹出的快捷菜单中选择"属性"命令，在"工具"选项卡中单击"开始检查"按钮，启动检查磁盘程序，如图1-25所示。

图1-24　磁盘碎片整理后界面

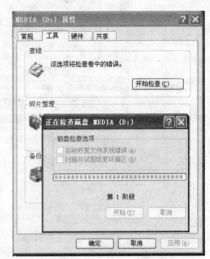

图1-25　检查磁盘

1.6　使用Windows资源管理器的帮助功能

资源管理器的内容很多，任何一本书都不可能讲得面面俱到。Windows资源管理器提供了帮助功能（当然，这是每个商业软件都应具备的一个功能），用户若能熟练地利用这个功能，不仅可以及时地解决困难，而且会发现Windows的更多、更有特色的功能。

1.6.1　30——利用帮助功能查看Windows资源管理器的功能

1. 实验目的

学会使用软件的帮助功能。

2. 操作步骤

选择"开始"|"帮助和支持"命令，打开"帮助和支持中心"窗口，单击工具栏中的"索

引"按钮,在"键入要查找的关键字"文本框中输入"资源管理器"(如图 1-26 所示),依次选择其下的内容,双击所选内容或单击"显示"按钮,进一步了解 Windows 资源管理器。

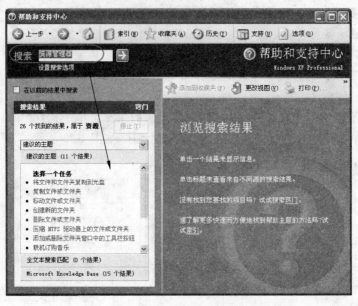

图 1-26 "帮助和支持中心"窗口

第2章 信息的获取

本章学习目标：

熟练掌握通过计算机获取信息的方法，这些信息包括文本、图像、声音文件、应用软件等；具备根据实际需要有效地获取信息的能力。

2.1 概　　述

信息获取能力是目前学生必须掌握的基本能力，也是大学计算机课程的教学目标之一。所谓信息的获取是指用户根据需求和所要解决的问题，确定完成任务所需要的信息，选择最佳的信息获取途径。因为信息来源的技术特点不同，所以信息获取的方法也多种多样，人们可以从图书馆获得文本信息、通过与他人交流获得口头信息、通过看电视获得及时信息。随着计算机和网络技术的发展，人们获取信息的方法越来越多样，计算机和网络在信息获取中发挥了重要的作用，尤其是因特网提供了丰富多彩的信息供用户选择、处理和使用。

利用计算机获取的信息包括文本、图像、视频、音频等信息。文本信息可以借助相应的字处理软件（如 Word、记事本等），通过键盘直接录入到计算机中供用户处理和使用，当然也可以通过网络搜索到所需要的文本信息直接下载到个人计算机中；图像信息可以通过图像处理软件如 Photoshop 等制作（这一部分内容在第 5 章中介绍），也可以通过抓图软件（如 SnagIt 等）抓取图像、视频等，还可以通过网络搜索并直接下载需要的图片。总之获取信息的方法是多种多样的。本章中主要介绍利用 SnagIt 抓取图像、通过网络搜索引擎搜索相应的文本、图像、文件并下载。

图 2-1 为本章要介绍的信息获取的内容。下面通过一系列的导学实验来学习如何获取这些内容。

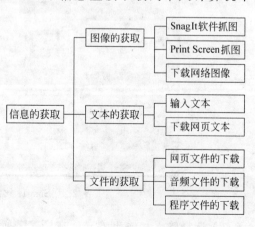

图 2-1　信息获取的方法

2.2　图像的获取——SnagIt 软件

要把整个计算机桌面作为图片保存起来，最简单的方法是使用键盘上的 Print Screen 键，然后打开相应的软件如 Word，将获取的屏幕桌面图片粘贴到 Word 中；如果抓取桌面中的当前活动窗口则使用 Alt＋Print Screen 键实现。而如果要抓取某个应用程序的菜单项、按钮等就无法通过 Print Screen 键实现，这时需要使用抓图软件完成。这里要介绍的抓图软件是 SnagIt，用 SnagIt 软件可以抓取图像、视频、图标、文本等。

2.2.1　01——SnagIt 抓图

1. 实验目的

了解在 SnagIt 软件中抓取图像的工作过程及相关操作。

2. 实验要求

用 SnagIt 软件分别抓取图像、文本、视频和图标。

3. 操作步骤

1）了解 SnagIt

（1）启动 SnagIt 软件后，熟悉"捕获配置"中的内容，如图 2-2 所示。SnagIt 软件可以捕获区域、窗口、屏幕、滚动窗口、菜单项、屏幕中的对象、窗口文字等。

图 2-2　SnagIt 软件"捕获配置"界面

（2）选择输入和输出方式。在图 2-2 所示的捕获配置设置区域中选择输入输出方式。SnagIt 软件提供的输入和输出方式分别如图 2-3 和图 2-4 所示。在输入方式中选择要抓取的内容,如屏幕、窗口、对象等;在输出方式中选择图像输出的方式,如剪贴板、文件等;在效果区中设置抓取图像的效果,如边框、标题、水印等。

图 2-3 输入方式

图 2-4 输出方式

(3) 选择捕获模式。单击图 2-2 中的红色捕获按钮旁边的三角形下拉按钮选择捕获模式,以确定捕获图像、文字、视频还是网络。

"图像":捕获用不同输入方式选定范围内的图像,并可进行编辑、打印,可复制到剪贴板,粘贴到其他应用程序或保存为不同格式的图像文件。

"文字":捕获用不同输入方式选定范围内的文字。

"视频":记录屏幕中的活动内容,并保存为 AVI 视频文件。在录制期间可随意添加语音。

"网络":从选择的网页中捕获图像并保存。

(4) 进行捕获。单击图 2-2 中的红色"捕获"按钮,或按下系统默认设置的快捷键,进行捕获。

2) 捕获图像

使用抓图软件 SnagIt 截取桌面上某一图标的图像(输入:"对象";输出:"剪贴板";模式:"图像"),将抓取的图像复制到 Word 文件中。

3) 捕获文字

使用抓图软件 SnagIt 捕获"资源管理器"某一窗口中的文字(输入:"窗口";输出:"文件";模式:"文字"),保存为 TXT 文件。

4) 捕获滚动窗口

使用抓图软件 SnagIt 捕获 C:\WINDOWS\Fonts 窗口中所有图标图像(输入:"滚动/自动滚动窗口";输出:"文件";模式:"图像"),将抓取的图像保存为 JPG 格式的图像文件。

5）捕获视频

使用抓图软件 SnagIt 捕获下述过程——使用压缩软件 WinRAR 压缩"D:\你的姓名"文件夹，将该压缩文件复制到 C 盘根目录下，并进行解压，将这一操作过程保存为 AVI 格式的视频文件。

6）Web 捕获网页上所有图片

更改捕获模式为 Web。单击"捕获"按钮，在对话框中给定捕获地址及输出文件夹（如图 2-5 所示）即可。请查看下载图片数量。

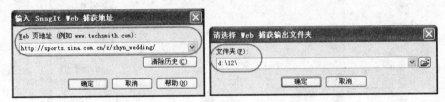

图 2-5   给定捕获地址及输出文件夹

2.3   网络信息的获取导学实验

网络是信息化时代人们获取信息的重要途径和手段，伴随着网络技术对社会生活的全方位渗透，网络正在改变人们的行为方式和思维方式，利用网络搜索引擎提供的搜索功能，用户可以更容易、更准确地查找到所需的信息。网络上提供的信息类型包括文本信息、图像、视频、音频等，通过网络搜索信息需要利用 Internet Explorer（简称 IE）浏览器，IE 浏览器是微软公司开发的综合性的网上浏览软件，是用户访问 Internet 必不可少的一种工具。

2.3.1   02——IE 浏览器的使用

1. 实验目的

熟练掌握 IE 浏览器的基本操作。

2. 实验要求

启动 IE 浏览器，了解 IE 浏览器按钮的基本作用，并根据需要配置 IE 浏览器。

3. 操作步骤

1）启动 IE 浏览器

双击桌面上的 Internet Explorer 图标，打开 IE 浏览器，在 IE 浏览器的地址栏中输入相应的网址，如图 2-6 所示，按 Enter 键即可进入相应的网站。在网页上移动鼠标，如果鼠标变成手形则表示该位置设置了超链接，单击超链接可以打开相应的网页。

图 2-6   IE 浏览器地址栏

2）熟悉工具栏中相应的按钮

IE 浏览器工具栏如图 2-7 所示。

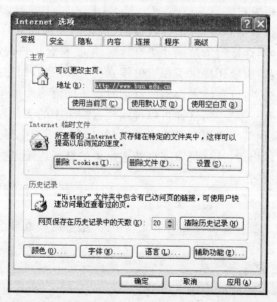

图 2-7 IE 浏览器工具栏

单击"后退"按钮可返回到前一个访问的页面。

单击"前进"按钮，如果已访问过很多个页面，单击此按钮可以进入下一页。单击该按钮旁边的下拉按钮，弹出的下拉列表列出所有以前访问过的网页，单击相应的列表项可转到此网页。

单击"停止"按钮将中断当前网页的连接和下载。

单击"刷新"按钮更新当前网页的内容。

单击"主页"按钮进入该浏览器设置的主页。

单击"收藏夹"按钮可打开收藏夹窗格，将当前页加入到收藏夹中，以方便以后浏览该网页。通过"收藏夹"按钮也可以整理收藏夹中的网址，将同类的网址放到一个文件夹中，也可以在收藏夹中删除不需要的网址。

单击"历史"按钮打开"历史记录"窗格，其中显示最近访问过的网页。

3）配置 IE 浏览器

选择 IE 浏览器中的"工具"|"Internet 选项"命令，打开"Internet 选项"对话框，如图 2-8 所示，在"常规"选项卡中可以设置浏览器的主页，可以删除浏览 Internet 时存储的临时网页文件以提高速度，也可以设置保留历史记录的天数、清除历史记录等。

图 2-8 "Internet 选项"对话框

在"安全"选项卡中可以设置浏览器的安全级别；在"连接"选项卡中可设置拨号连接或局域网设置；在"高级"选项卡中列出了浏览、多媒体、安全、打印与搜索等方面的选项，设置时应选中能加快浏览速度的选项。例如,选中"显示图片"复选框,而不要选中"播放网页中的动画"、"播放网页中的视频"、"播放网页中的声音"与"智能图像抖动"等复选框。

2.3.2　03——搜索引擎的使用

1. 实验目的

熟练使用搜索引擎查找需要的信息,并将查找到的信息整理成符合规范的文献。

2. 知识点

搜索引擎(Search Engineer)是在 Internet 上提供信息搜索功能的专门网站,这些网站可以对主页进行分类与搜索。在搜索引擎中搜索信息时输入一个特定的搜索词,搜索引擎就会自动进入索引清单,将所有与搜索词相匹配的内容找出,并显示一个指向存放这些信息的连接清单网页。常见的搜索引擎有 Yahoo(http://cn.yahoo.com)、百度(http://www.baidu.com)等。

搜索引擎按其工作方式主要可分为三种,分别是全文搜索引擎、目录索引类搜索引擎和元搜索引擎。全文搜索引擎是通过从 Internet 上提取的各个网站的信息(以网页文字为主)而建立数据库,从中检索与用户查询条件匹配的相关记录,然后按一定的排列顺序将结果返回给用户,百度等都是全文搜索引擎。目录索引类搜索引擎实际上是按目录分类的网站链接列表,用户查询时完全可以不用关键词,仅靠分类目录就可找到需要的信息,目录索引类搜索引擎中最具代表性的是 Yahoo(雅虎)。元搜索引擎在接受用户查询请求时,同时在其他多个引擎上进行搜索,并将结果返回给用户。中文元搜索引擎中具有代表性的是搜星搜索引擎。

在使用搜索引擎搜索信息时,应选择合适的、优化的关键词进行搜索,同时也可以使用多个关键词进行搜索,这样搜索结果才更有针对性、更符合用户的需求。为了使搜索结果满足用户的需求,搜索引擎还提供了相应的搜索技巧和策略,如在搜索时为了避免出现带有某个词语的搜索结果,可在输入搜索关键词时在该词语前面加一个减号("-",英文字符),注意减号前需要有一个空格,这样可以排除搜索结果中的无关资料;在搜索引擎中输入搜索关键词时,如果用英文双引号将搜索关键词引起来,用双引号引起来的关键词在搜索结果中会以一个整体出现,这样可以实现搜索结果的精确匹配,这一方法在查找名言警句或专有名词时特别有效。

3. 操作步骤

下载文本作业的主题和要求参见随书光盘中的"信息的获取导学实验\网络下载及排版题目.doc"。

1) 打开搜索引擎页面

启动 IE 浏览器,在地址栏中输入 http://www.baidu.com,进入百度搜索引擎,如图 2-9 所示。从百度首页中可以看出,该搜索引擎提供了网页、MP3、图片、视频等内容的搜索,默认的搜索形式是网页,在文本框中输入搜索的关键词,如"计算机网络",单击"百度一下"按钮,会出现搜索结果页面,结果页面中以清单的形式列出了与搜索关键词相关的页面超链接,如图 2-10 所示。

图 2-9　百度搜索引擎首页

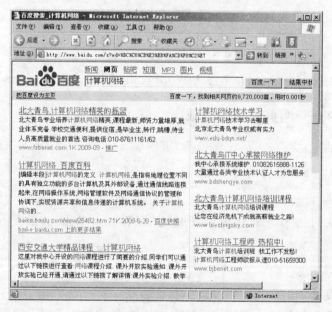

图 2-10　搜索结果页面

2) 下载文本内容

单击搜索结果中符合要求的超链接,打开含有搜索关键词的页面,拖动鼠标选中需要的文字,右击,在弹出的快捷菜单中选择"复制"命令,打开 Word 软件,选择"编辑"|"选择性粘贴"命令,在"选择性粘贴"对话框中选择"无格式文本"的形式将复制的内容粘贴到 Word 文档中,以方便用户的编辑。

如果要保存整个页面(包括其中的文本、图片等),可选择"文件"|"另存为"命令,打开"另存为"对话框,选择保存文件的位置与名称,单击"保存"按钮即可保存网页文件。

3) 将网页文字存储到 TXT 文件中

对于无法选中的网页文字,可选择"文件"|"另存为"命令,保存类型选为"文本文件(*.txt)",则网页上全部文字均存于该文件中。

4) 编辑文本内容

从网络中下载的文本是无格式的,为方便用户的阅读,可以按照一定的要求编辑成用户需要的格式,编辑格式要求如下:

(1) 将下载的各文章复制到 Word 软件中。

(2) 文档各自然段的格式均设置为:正文、宋体、五号、首行缩进 2 字符、段后 6 磅。

(3) 各文章大标题格式为:标题 1、居中;各文章的章节标题格式为:标题 2、标题 3……居中显示。

(4) 将第一篇文章各段前加项目符号"·"(在字符集 Wingdings2 中);将第二篇文章及最后一篇文章分成"两栏"显示;将每篇文章第一自然段作"首字下沉"2 行。

(5) 在文章中插入页码。

(6) 根据文章内容制作数据表格、插入合适的图片或自画示意图。

(7) 在文档开始处设置各文章大标题的超链接,在各文章结束处作"返回"超链接,返回到文档开始位置的书签。

(8) 加入适当的脚注、尾注、批注。

下载文章的排版格式可以在学习完 Word 应用软件后完成。

2.3.3 04——网页图片的下载

1. 实验目的

掌握从网络上下载需要的图片的方法。

2. 实验要求

根据要求从网络上下载相应的图片,并保存到计算机中相应的位置或插入到 Word 文档中。

3. 操作步骤

1) 打开百度搜索引擎

单击"图片"超链接,进入图片搜索状态,在文本框中输入要搜索的图片名称,如"北京欢迎你",单击"百度一下"按钮,会在搜索结果页面中出现搜索引擎中提供的所有该名称的图片的超链接,如图 2-11 所示。

2) 下载图片

单击搜索结果页面的图片缩略图,打开含有该图片的页面,如果要保存该图片,则右击该图片,在弹出的快捷菜单中选择"图片另存为"命令(如图 2-12 所示),打开"另存为"对话框,指定图片保存的位置和图片的名称,单击"保存"按钮即可。

图 2-11 图片搜索结果页面

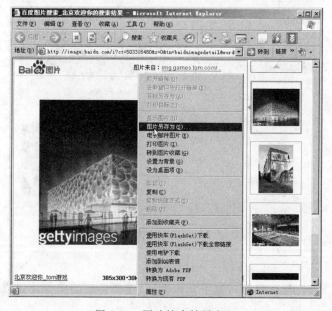

图 2-12 图片搜索结果窗口

3）从源地址下载图片

对于网页中无法下载的图片，可选择浏览器"查看"菜单中的"源文件"命令，在打开的源文件中查找 JPG 文件，即可找到图片文件所在的网页地址，将源文件中代码 objURL 或 img src＝或 src＝后双引号内的地址复制后粘贴到浏览器的地址栏中，即可直接访问源图片文件并下载。

2.3.4　05——音频文件的下载

1. 实验目的

掌握从网络上下载需要的音频文件的方法。

2. 实验要求

从网络上下载需要的音频文件,并保存到相应的位置。

3. 操作步骤

1) 打开百度搜索引擎

单击 MP3 超链接,进入音频文件的搜索状态,在文本框中输入要搜索的音频文件的名称,如"北京欢迎你",单击"百度一下"按钮,会在结果页面中出现搜索引擎中提供的所有该名称的音频文件的超链接,如图 2-13 所示。

图 2-13　音频文件的搜索结果页面

2) 下载音频文件

单击歌曲名称,打开下载对话框下载该歌曲,选择合适的保存位置将歌曲保存到计算机中。

2.3.5　06——软件的下载

1. 实验目的

掌握从网络上下载免费软件的方法。

2. 实验要求

从网络上下载免费软件,并安装在计算机中。

3. 操作步骤

1) 打开百度搜索引擎

在网页搜索的状态下,在文本框中输入要下载的软件名称,如压缩软件"WinRAR 下载",打开搜索结果页面,如图 2-14 所示。

图 2-14　WinRAR 下载搜索结果页面

2) 下载软件

打开第一个超链接,进入下载页面,在下载位置处右击,在弹出的快捷菜单中选择"目标另存为"命令;打开"另存为"对话框,选择软件的保存位置,如图 2-15 所示。

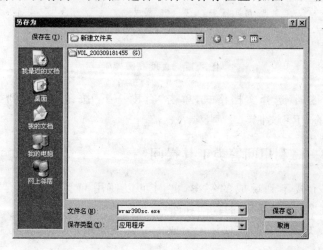

图 2-15　"另存为"对话框

单击"保存"按钮,进入下载状态,如图 2-16 所示。下载完毕后,双击该文件安装该软件。

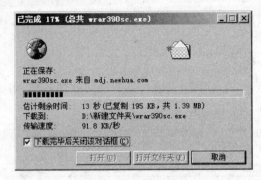

图 2-16 下载状态

2.3.6 07——指定下载文件类型

很多有价值的资料是以文件的形式存在于 Internet 上的。百度支持对 Adobe PDF 文档、Word、Excel、PowerPoint、RTF 文档进行全文搜索。

1. 实验目的

掌握从网络上下载指定类型文件的方法。

2. 实验要求

从网络上下载有关"图像格式"的 PPT 文件。

3. 操作步骤

(1) 进入百度高级搜索,如图 2-17 所示。

图 2-17 百度高级搜索

(2) 给定关键词,选择文档格式,单击"百度一下"按钮即可得到如图 2-18 所示的 539 个符合条件的 PPT 文件。

2.3.7 08——利用问答类工具提问

有些问题网上找不到现成的答案,此时可以使用问答类工具寻求网友帮助。如图 2-19 所示是在"百度知道"中的提问和回答。

欲使用"百度知道"提问,先要注册为成为百度注册用户,登录后方可提问,请尝试使用此类程序。

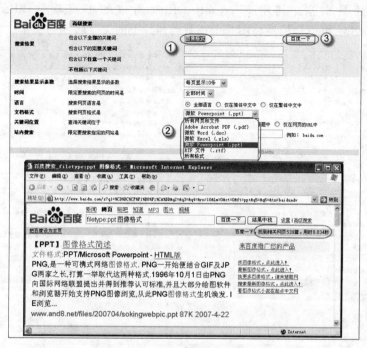

图 2-18　指定下载文件类型

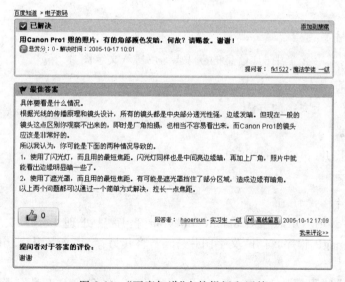

图 2-19　"百度知道"中的提问和回答

2.3.8　09——提取图片上的文字

经常会碰到由于种种原因没有办法复制所需要的文字或是需要对图片上的文字内容进行编辑。如图 2-20 所示，原文件为网页中加水印的图片，经处理后（见第 5 章的"11——消除文字图片中的水印"）得到了清晰的文字图片，若按照原内容去打字录入，不仅费时费力还易出错。利用 Microsoft Office 所带的工具软件 Microsoft Office Document Imaging 可以轻松地将图片上或数码照片上的文字转换为文本文字。

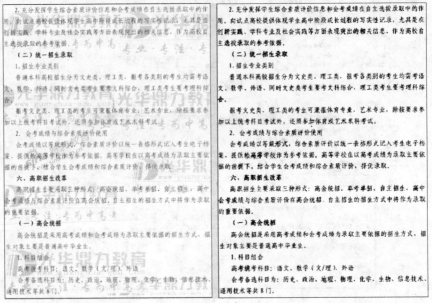

(a) 原文字图片   (b) 消除水印后的文字图片

图 2-20　文字图片

1. 实验素材

实验素材为随书光盘中的"信息的获取导学实验\文字图片.jpg"。

2. 实验目的

掌握提取图片上文字的方法。

3. 实验要求

提取"文字图片.jpg"上的文字。

4. 操作步骤

1) 转换图片格式为.tif

由于 Microsoft Office Document Imaging 程序只处理".tif"文件，故先启动 Photoshop 或 SnagIt 程序，打开"文字图片.jpg"，将其另存为"文字图片.tif"。

2) 识别文本

选择"开始"|"程序"| Microsoft Office |"Microsoft Office 工具"| Microsoft Office Document Imaging。选择"文件"|"打开"命令，选择"文字图片.tif"文件。单击工具栏中的"使用 OCR 识别文本"按钮 ，如图 2-21 所示。（注：OCR，Optical Character Recognition，文字识别技术。）

3) 将文本发送到 Word

选择"工具"|"将文本发送到 Word"命令或单击工具栏中的"将文本发送到 Word"按钮 ，在对话框中选择"所有页面"单选按钮（如图 2-22 所示），Microsoft Office

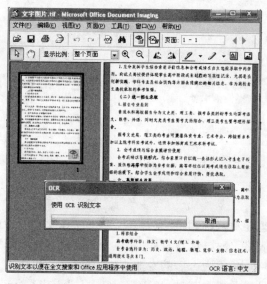

图 2-21 Microsoft Office Document Imaging 界面

Document Imaging 会将整个页面中的文字识别出来,并且作为网页文件发送到用户指定的路径。

4）校对错误

如图 2-23 所示,图片中的文字全部转换为文本。有时,OCR 的文字识别会产生一定的误差,需要校对及修改,保证工作的正确性。

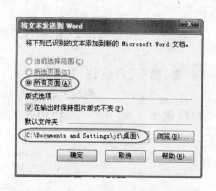

图 2-22 "将文本发送到 Word"对话框

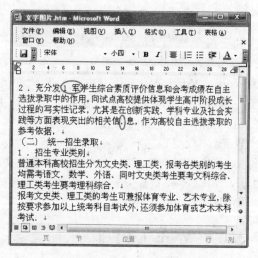

图 2-23 校对错误

2.4 本 章 总 结

本书介绍了利用搜索引擎下载各种信息的基本方法,搜索引擎的种类很多,还有许多下载软件,由于篇幅限制,这里不一一介绍,可以通过网络或其他书籍了解。

第 3 章　文 字 处 理

本章学习目标:

　　构筑基础文字处理能力基础,并着重对长文档类工作文件的排版进行强化训练,对其中的多种元素——如表格、公式、项目符号、题注、文本框、自选图形、流程图等进行专项训练,提高长文档制作整体水平,为今后的专业工作、高级办公提供有力的保障。

　　构筑基础文字信息展示能力基础,以 PowerPoint 为依托,对演示文稿的制作进行全面训练,使读者不仅能对文字的内容处理得心应手,更可以依托多媒体将信息进行准确、直观的高效率展示。

　　为提高工作效率及管理水平,在本书中特别贯彻进行制作模板、使用模板的训练,借此授予读者在工作中规范高效的工作方法,培养高层次的工作意识。

　　同时,对于流程图部分,将培训使用 Visio 软件绘制高水平的流程图,以展示优良的工作素质。

3.1　Word 概述

　　Word 是 Microsoft Office 办公套装软件的重要成员之一,是一个集编辑、排版和打印于一体,且"所见即所得"的文字处理系统。作为目前最流行的文档处理工具,熟练掌握其常用功能的使用是学习和工作的必备技能。

　　Word 不仅可以进行文字的处理,还可以将文本、图像、图形、表格、图表混排于同一文件中,创建出一个美观的、符合用户要求的文稿。在 3.3 节中用 11 个简明实用的实验,以"导学方式"展示了 Word 的基本功能,以便读者轻松快速地掌握 Word 的使用方法和基本操作技能。

3.1.1　Word 工作界面

　　(1) 成功启动 Word 后,便出现了 Word 主窗口,如图 3-1 所示。

　　(2) Word 工作界面由标题栏、菜单栏、工具栏、标尺、文档编辑区、滚动条、视图方式切换按钮和状态栏等组成。

3.1.2　创建 Word 文档的基本流程

　　创建 Word 文档的基本流程如图 3-2 所示。

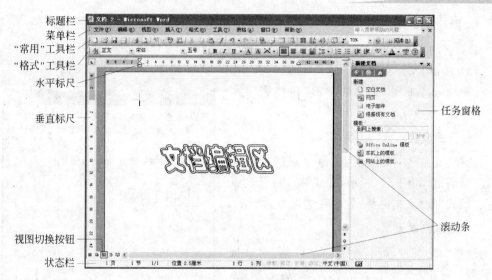

图 3-1　Word 主窗口

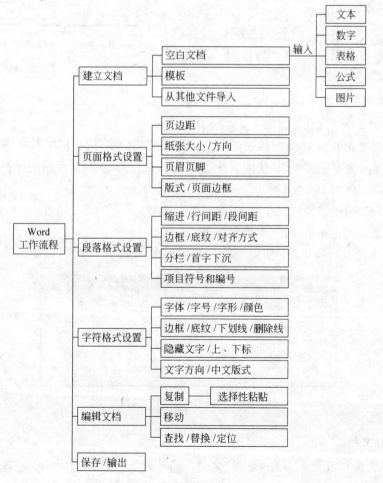

图 3-2　创建文档的基本流程

1. 新建空白文档

(1) 启动 Word 时，Word 会自动建立一个文件名为"文档 1.doc"的空文档。

(2) 选择"文件"|"新建"命令，在屏幕右侧的任务窗格中，单击"空白文档"图标。

(3) 单击"常用"工具栏中的"新建空白文档"按钮 。

2. 页面设置

选择"文件"|"页面设置"命令，打开"页面设置"对话框，如图 3-3 所示，完成"页边距"、"纸张"、"版式"及"文档网格"等各项的设置。

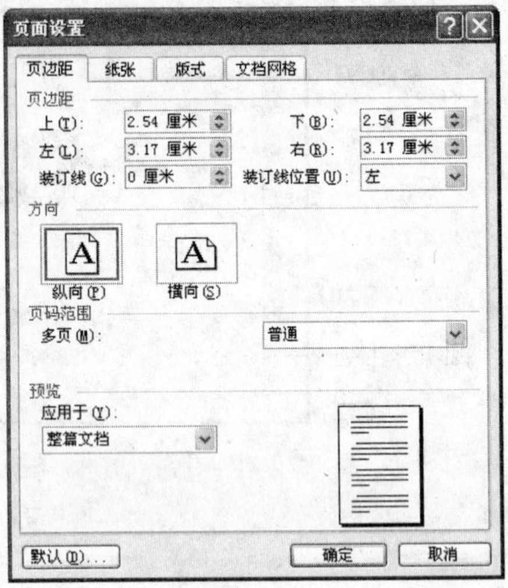

3. 段落格式设置

选择"格式"|"段落"命令，在"段落"对话框中设置：对齐方式、首行缩进、左缩进、右缩进、行距、段前段后间距等内容。

4. 字符格式设置

选择"格式"|"字体"命令，在"字体"对话框中设置：字体、字形、字号、字体颜色、下划线、着重号、隐藏文字等内容。

图 3-3 "页面设置"对话框

5. 文本编辑操作

(1) 选取文本：拖动鼠标选中文本块。

(2) 移动：先剪切文本块（使用图标 ），再粘贴到指定位置（使用图标 ）。

(3) 复制：先复制文本块（使用图标 ），再粘贴到指定位置（使用图标 ）。

(4) 删除：使用 Del 键。

(5) 撤销：撤销错误的操作（使用图标 ）。

(6) 恢复：更正撤销操作（使用图标 ）。

(7) 文本的查找和替换：使用"编辑"菜单中的"查找"和"替换"命令，如图 3-4 所示。

图 3-4 "查找和替换"对话框

6. 保存文档

(1) 首次保存或更名保存，选择"文件"|"另存为"命令，打开"另存为"对话框，如图 3-5 所示。

图 3-5 "另存为"对话框

(2) 在编辑过程中,保存文档,选择"文件"|"保存"命令,或单击"常用"工具栏中的"保存"按钮🖫。

3.2 Word 基本知识

3.2.1 页眉、页脚

在页面视图下 Word 文档有两种编辑状态——正文编辑及页眉页脚编辑。对于文档中每页都要有的内容可以安置于页眉页脚中。首次进入页眉页脚编辑需选择"视图"|"页眉和页脚"命令,此时正文区域的文字变为灰色,表示不可编辑,在页眉或页脚编辑区域可以输入文字和字符、插入图片(调整大小和文字环绕方式后可安置于页面位置成为背景图片),单击"页眉和页脚"工具栏中的"关闭"按钮,回到正文编辑状态,此时页眉页脚文字变为灰色,不可编辑。再次编辑页眉页脚时,只需双击任意一页页眉页脚处的灰字区域即可。

Word 可以分节设置不同的页眉页脚,还可以分奇偶页设置不同的页眉页脚,并可以做到首页不同。设置"奇偶页不同"和"首页不同"的页眉页脚,需在"页面设置"对话框"版式"选项卡中设置。

3.2.2 页码

页码是 Word 中的域,它会根据文档大小自动显示页号,页码需要插入,而不是自己输入,初学者在此较易出错。

插入页码有两种方式:一种是在页眉页脚编辑状态下,单击"页眉和页脚"工具栏中的"插入页码"按钮🗐;另一种是在正文编辑状态下,选择"插入"|"页码"命令。

3.2.3 分节

分节是为了对同一个文档中的不同部分采用不同的版面设置,例如,设置不同的页眉和页脚,设置不同的页面方向、纸张大小、页边距等。

分节对于长文档排版非常重要。分节如同学校按专业分班——只有分班后，各班才能在同一时间上不同的课。一般情况下，长文档各章具有不同的页眉以体现章节内容，前言和正文部分分别安排不同格式的页码（如都从第 1 页开始，并可使用罗马数字、阿拉伯数字等不同数字格式），实现这些工作的前提是分节。

分节后，对某节设置不同的页面方向、纸张大小、页边距时，只需注意"页面设置"对话框中"应用于"选项为"本节"即可。

分节后，对某节设置不同的页眉页脚时，需特别注意先断开此节与前后节的链接关系，因 Word 文档分节后，从第 2 节起，各节的页眉页脚编辑区右上角处均显示"与上一节相同"文字，只有单击"页眉和页脚"工具栏中"链接到前一个"按钮，使"与上一节相同"文字消失，表示断开了本节与前节的链接，才能将本节后的页眉页脚设置为不同于前一节的页眉页脚内容。

对于每章都不同的页眉，需先对所有章分节，之后断开所有节的链接，再书写各节页眉内容。简单总结为："分节—断开—写不同页眉"。

3.2.4　样式

样式是一套段落格式和字符格式的集合。样式有字符样式和段落样式两种：字符样式影响段落内选定文字的外观（如文字的字体、字号、下划线等）；段落样式控制段落外观的所有方面（如对齐方式、制表位、缩进、行间距和边框等，也包括字符格式的设置）。

在长文档中使用样式可以事半功倍。理由如下：

(1) 省时省力。用样式修饰文字，一次完成若干操作的集合（如字体、字号、字形、颜色、缩进、行间距、段前段后距离、对齐方式、边框、底纹、加粗等）。

(2) 省心。若干年后再处理以前的文档，很难记住当时的修饰要求了，而样式会一直保存在文档中，可使用、可查看、可修改。

(3) 快速"换妆"。在一部书稿中，若想改变所有节标题的字体或字号，直接修改修饰节标题所用的样式即可同时使所有节标题"换妆"，并可连续不断试验"新妆"，直到满意为止，设想未用样式的情景，不仅费时费力，而且极易漏改。

(4) 步调一致。若干人合作的文档，若使用了相同的样式，统稿至一个文档时不仅方便、快捷，不必重新修饰，重要的是风格相同，整齐划一，体现了一个团队的工作作风和精神面貌。

Word 提供了很多样式，可以从"格式"工具栏的"样式"下拉列表中选择，也可打开"样式和格式"任务窗格选择。用户也可以根据实际需要定义自己的样式。

3.2.5　模板

模板是一种特殊的文件。它提供了一个集成的环境，供格式化文档使用。模板可以包含样式、宏、域、自动图文集、自定义工具栏等元素。

前面讨论了使用样式的好处，实际上，Word 提供的样式往往不能覆盖各单位众多文档的格式要求（如毕业论文），因此，需要创建自己的样式。若要将自定义的样式保存下来,供以后处理同类文档时使用,模板则是一个最佳载体。

使用模板有以下益处:

(1)规范化管理的手段。如一个企业,可以将标书、企划报告、工作汇报、各种报表等按要求格式自定义样式后保存为模板文件发给下属部门,经各部门撰写并按指定样式修饰后,返回的文件显示或打印出来均为统一的风格,体现了企业的规范性,设想可以把文件的格式要求发给大家,各自学习后按要求做好文件返回,但总会出现一部分人不关心要求而随心所欲,一部分人粗心做错了,一部分人能力达不到的情况,总之,最后的结果将是混乱的,如毕业设计论文就是这样一种局面。

(2)高效率工作的保障。若回收的混乱文件需规范存档,则需有人整理,其中的麻烦可想而知。

(3)避免重复性劳动。对需经常重复使用或需多人使用的文件,制成模板文件后一劳永逸。

(4)保护源文件不被改写。如本书的实验文件会装在公共机房的各计算机中供学生使用,为防止前面的同学改写后保存而覆盖掉原始内容,使后面的同学无法正常实验,可将实验文件改成模板文件存放于计算机中。双击模板文件为用户生成的是基于该模板的新文件,保存时会让用户提供新文件名,因而不会轻易覆盖源文件。

3.3　Word 导学实验

3.3.1　01——制作简单 Word 文档(请柬)

1. 实验文件

存放于随书光盘"Word 导学实验\Word 导学实验 01——请柬"文件夹中。

2. 实验目的

此实验为 Word 入门实验。通过制作一个简单的 Word 文档,了解 Word 的工作界面,熟悉创建文档的过程,掌握基本的编辑操作及简单的格式设置方法。

3. 实验要求

制作如图 3-6 所示的一份"请柬",具体操作要求如下:

(1)页面为 A5,横向。页边距为 2 厘米。

(2)标题"请柬"为"隶书"、一号字、加粗、红色、居中;其余文字为"楷体_GB2312"、二号字、加粗、蓝色;正文中的表示时间和地点的文字添加"下划线"。落款文字右对齐。

(3)第 2、3 段,首行缩进 2 字符。

(4)插入图片,设置图文叠加效果,调整图片大小。

(5)设置"艺术型"页面边框。

图 3-6　"请柬"样例

4. 解决思路

新建一个空白 Word 文档。输入文字内容,按操作要求,进行页面、字符及段落格式设置,并通过插入图片及增设页面边框等技术来美化文档,预览文档整体效果并保存文档。

5. 操作步骤

1) 新建空白 Word 文档

新建空白 Word 文档,输入内容,保存此文档。

2) 页面设置

选择"文件"|"页面设置"命令,打开"页面设置"对话框,如图 3-7 和图 3-8 所示,设置纸张大小、页边距及方向。

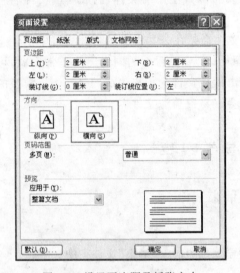 

图 3-7 设置页边距及纸张方向　　　　　图 3-8 设置纸张大小

3) 字符格式设置

利用"格式"工具栏,如图 3-9 所示,完成文本格式的设置。

图 3-9 "格式"工具栏

4) 段落格式设置

选中第 2、3 段,选择"格式"|"段落"命令,打开"段落"对话框,如图 3-10 所示,在"特殊格式"下拉列表中选择"首行缩进",且度量值为 2 字符。

5) 设置页面边框

选择"格式"|"边框和底纹"命令,打开"边框和底纹"对话框,单击"页面边框"选项卡,

如图 3-11 所示,选取一种"艺术型"页面边框。

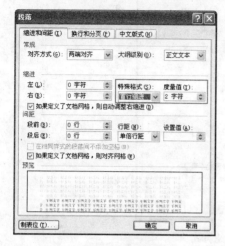
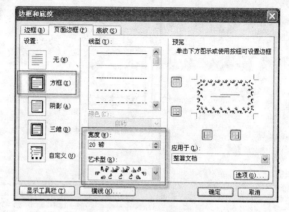

图 3-10　首行缩进

图 3-11　页面边框

6) 图文混排

(1) 选择"插入"|"图片"|"来自文件"命令,打开"插入图片"对话框,如图 3-12 所示,选取图片文件,将其插入到本文档中(请尝试:在资源管理器中右击图片图标,选择"复制"文件命令,回到 Word 文档中进行粘贴)。

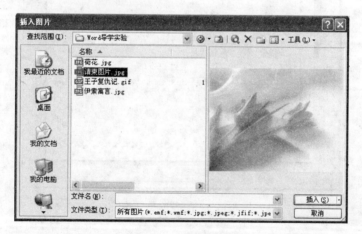

图 3-12　选取图片文件

(2) 选中文档中的图片后,用鼠标拖动图片四周的控制点来调整插入图片的大小及位置。

(3) 右击图片,打开"设置图片格式"对话框,单击"版式"选项卡,如图 3-13 所示,设置图片环绕方式。

7) 打印预览

选择"文件"|"打印预览"命令,观察文档的制作效果,如图 3-14 所示。

图 3-13　设置图片环绕方式

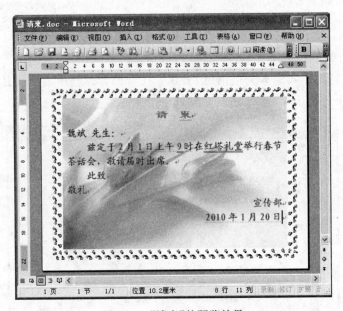

图 3-14　"请柬"的预览效果

3.3.2　02——基本排版技术(字符、段落、边框、底纹)

1. 实验文件

存放于随书光盘"Word 导学实验\Word 导学实验 02——伊索寓言"文件夹中。

2. 实验目的

此实验为 Word 基本排版实验。通过对一篇已有文本的简单修饰,了解文本格式的基本修饰方法,主要包括字符格式、段落格式及边框和底纹的设置,掌握文本信息的常用修饰技术。

3. 实验要求

对照图 3-15 所示的样文，完成下列格式设置。

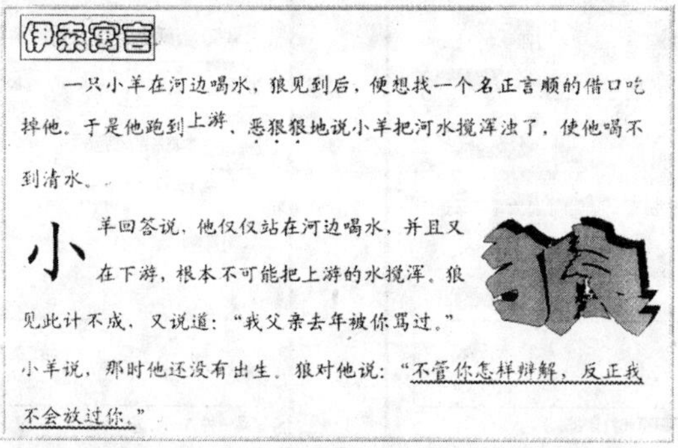
伊索寓言

一只小羊在河边喝水，狼见到后，便想找一个名正言顺的借口吃掉他。于是他跑到上游，恶狠狠地说小羊把河水搅浑浊了，使他喝不到清水。

小羊回答说，他仅仅站在河边喝水，并且又在下游，根本不可能把上游的水搅浑。狼见此计不成，又说道：“我父亲去年被你骂过。”小羊说，那时他还没有出生。狼对他说：“不管你怎样辩解，反正我不会放过你。”

图 3-15　“文本和段落”设置效果

(1) 标题为“伊索寓言”，字体采用华文彩云、字号采用二号字，加边框底纹。

(2) 正文文字字体采用楷体_GB2312，字号采用四号字。

(3) 第 1 自然段中“名正言顺”设为红色、加粗、“上游”提升 5 磅、“恶狠狠”加着重号；第 2 自然段中的“不管你怎样辩解，反正我不会放过你。”加“紫罗兰”色波浪线。

(4) 第 1 自然段首行缩进 2 字符，第 2 自然段首字下沉 2 行。

(5) 插入图片，设置环绕方式为“四周型环绕”，并调整图片的大小及位置。

4. 解决思路

打开已有 Word 文档。按操作要求，进行字符、段落、边框和底纹格式设置，插入图片并设置为图文混排效果，预览文档整体效果并保存文档。

5. 操作步骤

1) 打开已有 Word 文档

打开 Word 导学实验文件夹中的 Word 文档“Word 导学实验 02——伊索寓言.dot”。

2) 字符格式设置

(1) 利用“格式”工具栏，如图 3-9 所示，完成标题文字和正文的“字体”、“字号”、“加粗”、“加波浪线”及“文字颜色”的格式设置。

(2) 选择“格式”|“字体”命令，打开“字体”对话框，如图 3-16 和图 3-17 所示，完成“加着重号”及“字符提升”等效果设置。

3) 段落格式设置

选中第 1 自然段，选择“格式”|“段落”命令，打开“段落”对话框，如图 3-10 所示，在“特殊格式”下拉列表中选择“首行缩进”，且度量值为 2 字符。

4) 边框和底纹设置

选中标题“伊索寓言”，选择“格式”|“边框和底纹”命令，打开“边框和底纹”对话框，选择“边框”选项卡，如图 3-18 所示，设置文字边框；单击“底纹”选项卡，如图 3-19 所示，设置“文字底纹”。

图 3-16　着重号　　　　　　　　　　　图 3-17　"字符间距"选项卡

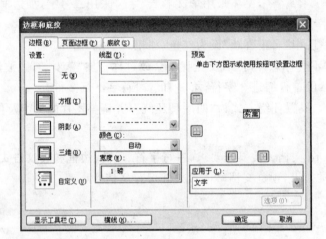

图 3-18　为文字加边框

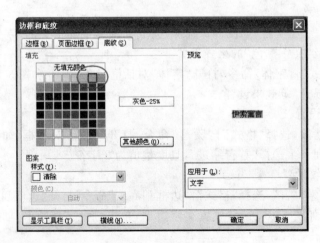

图 3-19　为文字加底纹

5）首字下沉

选中第 2 自然段的第一个字（即"小"），选择"格式"|"首字下沉"命令，打开"首字下沉"对话框，如图 3-20 所示，设置下沉位置和下沉行数。

6）图文混排

（1）插入图片。选择"插入"|"图片"|"来自文件"命令，打开"插入图片"对话框，选取图片文件"伊索寓言.jpg"，将其插入到本文档中。

（2）设置图片格式。选中文档中的图片，单击"图片"工具栏中的"文字环绕"按钮，如图 3-21 所示，选择"四周型环绕"方式。

图 3-20　设置"首字下沉"

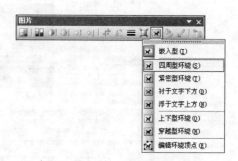

图 3-21　文字环绕方式

（3）用鼠标拖动图片四周的圆形控制点来调整插入图片的大小及位置。

3.3.3　03——综合排版技术（分栏、图文混排、艺术字）

1．实验文件

存放于随书光盘"Word 导学实验\Word 导学实验 03——荷塘月色"文件夹中。

2．实验目的

此实验为 Word 综合排版实验。在了解和掌握 3.3.1 节和 3.3.2 节所述的基本排版技术的基础上，增加了版面设置及艺术字的要求。通过综合排版训练，全面掌握 Word 排版技术，学会综合运用页面、版面、字符、段落、页眉、图片及艺术字等技术手段修饰美化文档。

3．实验要求

对照图 3-22 所示的样文，进行下列格式设置。

1）页面格式设置

纸张为 A4，页边距：上 2cm，下 2cm，左 3cm，右 3cm。

2）字符格式设置

全文字号为"小四号"，第 1 自然段字体为"隶书"，其余自然段字体为"幼圆"。将第 1 自然段"曲曲折折的荷塘"设置为粗体，"微风过处，送来缕缕清香"加下划线。第 4 自然段中的"梁元帝《采莲赋》里说得好"加着重号，文字颜色为蓝色。

图 3-22 "综合排版"效果

3）段落格式设置

全文所有自然段首行缩进 2 字符，第 1 自然段前、后各 1 行；第 5 自然段左、右各缩进 2.5 字符，并加阴影边框。

4）版面格式设置

（1）第 2～4 自然段分为两栏，栏间距为 2 字符。

（2）添加页眉文字"散文欣赏"及页码。

5）图文混排

（1）插入图片，并按样文所示调整其位置和大小。

（2）将标题"荷塘月色"设置为艺术字：选择"艺术字库"中第 4 行第 3 列式样，字体为"华文行楷"，加粗；文字环绕方式改为"紧密型环绕"；形状为"左牛角形"；填充图片，逆时针旋转。

4. 解决思路

打开已有 Word 文档。按操作要求，进行页面、字符、段落、边框和底纹等格式设置，将指定段落设置为分栏版面，插入图片并设置为图文混排效果，将文章题目文字制作为艺术字效果，预览文档整体效果并保存文档。

5. 操作步骤

1）打开已有 Word 文档

打开位于 Word 导学实验文件夹中的 Word 文档"Word 导学实验 03——荷塘月色.dot"。

2）页面格式设置

选择"文件"|"页面设置"命令，打开"页面设置"对话框，如图3-23所示，设置页边距
（Word默认纸张大小为A4且"纵向"）。

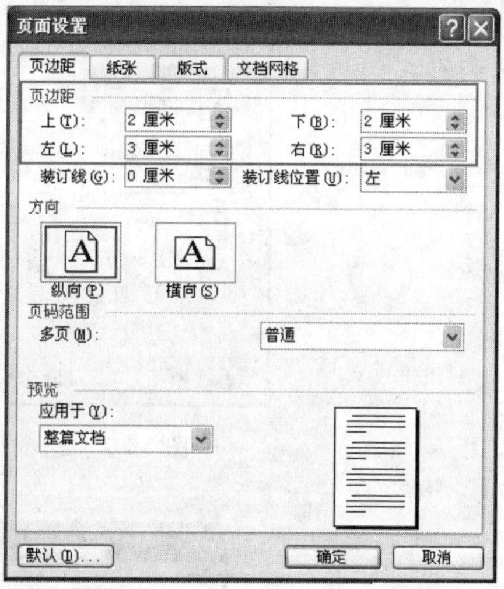

3）字符格式设置

利用"格式"工具栏及"字体"对话框，设置正文文字的"字号"、"字体"、"加粗"、"双下划线"、"着重号"及"文字颜色"等格式。

4）段落格式设置

（1）选中全文，选择"格式"|"段落"命令，打开"段落"对话框，如图3-10所示，在"特殊格式"下拉列表中选择"首行缩进"，且度量值为2字符。

（2）选中第1自然段，选择"格式"|"段落"命令，打开"段落"对话框，如图3-24所示，设置间距：段前1行，段后1行。

（3）选中第5自然段，选择"格式"|"段落"命令，打开"段落"对话框，如图3-25所示，设置缩进：左2.5字符，右2.5字符。

图3-23 "页面设置"对话框

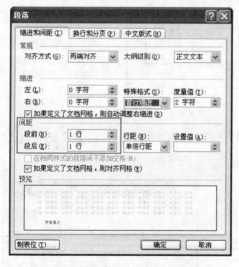

图3-24 "段落"对话框设置间距

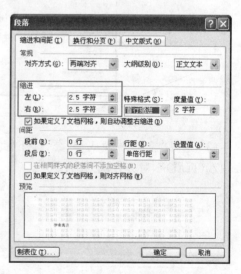

图3-25 "段落"对话框设置缩进

（4）选中第5自然段，选择"格式"|"边框和底纹"命令，打开"边框和底纹"对话框，选择"边框"选项卡，如图3-26所示，设置段落加阴影边框。

5）版面设置

（1）选中第2～4自然段，选择"格式"|"分栏"命令，打开"分栏"对话框，如图3-27所示，单击"预设"栏数为"两栏"，调整栏间距为2字符。

（2）选择"视图"|"页眉和页脚"命令，进入页眉编辑区，如图3-28所示，输入页眉文字，即"散文欣赏"。

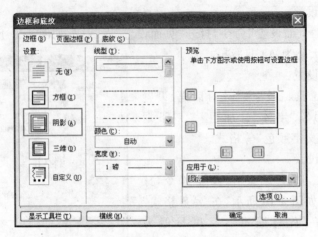

图 3-26 "边框和底纹"对话框设置段落边框

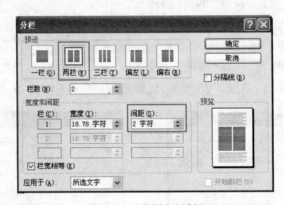

图 3-27 "分栏"对话框

(3) 选择"插入"|"页码"命令,打开"页码"对话框,如图 3-29 所示,设置页码位置"页面顶端(页眉)",对齐方式为"右侧"。

图 3-28 "页眉"编辑区　　　　　　　　　　图 3-29 "页码"对话框

6) 图文混排

(1) 选择"插入"|"图片"|"来自文件"命令,插入图片"荷花.jpg"。设置图片为"四周型环绕"方式,调整插入图片的大小及位置。

(2) 选中"荷塘月色"文字。选择"插入"|"图片"|"艺术字"命令,在"艺术字库"对话框中,选取预设样式(第 4 行第 3 列);设置字体为:华文行楷、加粗,单击"确定"按钮后,返回文档编辑。

（3）单击选中文档中的艺术字,单击"艺术字"工具栏中"形状"按钮 A,选择"左牛角形",如图 3-30 所示。单击"艺术字"工具栏中"文字环绕"按钮，选择"紧密型环绕"方式,如图 3-31 所示。单击"艺术字"工具栏中的"设置艺术字格式"按钮，如图 3-32 所示选择"填充效果",如图 3-33 所示选择图片"荷花.jpg",然后逆时针旋转艺术字如图 3-34所示。

图 3-30　设置艺术字形状

图 3-31　设置"艺术字"的环绕方式

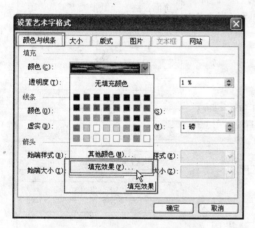

图 3-32　改变艺术字填充效果

图 3-33　用图片填充艺术字

图 3-34　旋转艺术字

3.3.4 04——长文档排版(分节、不同的页眉/页脚、样式、目录)

实际工作中遇到的小说排版、论文排版、标书排版以及书籍排版等都属于长文档排版。随意翻开手边的一部小说,可以看到长文档排版的一些显著特点:

① 不同的页眉,一般每章以该章的标题为页码文字,便于读者快速查阅。有些书各章的奇偶页页眉不同,如奇页显示章标题,偶页显示书名。有些书各章的首页不显示页眉页脚。

② 不同的页码,前言及目录部分有单独的页码,正文部分从第 1 页开始重新设置单独的页码,封面、封底等没有页码。

③ 有目录页。

④ 有脚注或尾注。

⑤ 标题文字与正文文字的字体、字号有所不同。

⑥ 有不同的开本。

⑦ 有插图。

利用文字处理软件对长文档排版时,对于文档中不同的页眉、页脚需要按不同部分先分节,再分别输入不同的页眉文字或插入页码;对于需在目录中出现的章节标题,要先用标题样式(如"标题 1"~"标题 9")修饰,才能提取目录。

长文档排版步骤如图 3-35 所示。

1. 实验文件

(1) 实验文字存放于随书光盘"Word 导学实验\Word 导学实验 04——长文档排版\Word 导学实验 04——王子复仇记.dot"中。

(2) 参看"长文档排版参考-王子复仇记.dot"文件,了解实验效果。

(3) "Word 导学实验\Word 导学实验 04——长文档排版\长文档排版作业"文件夹中包含了 41 篇排版文字,按学号选取相应文件,参照本实验中"实验要求"或"Word 导学实验 04——长文档排版实验要求.dot"完成课后训练。

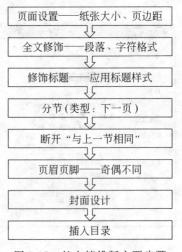

图 3-35 长文档排版主要步骤

2. 实验目的

此实验为 Word 高级排版训练,通过对长篇文档的排版,了解分节的作用,掌握不同页眉、页脚和页码的设置;样式的应用;目录的制作;添加尾注及脚注等排版技术。

3. 实验要求

(1) 页面设置。

• 纸型:32 开。

• 页边距:上 2cm;下 1.7cm;左 1.5cm;右 1.5cm。

• 应用于:整篇文档。

(2) 字符、段落格式。全文为楷体、小四号字;所有自然段首行缩进 2 字符;段前 0.5 行。

（3）修饰标题。用样式"标题1"修饰章标题（文档中已用红字标出），用样式"标题2"修饰节标题（文档中已用蓝字标出）。

（4）分节。在各不同部分间插入分节符，类型为"下一页"。

（5）断开各节链接。为单独设置各部分的页眉、页脚做准备。

（6）设置不同页眉。不同章节设置不同的页眉文字，采用"章标题"或"节标题"作为页眉文字。

（7）添加不同页码。在页脚处添加页码（封面无页码；目录页码用罗马数字；正文页码用阿拉伯数字）。

（8）制作封面页。在封面上插入图片，将书名及作者名制作成艺术字置于图片之上，使封面图文并茂。

（9）插入目录页（在封面后）。

（10）做文字或图片超链接。在正文中每节内容结尾处，做文字超链接返回到目录页。

（11）插入脚注、尾注。在第1自然段结尾处插入脚注（或尾注），其文字为"你的中文姓名排版"（如章小彤排版）。

4. 解决思路

打开一篇长文档。按操作要求，依次进行如下操作：设置页面格式；设置字符和段落格式；如图3-36所示，用标题样式修饰标题文字；分节；断开页眉、页脚同前一节的链接；为各节添加不同的页眉和页码，页眉内容要与章节标题文字一致；设计封面页，其图片和艺术字为叠加效果；提取章节标题生成目录；利用书签和超链接实现本文档中文字间的跳转。

5. 操作步骤

（1）页面设置。

操作略。

（2）字符和段落格式设置。

操作略。

（3）修饰标题。

利用"格式"工具栏的"样式框"（如图3-36所示）中的标题1、标题2、标题3等格式修饰各级标题文字。

（4）分节。

如图3-38所示，在各不同部分间插入分节符。将光标分别置于每个节标题前，选择"插入"|"分隔符"命令，分节符选择"下一页"，如图3-37所示。

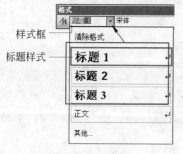

图3-36 样式框

图3-37 "分隔符"对话框

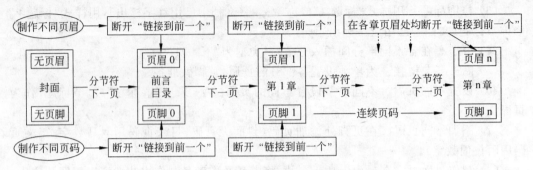

图 3-38　长文档分节及断开各节链接示意图

（5）断开各节链接。

为单独设置各部分的页眉、页脚做准备。在图 3-39 所示的各节页眉、页脚处单击"链接到前一个"按钮，去除"与上一节相同"的文字显示。

图 3-39　断开与上一节的链接

（6）不同章节设置不同的页眉文字。

① 选择"视图"|"页眉和页脚"命令，进入页眉页脚编辑状态，并打开"页眉和页脚"工具栏。

② 第 1 节为封面内容，不设置页眉。

③ 光标置于第 2 节页眉处，输入该节页眉内容。

④ 重复步骤③中的操作，完成所有节页眉的设置。

（7）添加页码。

① 第 1 节为封面内容，不设置页脚。

② 光标置于第 2 节页脚处，单击"页眉和页脚"工具栏中的"插入页码"按钮，插入页码域。选中页码域，单击"设置页码格式"按钮，可选页码格式为罗马数字，如图 3-40 和图 3-41 所示。

图 3-40　插入页码

③ 光标置于第 3 节页脚处，单击"插入页码"按钮，插入页码域。选中页码域，单击"设置页码格式"按钮，选择页码格式为 ▇ 1 ▇, ▇ 2 ▇ ▇ ，并选中"起始页码"单选按钮，使页码从"1"开始。

④ 后面各节页码连续,故不必断开链接,页码会自动接续前一节。

⑤ 单击"页眉和页脚"工具栏中的"关闭"按钮,回到正文编辑状态。

(8) 封面设计。

① 将光标置于第1节,选择"插入"|"图片"|"来自文件"命令,选取相应的图片文件,并调整图片大小及位置,如图3-42所示。

图 3-41 设置"页码格式"

图 3-42 封面设计效果

② 选择"插入"|"图片"|"艺术字"命令,打开"艺术字库"对话框,如图3-43所示,选取预设样式;编辑"艺术字"文字的内容,并设置字体、字号及字形,如图3-44所示。将艺术字的环绕方式设为"浮于文字上方",使艺术字与图片呈叠加效果。封面效果如图3-42所示。

图 3-43 "艺术字库"对话框

(9) 插入目录。

① 光标置于建立目录处,输入文字"目录"。

② 选择"插入"|"引用"|"索引和目录"命令,单击"目录"选项卡,如图3-45所示,设置"显示级别"、"显示页码"及"前导符"等格式,单击"确定"按钮。

注意:目录与正文间存在链接关系,当文档内容、页数发生变化后,要更新目录,即将光标置于目录中,右击并在快捷菜单中选择"更新域"命令。

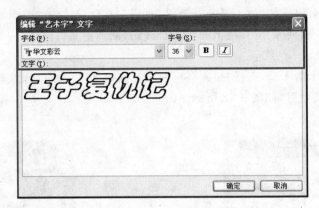

图 3-44　"编辑'艺术字'文字"对话框

（10）制作书签。

借助书签，实现返回目录页的超链接（若只做文字排版工作，不必完成该内容）。

① 将光标置于目录页，选择"插入"|"书签"命令，打开"书签"对话框，如图 3-46 所示，输入书签名，如"目录页"，单击"添加"按钮。

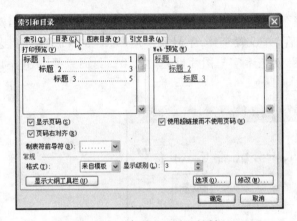

图 3-45　"索引和目录"对话框

图 3-46　"书签"对话框

② 在每一节的结尾处，输入文字"返回目录"（或自选图形或图片均可），选中，右击，选择快捷菜单中的"超链接"命令，打开"插入超链接"对话框，如图 3-47 所示，单击"本文档中的位置"，选择"书签"中的"目录页"。

（11）脚注和尾注。

将光标置于第 1 自然段结尾处，选择"插入"|"引用"|"脚注和尾注"命令，打开如图 3-48 所示的"脚注和尾注"对话框，确定位置及格式等，单击"插入"按钮后，在页面底端的"脚注"编辑区输入脚注内容。

注意：可以设置奇偶页不同及首页不同的页眉页脚。其方法为：在本实验第（1）步页面设置时，打开"版式"选项卡，勾选复选框"奇偶页不同"、"首页不同"。要注意分节后要在奇、偶页分别断开"链接到前一个"，再分别设置页眉页脚，即此处工作量增加一倍，其余操作步骤不变。

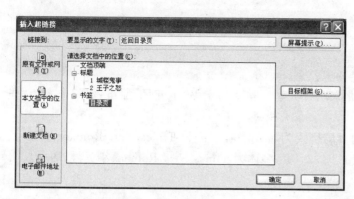

图 3-47 "插入超链接"对话框 　　　　图 3-48 "脚注和尾注"对话框

3.3.5 05——制作论文排版模板(自定义样式和模板)

学生在完成毕业论文时,面对论文格式统一要求的众多说明文件,常常手足无措,不知如何方便快捷地将要求的格式"套用"在自己的论文上,花费了大量精力在论文排版而不是内容上,尽管大费周折还难于达到标准。

为撰写论文(或标书类)工作准备好一个模板文件,在任何时刻,只要双击该文件,即可拥有符合各种要求的一整套环境,只需在相应的部分输入论文内容,并用合适的样式修饰文字,即可高质量、高效率、出色地完成论文撰写工作。

1. 实验文件

(1) 本实验打开一空白 Word 文档制作论文排版模板。

(2) 参看随书光盘"Word 导学实验\Word 导学实验 05——制作论文排版模板\毕业论文排版参考.doc"文件,了解论文排版的效果。

(3) "Word 导学实验\Word 导学实验 05——制作论文排版模板\毕业论文排版作业"文件夹中包含了 42 篇排版文字,按学号选取相应文件,参照本实验中"实验要求"完成课后训练。

(4) 打开文件夹中"拓展导学-党建模板.dot"和"拓展导学-国庆 60 年模板.dot",解析该模板的制作过程。

2. 实验目的

(1) 制作样式和模板:由于 Word 软件提供的样式不能满足论文格式要求,本实验根据论文格式要求创建相应的、全部的段落样式,并保存为模板文件。

(2) 使用样式和模板:课后用模板文件提供的环境修饰一篇论文,掌握模板和样式的使用方法,并体会模板和样式对管理工作的重大影响。

3. 实验要求

1) 页面格式

- 纸张大小:A4。
- 页边距:上 3cm,下 2.5cm,左 3cm,右 2.5cm。

- 装订线：1cm、左侧。
- 页眉：2cm。
- 页脚：1.7cm。

2）页眉、页脚格式设置

（1）页眉。左侧内容为"北京联合大学"，格式为隶书、小五号、加粗；中间内容为"毕业设计"，格式为宋体、五号。

（2）页码。摘要和目录的页码格式为Ⅰ、Ⅱ等，字体为 Times New Roman、小五号、居中。正文内的页码格式为"-1-"、"-2-"等，字体为 Times New Roman、小五号、居中。

3）封面格式的效果

封面格式的效果如表 3-1 所示。

表 3-1   毕业设计论文封面格式

设置对象	格　式	
××××大学	华文行楷、二号、加粗、居中	
毕业论文	楷体_GB2312、初号、加粗、居中	
题目	宋体、小二、加粗、居中	
副标题	宋体、小二、加粗、居中	
××××大学图标	高度6厘米、宽度6.05厘米	
签名文字	宋体、小三、居中	
日期	数字字体为 Times New Roman、小三，号用阿拉伯数字填写 如：2010 年 7 月 1 日	

4）标题与正文格式

标题与正文格式如表 3-2 所示。

表 3-2   各级标题和正文格式

自定义样式名	样　式	说　明
中文居中标题	宋体、小三、加粗、居中、段前1行、段后1行、行距20磅	套用于：摘要、引言、结论、致谢、注释、参考文献等标题文字
英文居中标题	Times New Roman、小三、加粗、居中、段前1行、段后1行、行距20磅	套用于：Abstract
论文一级标题	宋体、小三、加粗、段前1行、段后1行、行距20磅	套用于：1×××××
论文二级标题	宋体、四号、加粗、段前0.5行、段后0.5行、行距20磅	套用于：1.1×××××××
论文三、四级标题	宋体、小四、加粗、段前0.5行、段后0.5行、行距20磅	套用于：1.1.1×××××××××× 套用于：1.1.1.1××××××××××××

续表

自定义样式名	样　式	说　明
论文内容	宋体、小四、首行缩进 2 字符、行距 20 磅	套用于：摘要、引言、结论、致谢、注释、参考文献等正文文字
英文内容	Times New Roman、小四、首行缩进 2 字符、行距 20 磅	套用于：英文摘要内容
中文关键词	宋体、小四、加粗、缩进 2 字符、行距 20 磅	套用于：中文关键词
英文关键词	Times New Roman、小四、加粗、缩进 2 字符、行距 20 磅	套用于：英文关键词

5）表、图与注解格式

表、图与注解格式如表 3-3 所示。

表 3-3　图表和注解格式

名称	格　式	说　明
表	居中、段后 1 行	表格居中，且表格与下文空一行
表名	宋体、小四、加粗、居左、段前 1 行、段后 0.5 行、行距 20 磅	表名居左，并位于表格上方，表编号可以全文统一编号，也可以分章编号，全文的表编号原则要一致 如表 1-1××××
表内文字	宋体、小四、水平居中	
图	居中、段前 1 行	图居中，图与上文空一行
图名	宋体、小四、加粗、段前 1 行、段后 0.5 行、行距 20 磅	图名居中，并位于图下，图编号可以全文统一编号，也可以分章编号，全文的图编号原则要一致 如图 1-1××××
公式	居左、缩进 2 字符、Times New Roman、小四、段前 1 行、段后 1 行、行距 20 磅	公式编号可以全文统一编号，也可以分章编号，全文的公工编号原则要一致。公式上下分别要与正文空一行
公式编号	宋体、小四	公式编号在最右边列出（当有续行时，应标注于最后一行） 如（式 4.18）

4. 解决思路

首先制作论文模板：①创建一个空白 Word 文档；②页面设置；③按不同页眉页脚的设置需要分节、断开链接、设置不同页眉页码；④插入封面文件；⑤按照论文格式的要求，用"自定义样式"体现论文中各级标题文字、正文文字、图名、图等格式；⑥将该文档保存为"毕业论文模板.dot"。然后，新建基于"毕业论文模板"文件的 Word 文档，输入论文文本，并"套用"模板文件中的自定义样式，最后，经过简单的整理，便可完成毕业论文的排版工作。

5. 操作步骤

1）创建论文模板文件

（1）新建空白 Word 文档。

（2）页面设置。选择"文件"|"页面设置"命令，打开"页面设置"对话框，如图 3-49 和图 3-50 所示，设置页边距、装订线、页眉和页脚等。

图 3-49 设置"页边距"

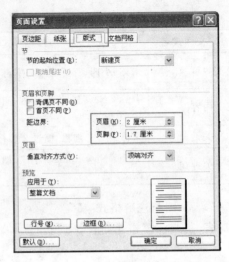
图 3-50 设置页眉页脚与距边界距离

（3）分节、断开链接、设置不同页眉页码。

通过研读毕业设计文件，总结出毕业论文几大部分对页眉页脚的要求，按图 3-51 所示进行分节及设置页眉页脚。

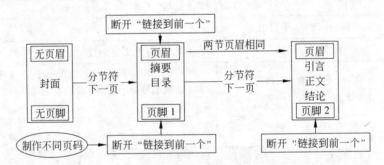
图 3-51 为毕业论文分节并设置不同页眉页脚

① 做两次插入分节符的操作（选择"插入"|"分隔符"命令，打开"分隔符"对话框，"分节符类型"选择"下一页"），将文档分为 3 节（显示为 3 页白纸）。

② 断开第 2 节与第 1 节间页眉处的链接。

选择"视图"|"页眉和页脚"命令，光标置于第 2 节页眉中，单击"页眉和页脚"工具栏中的"链接到前一个"按钮 ，取消页眉编辑区右上角处"与上一节相同"的文字显示。

③ 在第 2 节输入页眉并更改页眉的线条宽度。

在页眉左侧输入"××××大学"，字体格式为隶书、小五号、加粗；在页眉中间输入"毕业设计"，字体格式为宋体、五号。页眉的线条宽度为 1 磅（选择"格式"|"边框和底纹"命令进行设置），效果如图 3-52 所示。

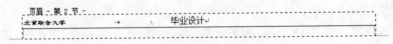
图 3-52 设置页眉

④ 断开第 2 节与第 1 节间、第 3 节与第 2 节间页脚处的链接。

光标先后置于第 2 节、第 3 节页脚中,单击"页眉和页脚"工具栏中的"链接到前一个"按钮▣,取消页脚编辑区右上角处"与上一节相同"的文字显示。

⑤ 设置第 2 节页码(摘要和目录的页码格式)。

光标置于第 2 节页脚中,单击"插入页码"按钮,插入页码域。选中页码域,单击"设置页码格式"按钮,选择页码格式为 I, II, III, … ,字体为 Times New Roman、小五号、居中,并选择"起始页码"单选按钮,使页码从"Ⅰ"开始。

⑥ 设置第 3 节页码(正文内的页码格式)。

光标置于第 3 节页脚中,单击"插入页码"按钮,插入页码域。选中页码域,单击"设置页码格式"按钮,选择页码格式为 -1-, -2- - ,字体为 Times New Roman、小五号、居中,并选择"起始页码"单选按钮,使页码从"-1-"开始。

⑦ 退出页眉页脚编辑状态。

单击"页眉和页脚"工具栏中的"关闭"按钮,退出页眉页脚编辑状态,回到正文编辑状态。

(4) 预设各节文字。

① 第 1 节——插入封面文件。光标置于第 1 页(即第 1 节)开始处,选择"插入"|"文件"命令,打开"插入文件"对话框,如图 3-53 所示。选取"Word 导学实验\Word 导学实验 05——制作论文排版模板\毕业论文封面.dot",单击"插入"按钮。

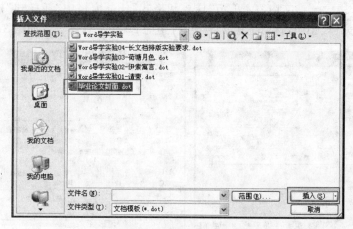

图 3-53 "插入文件"对话框

② 第 2 节——开始处输入"摘要"两个字(提示使用模板者在该节输入中文摘要、英文摘要、目录等内容。更细致一些,可将第 2 节强行分为 3 页,将这 3 部分标题写于各页)。

③ 第 3 节——开始处输入"引言"两个字(提示使用模板者在该节输入引言和正式的论文内容)。

(5) 自定义用户样式。

① 选择"格式"|"样式和格式"命令,打开"样式和格式"任务窗格。

② 在"样式和格式"任务窗格中只显示"用户定义的样式",清除其他样式,按照图 3-54 所示选择。

图 3-54 在"样式和格式"任务窗格中只显示"用户定义的样式"

自定义样式 1——论文内容:单击"样式和格式"任务窗格中"新样式"按钮,"论文内容"的样式为:宋体、小四,首行缩进 2 字符,行距为 20 磅。具体设置如图 3-55 所示。

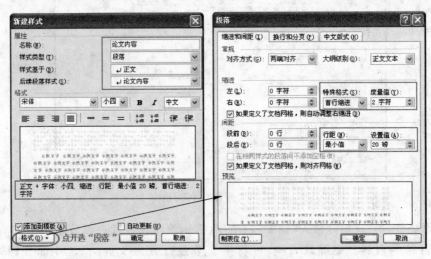

图 3-55 论文内容的样式

自定义样式 2——英文内容:单击"新样式"按钮,"英文内容"的样式为:Times New Roman、小四,首行缩进 2 字符。具体设置如图 3-56 所示。

自定义样式 3——中文居中标题:单击"新样式"按钮,"中文居中标题"的样式为:宋体、小三、加粗、居中,段前段后各 1 行。具体设置如图 3-57 所示。

图 3-56　英文内容的样式

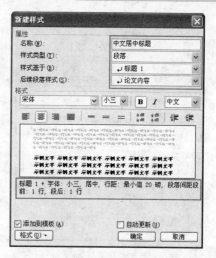

图 3-57　中文居中标题的样式

　　自定义样式 4——中文关键词：单击"新样式"按钮，"中文关键词"的样式为：宋体、小四、加粗，缩进 2 字符。具体设置如图 3-58 所示。

　　自定义样式 5——英文居中标题：单击"新样式"按钮，"英文居中标题"的样式为：Times New Roman、小三、加粗、居中，段前段后各 1 行。具体设置如图 3-59 所示。

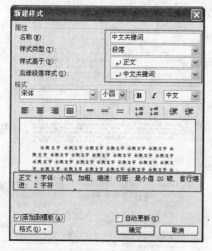

图 3-58　中文关键词的样式

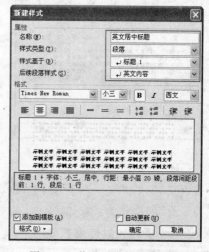

图 3-59　英文居中标题的样式

　　自定义样式 6——英文关键词：单击"新样式"按钮，"英文关键词"的样式为：Times New Roman、小四、加粗，缩进 2 字符。具体设置如图 3-60 所示。

　　自定义样式 7——论文三、四级标题：单击"新样式"按钮，"论文三、四级标题"的样式为：宋体、小四、加粗，段前段后各 0.5 行。具体设置如图 3-61 所示。

　　自定义样式 8——论文二级标题：单击"新样式"按钮，"论文二级标题"的样式为：宋体、四号、加粗，段前段后各 0.5 行。具体设置如图 3-62 所示。

　　自定义样式 9——论文一级标题：单击"新样式"按钮，"论文一级标题"的样式为：宋体、小三、加粗，段前段后各 1 行。具体设置如图 3-63 所示。

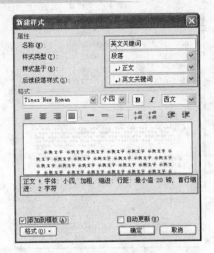

图 3-60　英文关键词的样式

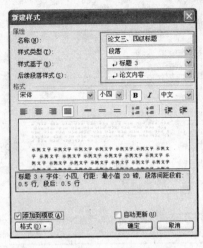

图 3-61　论文三、四级标题的样式

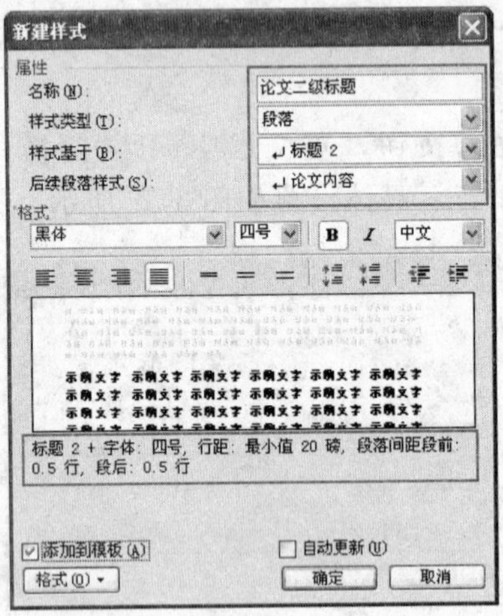

图 3-62　论文二级标题的样式

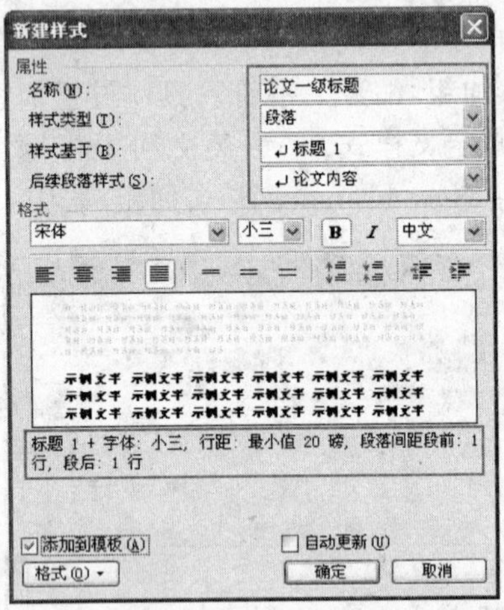

图 3-63　论文一级标题的样式

自定义样式 10——目录页：单击"新样式"按钮，"目录页"的样式为：宋体、小四，两端对齐，行距 20 磅，段后 0.5 行。具体设置如图 3-64 所示。单击"新建样式"对话框中的"格式"按钮，选择"制表位"或选择"段落"，在打开的"段落"对话框中单击"制表位"按钮，打开"制表位"对话框如图 3-65 所示，设置其位置、对齐方式和前导符。

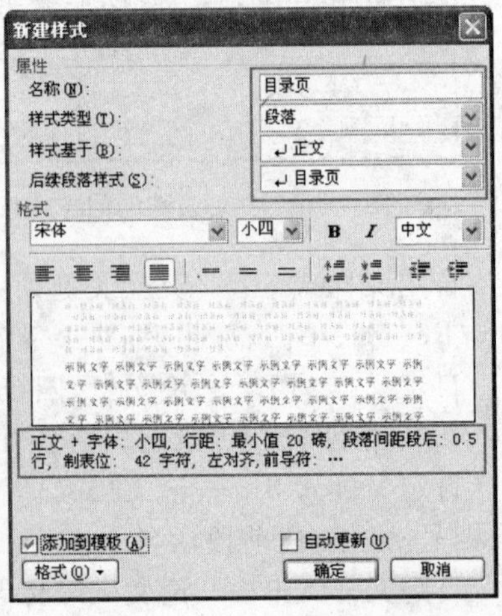

自定义样式 11——图名：单击"新样式"按钮，"图名"的样式为：宋体、小四、加粗、居中（图名中的数字、字母和符号为 Times New Roman、小四、加粗），段前 0.5 行，段后 1 行，行距 20 磅，图名所在段落之后就可以直接后接其他段落（论文正文）。具体设置如图 3-66

图 3-64　目录页的样式

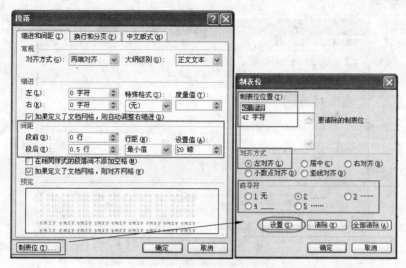

图 3-65 设置制表位

所示。

自定义样式 12——图：单击"新样式"按钮，"图"的样式为：图居中，与上文应空 1 行，图名位于图下。具体设置如图 3-67 所示。

图 3-66 图名的样式

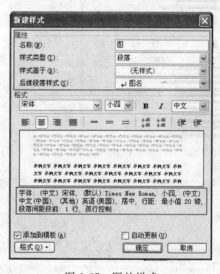

图 3-67 图的样式

（6）保存模板文件。

选择"文件"|"另存为"命令，打开"另存为"对话框，如图 3-68 所示，在"保存类型"下拉列表中选择"文档模板"，然后选择保存位置并输入文件名，单击"保存"按钮。论文模板文件效果如图 3-69 所示。

2）应用论文模板文件

（1）双击"毕业论文排版.dot"文件，生成基于该模板的新 Word 文档。

（2）打开"Word 导学实验\Word 导学实验 05——制作论文排版模板\毕业论文排版

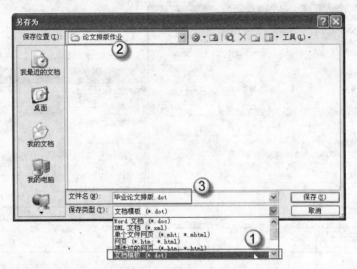

图 3-68 "另存为"对话框

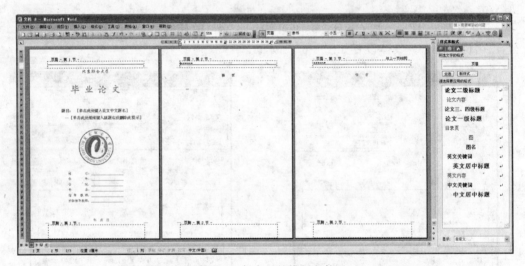

图 3-69 保存后的模板文件

作业"文件夹中与学号对应的文件。剪切"摘要"至"目录"间所有段落,粘贴于新文档第 2 节中,剪切"引文"至结尾间所有段落,粘贴于新文档第 3 节中。

3) 提取目录

(1) 用自定义样式"论文内容"修饰除封面外所有文字(选中文字后,单击"样式和格式"任务窗格中的"论文内容"样式名即可)。

(2) 用自定义的论文标题样式修饰各级标题,参见表 3-2。

(3) 光标置于目录下一行,选择"插入"|"引用"|"索引和目录"命令,选择"目录"选项卡,单击"确定"按钮。

(4) 选中目录区域,单击"样式和格式"任务窗格中的"目录页"样式名,用自定义的"目录页"样式修饰(注:在其后更新目录域后均应如此修饰)。

4) 强制分页

（1）光标置于 Abstract（英文摘要）前，选择"插入"|"分隔符"|"分页符"命令（或按 Ctrl＋Enter 键）。

（2）光标置于目录标题前，选择"插入"|"分隔符"|"分页符"命令（或按 Ctrl＋Enter 键）。

（3）各章之间要强制分页，选择"插入"|"分隔符"|"分页符"命令（或按 Ctrl＋Enter 键）。

图 3-70　"更新目录"对话框

5) 更新目录

右击目录区，在弹出的快捷菜单中选择"更新域"命令，打开"更新目录"对话框，如图 3-70 所示，选中"只更新页码"或"更新整个目录"单选按钮。

3.3.6　06——制作表格

在撰写论文及日常工作中经常采用表格。

表格可以分为规则表格（一致的行数和列数）和不规则表格。不规则表格是按最多行数与最多列数创建规则表格后用"合并单元格"、"拆分单元格"、"绘制斜线表头"命令改造而成的。

可使用"表格"菜单中各命令或"表格和边框"工具栏中各命令按钮或右击表格后从弹出的快捷菜单中选择命令建立和修饰表格。图 3-71 为表格处理工作流程。

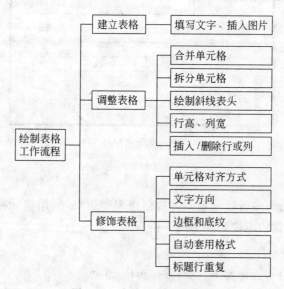

图 3-71　表格处理工作流程

1. 实验文件

（1）"Word 导学实验\Word 导学实验 06——制作表格\Word 导学实验 06——制作表格.dot"。

（2）文件夹中有文档"拓展导学-标题行重复.dot"、"拓展导学-拆分表格及合并表格. dot”、“拓展导学-将表格转换为文本或将文本转换成表格. dot”、“拓展导学-元素周期表. dot”。

2. 实验目的

此实验是在 Word 中绘制与编辑表格的实验。利用 Word 提供的表格制作工具，完成“学生情况登记表”的制作，了解并掌握“不规则”表格的制作过程与方法。

3. 实验要求

制作如图 3-72 所示的“学生情况登记表”。

学生情况登记表

姓　名		性 别		出生年月		
籍　贯				民　族		
家庭住址						
电　话			邮 编			
电子邮箱						
主　要　经　历						
何年何月至何年何月	就　读　学　校					证明人
备　注						

图 3-72　学生情况登记表

4. 解决思路

按不规则表格的最多行数与最多列数创建规则表格，利用单元格的“合并”与“拆分”技术，将规则表格转化成不规则的实用表格。

5. 操作步骤

打开文件“Word 导学实验 06——制作表格. dot”。

(1) 制作一个“20 行×7 列”的规则表格。

方法 1：选择“表格”|“插入”|“表格”命令，打开“插入表格”对话框，如图 3-73 所示，输入行数为 20、列数为 7，单击“确定”按钮。

方法 2：单击“常用”工具栏中的“插入表格”按钮，用鼠标拖动蓝色格数建立表格。

(2) 对照效果图，进行单元格的合并或拆分，形成不规则表。

① 合并操作：选中连续的若干单元格，选择“表格”|“合并单元格”命令，选中的单元

格区域便合并成为一个单元格。

②拆分操作：选中一个或若干个单元格，选择"表格"|"拆分单元格"命令，打开"拆分单元格"对话框，如图 3-74 所示。输入拆分结果的行数、列数，单击"确定"按钮。

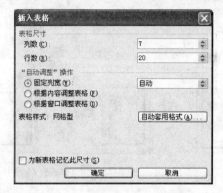

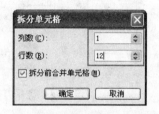

图 3-73　"插入表格"对话框　　　　　　图 3-74　"拆分单元格"对话框

（3）设置表格边框线。

选中整个表格，选择"格式"|"边框和底纹"命令，选择"边框"选项卡，如图 3-75 所示，设置为"网格"，外框线型为"━━"，内线为"——"，每选择一种线型后，单击预览窗口中各边框按钮设置各框线。

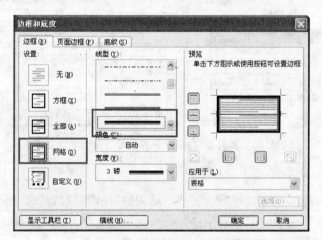

图 3-75　"边框和底纹"对话框

（4）输入单元格内容，并设置字体、字号。

（5）设置对齐方式及文字方向。

对于一列中不等长文字的对齐，如图 3-76 所示，选中单元格区域后，单击"分散对齐"按钮▤或选择"格式"|"段落"中的"对齐方式：分散对齐"。

对于类似"备注"单元格的设置：①设置"文字方向"：选择"格式"|"文字方向"|"竖排文字"，如图 3-77

图 3-76　分散对齐方式

所示。②右击单元格,选择"单元格对齐方式"|"中部居中",使文字在两个方向上都居中,如图 3-78 所示。

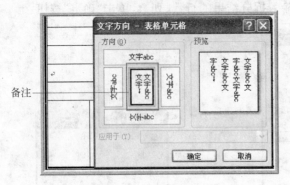
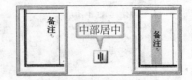

图 3-77　文字方向　　　　　　　　　图 3-78　水平、垂直都居中

对于类似"主要经历"单元格的设置:①右击单元格,选择"单元格对齐方式"中的"水平居中"按钮≡,使文字在两个方向上都居中。②单击"分散对齐"按钮≡,在"调整宽度"对话框中设定该单元格文字的新宽度。效果如图 3-79 所示。

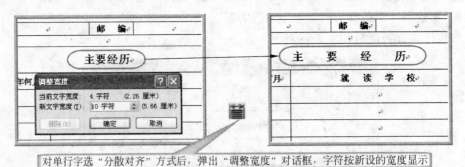

图 3-79　单行文字"分散对齐",可调整文字总宽度

(6) 插入照片。

① 选中"照片"单元格,选择"表格"|"自动调整"|"固定列宽"命令。

② 选择"插入"|"图片"|"来自文件"命令,选取个人照片,单击"插入"按钮。

(7) 选择"文件"|"打印预览"命令,观察文档的制作效果。

3.3.7　07——编辑数学公式

撰写科技类论文时,常常遇到一些数学、物理等公式,在输入公式时有两个问题是 Word 正文编辑无法解决的:一是键盘上没有的字符和符号,二是分式、根号、矩阵等特殊结构的输入。借助于 Office 软件的公式编辑器可以轻松完成这类工作。

1. 实验文件

实验文件存放于"Word 导学实验\Word 导学实验 07——编辑数学公式"文件夹中。

2. 实验目的

通过本实验掌握公式编辑器的使用方法。

3. 实验要求

（1）利用"公式编辑器"完成以下数学公式制作。

① $1+\dfrac{1}{1+\dfrac{1}{1+a^2}}$ 　　② $\begin{cases} 5x+y+z=1 \\ x^2-z=1 \\ 3\times(y+z)=15 \end{cases}$ 　　③ $\lim\limits_{n\to 0}\dfrac{n+2}{n^2+1}$

④ $\sum\limits_{p=1}^{100}p^2$ 　　⑤ $\begin{pmatrix} \lambda & 0 & 0 \\ 0 & \lambda^2 & 0 \\ 0 & 0 & \lambda/2 \end{pmatrix}$ 　　⑥ $\displaystyle\int_0^1 \dfrac{\sqrt{x^2-1}}{x}\mathrm{d}x$

⑦ $\left(\dfrac{u}{v}\right)'=\dfrac{u'v-uv'}{v^2}$ 　　⑧ $Y(A,B,C)=\overline{AC+\overline{A}BC+\overline{B}C+AB\overline{C}}$

⑨ $A\subseteq B\Leftrightarrow(\forall x)(x\in A\to x\in B)$

⑩ $\overrightarrow{AB}=(b_x-a_x)i+(b_y-a_y)j+(b_z-a_z)k$

（2）完成以下内容的输入，文字格式：宋体，小四号字。

【习题】证明：若 $f(x)$ 在 $[a,b]$ 可积，且有原函数 $F(x)$，则 $\displaystyle\int_a^b f(x)\mathrm{d}x=F(b)-F(a)$，

并应用此结果计算 $\displaystyle\int_0^1 f(x)\mathrm{d}x$，其中

$$f(x)=\begin{cases} 2x\sin\dfrac{1}{x}-\cos\dfrac{1}{x}, & x\neq 0 \\ 0, & x=0 \end{cases}$$

4. 解决思路

启动"公式编辑器"，利用丰富的公式模板进行公式的制作和编辑。

5. 知识点

- 数学公式编辑器的使用
- 公式模板的嵌套

6. 操作步骤

1）启动公式编辑器

将光标置于插入公式处，选择"插入"|"对象"命令，打开"对象"对话框，选择"新建"选项卡，在"对象类型"框中选中"Microsoft 公式 3.0"，如图 3-80 所示（如果没有 Microsoft 公式编辑器，请进行安装），单击"确定"按钮。在编辑窗口中，显示一个矩形公式编辑区和"公式"工具栏。

2）"公式"工具栏

编辑数学公式主要依靠"公式"工具栏，如图 3-81 所示，工具栏中有两行按钮：第一行是符号按钮，包含有 150 多种常用的数学符号；第二行是公式模板按钮，共有 120 多种模板样式。

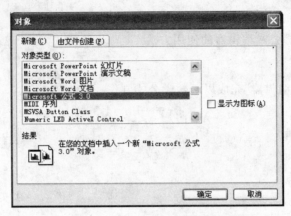

图 3-80 "对象"对话框

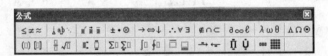

图 3-81 "公式"工具栏

3) 公式模板的选取与使用

系统提供的公式模板分为 9 类(即"公式"工具栏第二行中的 9 个按钮),表 3-4 中列出 9 类模板的名称和用途,每一类包含若干个模板样式。模板上含有由"⬚"表示的编辑区,编辑区的位置及个数是根据不同公式的要求预先设定的。

表 3-4 公式模板

公式模板按钮	名　　称	用　　途
(::) [::]	围栏模板按钮	建立含()、[]、{}等括号的公式
▨ √◻	分式和根式模板按钮	建立分式和根式
◼◻ ◻	上标和下标模板按钮	建立含上标、下标的公式
Σ◻ Σ◻	求和模板按钮	建立含∑符号的求和公式
∫◻ ∮◻	积分模板按钮	建立积分公式
◻ ◻	顶线和底线模板按钮	建立含有上、下边线的公式
→ ←	标签箭头模板按钮	建立含有箭头的公式
Π̂ Ŭ	乘积和集合论模板按钮	建立含Π、∪、∩等符号的乘积公式和集合论公式
◻◻◻ ▦	矩阵模板按钮	建立矩阵形式的公式

(1) 单击相应模板,所选模板便被插入到编辑区中。

(2) 单击某编辑区内部(或反复按 Tab 键),可实现不同编辑区之间的切换。

(3) 在编辑区中,直接输入数字或字母。

(4) 当公式较为复杂时,可在编辑区中继续插入模板,形成模板的嵌套使用方式,以满足复杂公式的编辑要求。编辑区的大小随输入内容的多少而自动调节。

（5）公式中出现的数字、英文字母及常用符号可由键盘输入，而专用符号或特殊字符的输入，要借助于"公式"工具栏第一行中的符号按钮。

（6）公式编辑完成后，只要用鼠标单击公式编辑区外的任何位置，就可关闭"公式编辑器"，返回原文件。此时的公式如同嵌入型图片可以改变其环绕方式、大小及位置。双击要编辑的公式，便可再次启动"公式编辑器"，对该公式进行编辑和修改。

（7）每编辑一个公式都应重复步骤（1）～（5），以便单独安排其在文档中的位置。

3.3.8 08——自选图形的应用

"绘图"工具栏中提供的"自选图形"可以用来绘制、组合成一些示意类的图形，如图 3-82 所示。图 3-83 为自选图形绘制流程。

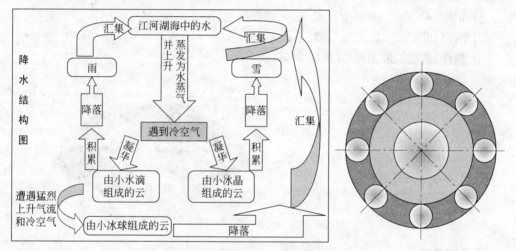

图 3-82 用"自选图形"组合的示意图

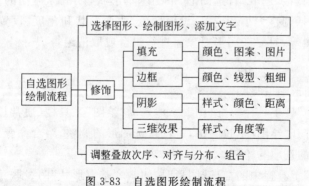

图 3-83 自选图形绘制流程

1. 实验文件

（1）扇面诗文字及图片存放于随书光盘"Word 导学实验\Word 导学实验 08——自选图形的应用"文件夹中。

（2）关于将"原诗文"快速转换为"扇面文字"的方法及制作扇面艺术字详细操作步骤见文件夹中"拓展导学-扇面艺术字.dot"及"拓展导学-扇面艺术字-文字转换.xlt"。

（3）文件夹中有文档"拓展导学-改变自选图形.doc"、"拓展导学-利用'自选图形'做异形图片.dot"。

2. 实验目的

主要掌握 Word 图形的基本绘制方法、图形的外观效果设置以及多个图形的组合。

3. 实验要求

（1）分别绘制如图 3-84 所示的"笑脸"和"怒脸"，具体格式如下：

① "笑脸"脸形为正圆,填充颜色为黄色,线条颜色为红色,线宽 1.5 磅,逆时针旋转 25°。

② "怒脸"脸形为椭圆,填充颜色为青绿,线条颜色为蓝色,加阴影样式 3。图形中添加文字"别理我"。

（2）绘制如图 3-85 所示的"串联电路图"。

图 3-84　绘制"笑脸"与"怒脸"

（3）制作如图 3-86 所示的一幅扇面,扇面填充图片,诗文为艺术字。

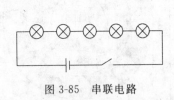

图 3-85　串联电路

图 3-86　诗文扇面

4. 解决思路

打开"绘图"工具栏,选取"自选图形"中的基本形状,以鼠标拖动的方式绘图,对图形对象的基本操作包括调整大小和位置、设置颜色、改变形状和角度、设置添加阴影和立体效果、进行文字编辑等,对复杂图形对象需进行组合或取消组合。

5. 操作步骤

1）绘制单一图形——笑脸

（1）选择"视图"|"工具栏"|"绘图"命令,启动"绘图"工具栏(通常显示于窗口下方),如图 3-87 所示。打开"绘图"下拉菜单,可选自选图形的调整、组合命令。

（2）自选图形的选取与绘制。

① 单击"绘图"工具栏中的"自选图形"按钮,在"基本形状"的级联菜单中单击所用的图形"笑脸",如图 3-88 所示。

② 拖动鼠标绘图,并通过拖动图形四周的白色控制点,调整图形大小;拖动图形上的绿色控制点,旋转图形;拖动某些图形上出现的黄色控制点,使图形在一定程度上产生变形。

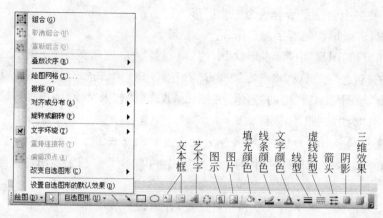

图 3-87 "绘图"工具栏

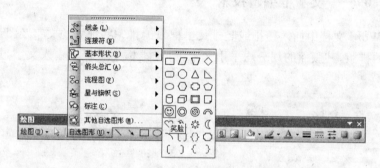

图 3-88 自选图形

（3）自选图形的格式设置。

① 利用"绘图"工具栏中的"填充颜色"、"边框颜色"、"线型"、"阴影"、"三维效果"等按钮完成各项设置。

② 选中图形，右击，选择快捷菜单中的"添加文字"命令，在图形中直接输入文字。

2）绘制组合图形——串联电路图

（1）单击"绘图"工具栏中的"自选图形"按钮，在"流程图"的级联菜单中单击图形"⊗"，用来代表一盏灯，当画好一盏后，修改填充颜色、线宽等外观效果。通过"复制-粘贴"（也可按住 Ctrl 键，用鼠标左键选中图形拖动，快速得到图形副本）操作制作其余的几盏灯，共得到 5 盏灯。

（2）单击"绘图"工具栏中的"选择对象"按钮，用鼠标拖动方式同时选中 5 盏灯，利用"绘图"工具栏"绘图"菜单中的"对齐与分布"命令，将 5 盏灯调整为水平等距摆放。

（3）用"绘图"工具栏中的"矩形"按钮，画一个"无填充颜色"矩形，且调整叠放次序置于 5 盏灯之下。

（4）画两个"白色"线段，分别遮盖住电源处和开关处的部分矩形的边线。用"绘图"工具栏中的"直线"按钮，画出电源和开关。

（5）将电路图中的各个图形调整好相对位置，并全部选中，右击，选择快捷菜单中的

"组合"命令,使多个自选图形合成为一个图形。

3)利用自选图形和艺术字制作扇面

(1)选择"自选图形"中"基本形状"中的"空心弧" ⌒ ,拖动鼠标画出空心弧。通过拖动空心弧上的"黄色"控制点,将空心弧变形为扇形。扇形"填充效果"为图片文件。

(2)单击"绘图"工具栏中的"艺术字"按钮 ◢ ,选取"艺术字库"中第1行第3列的"艺术字"样式,字体为"隶书",输入诗文。

(3)设置艺术字形状为"细上弯弧" ⌒ ,且设置阴影样式14。

(4)单击"艺术字"工具栏中的"艺术字字符间距"按钮 **AV**,调整自定义间距为200%。

(5)调整扇形与艺术字的大小和相对位置,并组合形成一体。

3.3.9 09——文本框编辑技术

可以在 Word 文档中插入横排或竖排文本框以编排一些独立的文字及图片。图 3-89 为电子报刊的排版,其版面的划分均采用文本框,文本框中不仅能输入文字,还能插入图片和艺术字。

图 3-89 文本框的应用

在报刊中经常有"下转××页"的情况,如果前一部分的文字增删或改变字号时,后一部分文字势必要随之变化,若由人来完成这项工作既费神又易出错,且未定稿前可能会反复调整,此时若使用两个经过链接的文本框,会使排版工作变得非常轻松、快捷。打开文档"Word 导学实验\Word 导学实验09——文本框编辑技术\导学——文本框间的链接功能.doc",调整文本框及自选图形大小或字号,体会链接的文本框。

1. 实验文件

(1)实验文件存放于"Word 导学实验\Word 导学实验09——文本框编辑技术"文件

夹中。

(2) 文件夹中有文档"拓展导学-文本框间的链接功能.dot"、"拓展导学-文字方向-竖排文本框.dot"、"拓展导学-制作名签.dot"。

2. 实验目的

通过本实验的两个练习,了解文本框的特征——它既可作为一个独立的文本编辑区,同时又是一个特殊的图形对象;学习文本框的基本操作;掌握利用文本框实现局部文字的编辑排版技术及多文本框之间的链接的技术。

3. 实验要求

1) 竖排文本框

打开"Word 导学实验 09——文本框-文字.doc",制作如图 3-90 所示的文本框。

(1) 将导学文件夹中的"方正水黑繁体.ttf"复制到控制面板的"字体"文件夹中,如图 3-91 所示。

图 3-90 "竖排文本框"效果

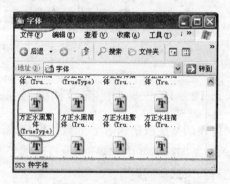

图 3-91 "字体"文件夹

(2) 全诗文字字体为方正水黑繁体,诗名为二号字、居中,其余文字为四号字。字体颜色为"深蓝"。

(3) 文本框的边框为"三线"、"深蓝"色;填充效果为预设颜色"碧海青天",底纹样式为"中心辐射",加阴影样式 1。

2) 文本框的链接

实现两个文本框之间文本内容的链接,即当文本框 1 的大小"变小"时,"溢出"的文本进入"文本框 2";当文本框 1 的大小"变大"时,文本内容返回"文本框 1"。

4. 解决思路

绘制两个文本框,在"文本框 1"中输入文本内容;将"文本框 1"与"文本框 2"作"链接",使文本框 1 的内容能动态地进出"文本框 2"。

5. 操作步骤

1) 竖排文本框

(1) 单击"绘图"工具栏中的"竖排文本框"按钮█,拖动绘制一个竖排文本框。

(2) 在文本框中输入相应的文本,并设置文本格式。

（3）利用"绘图"工具栏中的按钮修饰文本框的外观效果，包括颜色、线型、阴影等。

2）实现两文本框之间的链接

（1）单击"绘图"工具栏中的"横排文本框"按钮，拖动绘制两个文本框。

（2）单击"文本框1"，单击"文本框"工具栏中的"创建文本框链接"按钮，鼠标指针变成"直立杯状"。

（3）移动鼠标至"文本框2"，鼠标指针会变成倾斜的形状，单击即可完成"链接"操作。

（4）在文本框1中输入或粘贴所需的文字，如果该文本框已满，文字将排入已经链接的文本框2，链接效果如图3-92所示。

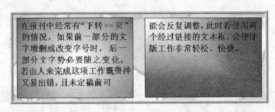

图3-92 "文本框链接"效果

3.3.10 10——项目符号和编号

如何强调某些段落内容？如何快速修改编号？能否用自己的图片作为项目符号？能否用"第×条"或"第×个学院"作为自动编号？利用Word项目符号和编号功能可快速并有特色地解决这些问题。

1. 实验文件

实验文件存放于随书光盘"Word导学实验\Word导学实验10——项目符号和编号"文件夹中。

2. 实验目的

掌握添加项目符号和编号、自定义项目符号和编号的方法。

3. 实验要求

（1）为已有文档添加项目符号。

（2）为已有文档添加编号。

（3）选择字符作为项目符号。

（4）选择图片作为项目符号。

（5）自定义编号。

（6）删除某一段落，观察编号的变化；在某段落后按Enter键增加一新段落，观察编号的变化；移动某段落至新位置，观察编号的变化。

4. 解决思路

利用Word菜单命令"格式"|"项目符号和编号"，添加自定义项目符号和编号。

5. 操作步骤

1）为已有文档添加项目符号

双击打开文档"Word 导学实验 10——项目符号和编号.dot"，按 Ctrl+A 键选中所有文字，选择"格式"|"项目符号和编号"命令，在"项目符号"选项卡中选择项目符号，如图 3-93 所示。

2）为已有文档添加编号

按 Ctrl+A 键选中所有文字，选择"格式"|"项目符号和编号"命令，在"编号"选项卡中选择编号，如图 3-94 所示。

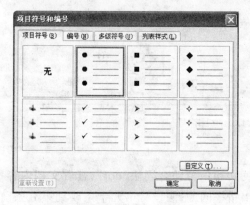

图 3-93　选择项目符号

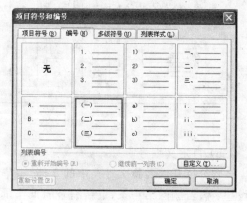

图 3-94　选择编号

3）选择字符作为项目符号

按 Ctrl+A 键选中所有文字，选择"格式"|"项目符号和编号"命令，在"项目符号"选项卡中单击"自定义"按钮。如图 3-95 所示，在打开的"自定义项目符号列表"对话框中单击"字符"按钮，在打开的"符号"对话框的 Wingdings 字体中选择某字符，单击"字体"按钮可改变项目符号颜色、大小等。

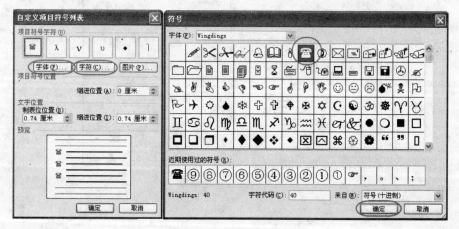

图 3-95　自定义项目符号

4）选择图片作为项目符号

按 Ctrl＋A 键选中所有文字，选择"格式"|"项目符号和编号"命令，在"项目符号"选项卡中单击"自定义"按钮。如图 3-96 所示，在打开的"自定义项目符号列表"对话框中单击"图片"按钮，在"图片项目符号"对话框中单击"导入"按钮，选择图片，确认即可将所选图片作为项目符号。

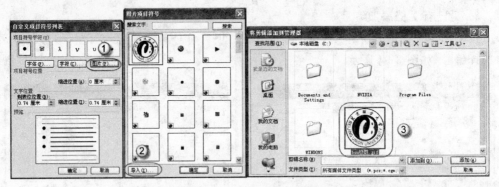

图 3-96　导入图片作为项目符号

5）自定义编号

（1）打开本实验文件夹中的文档"中华人民共和国劳动合同法.dot"，查看文档内容。设想：假若删除第一条，重新编号的工作量和出错率问题；假设将第九十条改到第五条前面，还要重新编号，定稿前反复修改的工作量和出错率会将人的精力大量消耗在排版上。

（2）按 Ctrl＋A 键选中所有文字，选择"格式"|"项目符号和编号"命令，在"编号"选项卡中单击"自定义"按钮，如图 3-97 所示，选择"编号样式"后，改写"编号格式"的内容，可选择起始编号、设置字体及缩进值等。

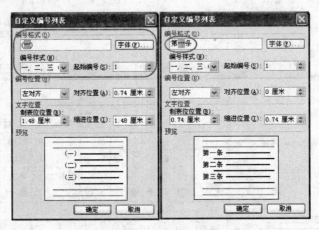

图 3-97　自定义编号

6）编号的变化

删除某一段落，观察编号的变化；在某段落后按 Enter 键增加一新段落，观察编号的变化；移动某段落至新位置，观察编号的变化。

3.3.11　11——题注和交叉引用

论文或书稿中的插图应标注图号，以便于描述及阅读，对于短小的文章，常常与书写文档一样输入图号，设想有一个 100 幅插图的文稿，编辑时要取消第 1 幅图片，其后的图号及文章中对图号的引用描述均需修改，其工作量和正确率均令人头痛。Word 的"题注"和"交叉引用"功能很好地解决了这个问题。

1. 实验文件

实验文件存放于随书光盘"Word 导学实验\Word 导学实验11——题注和交叉引用"文件夹中。

2. 实验目的

掌握题注和交叉引用。

3. 实验要求

(1) 观察题注。

(2) 设置自动题注。

(3) 交叉引用。

4. 操作步骤

双击"Word 导学实验 11——题注和交叉引用.dot"，打开该文档。

1) 观察图片题注

(1) 观察文档中图片的题注。

(2) 在第 1 张图片后再插入 1 张图片，观察图片的题注。

2) 设置自动题注

(1) 设置自动题注。

选择"插入"|"引用"|"题注"命令，如图 3-98 所示。打开如图 3-99 所示"题注"对话框，单击"新建标签"按钮，给定标签名。单击"自动插入题注"按钮，打开"自动插入题注"对话框，如图 3-100 所示设置各选项。

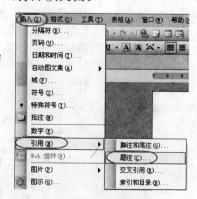

图 3-98　插入题注

图 3-99　"新建标签"对话框

图 3-100　"自动插入题注"对话框

　　（2）插入 5 张图片，观察题注。

　　（3）删除前 3 张图片，观察题注。

　　（4）更新"题注"。

　　按 Ctrl＋A 键，并右击选择快捷菜单中的"更新域"命令，观察题注。

　　3）交叉引用

　　（1）再次双击"Word 导学实验 11——题注和交叉引用.dot"，打开该文档。

　　（2）插入"交叉引用"。

将光标插入图 3-101 所示标号①的位置，选择"插入"|"引用"|"交叉引用"命令，如图 3-101 所示设置"交叉引用"对话框。

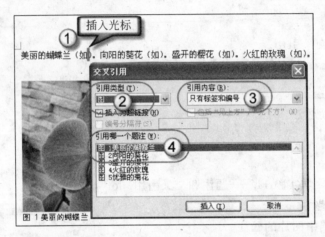

图 3-101　设置"交叉引用"

　　（3）跟踪"交叉引用"，如图 3-102 所示。

图 3-102　跟踪交叉引用

　　（4）插入新图片后更新"交叉引用"和"题注"。在第 1 张图片前插入新图片，执行"更新域"命令，观察题注和交叉引用的变化。

　　（5）删除图片后更新"交叉引用"和"题注"。执行"更新域"命令，观察文档中的变化。

3.4　Word 小结

　　通过本章 3.3 节中提供的 11 个 Word 导学实验，读者可以利用 Word 应用软件制作出美观大方、符合要求的文档。除了 11 个导学实验外，随书光盘中还提供了多个拓展导学实验,其中包含大量的应用实例,通过丰富的实例使读者进一步提高 Word 的应用水平,掌握 Word 应用软件的强大功能,提高工作和学习效率,达到事半功倍的效果。

3.5 PowerPoint 概述

人们常常要向客户介绍公司的产品、汇报工作计划、展示研究成果,具有图文声并茂及动态演示功能的演示文稿类软件是完成演示类工作的媒介。

Microsoft Office PowerPoint 是一个基于 Windows 环境下专门用来编辑演示文稿的应用软件,所谓演示文稿就是指 PowerPoint 文件,默认的扩展名是 ppt。演示文稿中的每一页叫幻灯片。

选择"开始"|"程序"|Microsoft Office|Microsoft Office PowerPoint 或单击桌面图标,启动 PowerPoint 程序,按 F1 键打开"帮助"任务窗格(如图 3-103 所示),单击"目录",阅读"创建演示文稿"、"运行演示文稿"、"打印"等内容,可以全面、详细地了解 PowerPoint 的各项功能和具体操作方法。

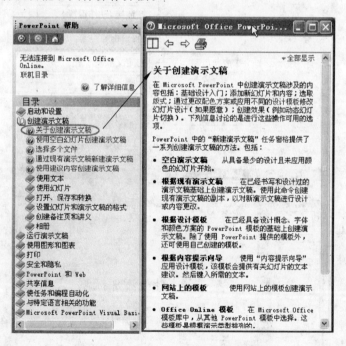

图 3-103 PowerPoint"帮助"任务窗格

图 3-104 示意了 PowerPoint 的工作流程。

图 3-105 为 PowerPoint 程序界面。主要包括标题栏、菜单栏、工具栏、幻灯片栏、大纲栏、备注栏和任务窗格。

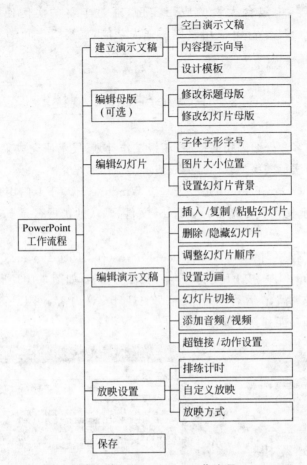

图 3-104　PowerPoint 工作流程

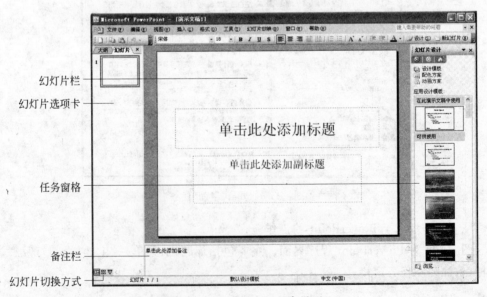

图 3-105　PowerPoint 程序界面

3.6　PowerPoint 基本知识

3.6.1　创建演示文稿

PowerPoint 中的"新建演示文稿"任务窗格提供了一系列创建演示文稿的方法。包括：

- 空演示文稿：从具备最少的设计且未应用颜色的幻灯片开始。
- 根据现有演示文稿：在已经书写和设计过的演示文稿基础上创建演示文稿。使用此命令创建现有演示文稿的副本，以对新演示文稿进行设计或内容更改。
- 根据设计模板：在已经具备设计概念、字体和颜色方案的 PowerPoint 模板的基础上创建演示文稿。除了使用 PowerPoint 提供的模板外，还可使用自己创建的模板。
- 根据内容提示向导：系统提供了一些具有专门文字框架内容的"内容提示向导"模板，可帮助用户快速创建某一应用领域的演示文稿。
- 网站上的模板：使用网站上的模板创建演示文稿。
- Office Online 模板：在 Microsoft Office 模板库中，从其他 PowerPoint 模板中选择。这些模板是根据演示类型排列的。

3.6.2　幻灯片版式

"版式"指的是幻灯片内容在幻灯片上的排列方式。打开"幻灯片版式"任务窗格可以看到并选择系统提供的所有幻灯片版式。

如图 3-106 所示，版式由占位符组成。"占位符"是一种带有虚线或阴影线边缘的框，可放置文字（例如，标题和项目符号列表）和幻灯片内容（例如，表格、图表、图片、形状和剪贴画）。

3.6.3　设计模板

PowerPoint 为用户提供了许多包含演示文稿样式的文件，称为设计模板。设计模板包括占位符大小和位置、背景设计和填充、字体的类型、大小及项目符号、配色方案以及幻灯片母版和标题母版。设计模板为演示文稿提供了设计完善、专业的外观。

3.6.4　幻灯片母版

幻灯片母版是一个存储关于模板信息的元素，这些模板信息包括字形、占位符大小和位置、背景设计和配色方案。用户可以修改幻灯片母版，并使更改应用到演示文稿的所有幻灯片中。因此对于所有幻灯片都需要的内容可以放在母版中，如公司的名称、Logo 等，修改母版后新插入的幻灯片都具有母版中的信息，用户就不必在每张幻灯片中进行重复

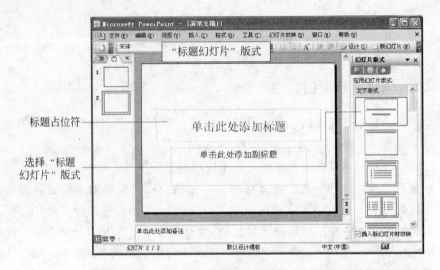

标题占位符

选择"标题
幻灯片"版式

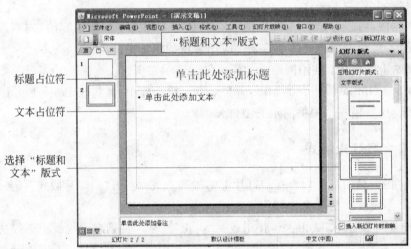

标题占位符

文本占位符

选择"标题和
文本"版式

图 3-106　演示文稿的版式

的工作了。

3.6.5　动画

动画不仅增加了演示文稿的趣味性,还可以控制幻灯片上文本、图形、图示、图表和其他对象的信息流。PowerPoint 应用程序为用户提供了两种方法设置动画,即"自定义动画"和"动画方案"。

使用"自定义动画"功能可以控制各种对象在演示文稿运行时以预定的时间和方式出现在幻灯片上(例如,单击鼠标时文字由左侧飞入)。制作幻灯片数量较多的演示文稿时,"自定义动画"将耗时耗力,若要简化动画设计,可将预设的"动画方案"应用于所有幻灯片中的对象、选定幻灯片中的对象或幻灯片母版中的某些对象。

3.6.6　自定义放映

自定义放映是演示文稿中组合在一起能够单独放映的幻灯片,如图 3-107 所示。可以将某对象的超链接指向自定义放映,如图 3-108 所示。通过创建自定义放映使一个演示文稿适于多种听众或多种准备方案,例如,答辩会或产品发布会等,前面发言人的时间掌控往往会影响后面人的发言时间,因此可以按不同的时间长度准备几种自定义放映,做到有备无患,同时向人们展示了自己良好的应变能力。

图 3-107　自定义放映

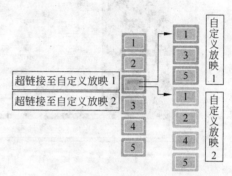

图 3-108　超链接至自定义放映

3.6.7　"打包成 CD"功能

"打包成 CD"功能是演示文稿在异机上正常播放的保障。它是针对以下三种情况设计的:

(1) 在一些情况下,要运行演示文稿的计算机可能没有安装 Microsoft PowerPoint 程序,为避免这种不定因素影响工作,需要随演示文稿一同携带 Microsoft Office PowerPoint 播放器。

(2) 在制作演示文稿时插入了大量不同文件夹中的音频、视频文件,将它们逐个复制到存放演示文稿的文件夹中不仅十分烦琐,还可能出现错、漏等情况。

(3) 在制作演示文稿时使用了其他计算机中可能没有的字体,异机演示时会变为宋体,无法准确地传达出制作者的意图。

Microsoft Office PowerPoint 中的"打包成 CD"功能可将一个或多个演示文稿随同支持文件复制到 CD 中或指定的文件夹中。

3.6.8　"根据内容提示向导"创建演示文稿

"根据内容提示向导"实际是带有特定文字内容的模板,它不仅像设计模板那样为用户提供配色和图案环境,还进一步向用户提供不同专业领域的文本建议。用户可以根据自己的工作内容选择相近的模板,对其作必要的补充修改即可形成自己的演示文稿。

如图 3-109 所示,在"新建演示文稿"任务窗格中选择"根据内容提示向导",在打开的"内容提示向导-[通用]"对话框中选择某一特定模板(如"论文"模板),系统生成

图 3-110 所示内容的演示文稿,用户可在此基础上修改、输入自己的文本,便可快捷地完成任务,这种方式大大提高了工作效率。

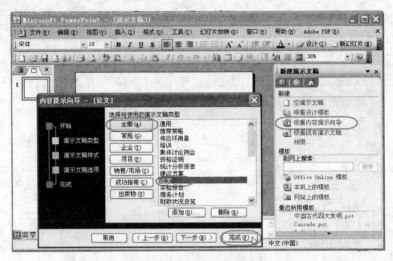

图 3-109　内容提示向导

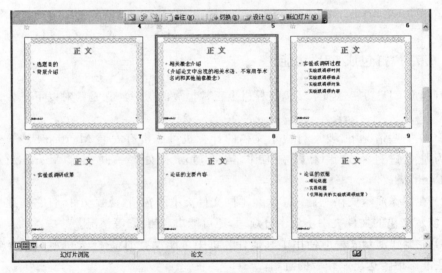

图 3-110　"论文"模板

用户也可以将自己公司常用的特定格式的文件先保存成模板,之后添加到"内容提示向导"中,以方便使用。具体做法是在图 3-109 所示的"内容提示向导"对话框中选择希望放置模板的类别,单击"添加"按钮,找到要添加的公司文件模板,单击"确定"按钮。

3.7　PowerPoint 导学实验

本节以制作"中国古代四大发明"演示文稿为主线,引入文字链接、动画效果,插入声音、GIF 动画、动作按钮,选用系统提供的设计模板美化演示文稿,修改具有个性的母版,保存自己的模板,排练计时,演示文稿的打包,幻灯片背景效果,循环演示,录制旁白等。

3.7.1 01——创建空演示文稿

1. 实验素材

实验素材存放在随书光盘"PowerPoint 导学实验\PowerPoint 导学实验 01——创建空白演示文稿"文件夹中。

2. 实验目的

学会制作简单的演示文稿。

3. 实验要求

创建如图 3-111 所示内容的演示文稿。

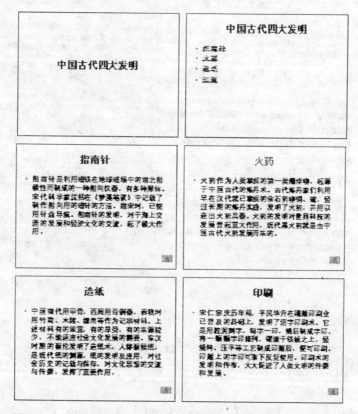

图 3-111 "中国古代四大发明(空白文档)"演示文稿(6 张幻灯片)

4. 解决思路

新建一个包含 6 张幻灯片的空白演示文稿,第 1 页为"标题幻灯片",其余为"标题和文本"幻灯片,录入、粘贴或由 Word 文档发送文字内容。编辑演示文稿:制作摘要幻灯片,添加幻灯片编号,将第 2 页上各摘要文字链接到相应的幻灯片,在第 3~6 页上添加动作按钮,使其链接至第 2 页。保存演示文稿。

5. 操作步骤

1）启动 PowerPoint 程序

系统自动打开一个首页为"标题幻灯片"版式的空白演示文稿。

2）添加新幻灯片

方法 1：选择"插入"|"新幻灯片"命令或按 Ctrl＋M 键。

方法 2：单击幻灯片选项卡中第 1 张幻灯片，按 4 次 Enter 键，可生成 4 张新幻灯片，其版式为"标题和文本"。

3）录入、粘贴或由 Word 文档发送文字内容到演示文稿

可在占位符中输入文本；也可将复制到剪贴板中的文本粘贴到占位符中；还可将 Word 文档中的文本发送到演示文稿中。

由 Word 文档发送文字内容到演示文稿中的方法如图 3-112 所示。

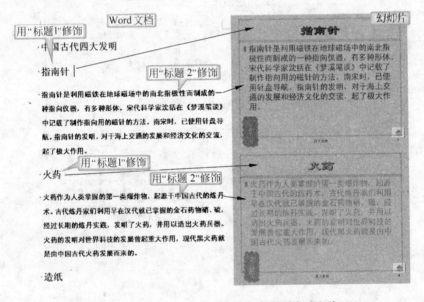

图 3-112　由 Word 文档发送文字内容到演示文稿

（1）用样式"标题 1"修饰将要转换成 PowerPoint"标题框"中的文字。

（2）用"标题 2"～"标题 9"中任一样式修饰将要转换成幻灯片"文本框"中的文字。

（3）选择 Word 中的"文件"|"发送"|Microsoft Office PowerPoint 命令，即可看到新生成的带有文字的演示文稿。

打开随书光盘"PowerPoint 导学实验\PowerPoint 导学实验 01——创建空白演示文稿"文件夹中的各 Word 文档，将它们发送到 PowerPoint 后观察，用不同标题样式修饰的 Word 段落，转换后的幻灯片有何区别。

4）制作"摘要幻灯片"

（1）单击 PowerPoint 程序界面左下角处的"幻灯片浏览视图"按钮，切换到"幻灯片浏览"界面。

（2）如图 3-113 所示,在幻灯片浏览视图中,选定要使用其标题的幻灯片。若要选择多张幻灯片,请按下 Ctrl 键,并单击所需的幻灯片。

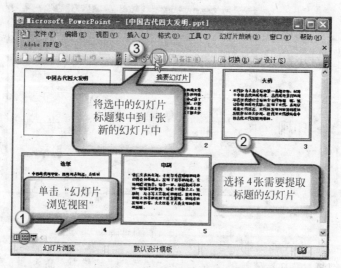

图 3-113　幻灯片浏览视图界面

（3）在"幻灯片浏览"工具栏上,单击"摘要幻灯片"按钮。一张含有项目符号标题的新幻灯片将出现在选定的第 1 张幻灯片之前,如图 3-114 所示。

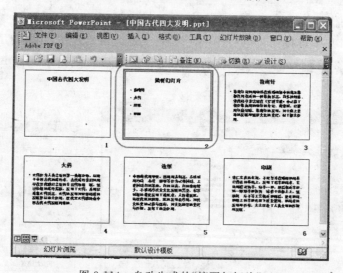

图 3-114　自动生成的"摘要幻灯片"

5）设置页眉和页脚

选择"视图"|"页眉和页脚"命令,如图 3-115 所示,用户可输入页眉和页脚文本、幻灯片编号及日期,它们出现在幻灯片底端(修改母版可改变它们的位置、字体、颜色等)。

6）插入超链接

在 PowerPoint 中,超链接是从一张幻灯片到另一张幻灯片、自定义放映、网页或文件的链接。超链接本身可能是文本或对象(例如图片、图形、形状或艺术字)。

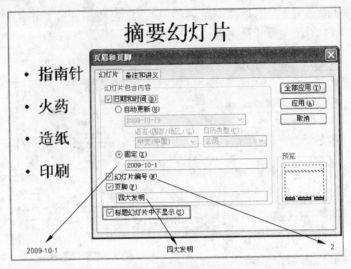

图 3-115　设置页眉页脚

选中"摘要幻灯片"中要链接的文字,选择"插入"|"超链接"命令,打开"插入超链接"对话框,按图 3-116 所示进行选择,单击"确定"按钮完成超链接的设置。单击"从当前幻灯片开始放映"按钮🖳,单击"指南针"文字区域,检查超链接是否正确。同样完成其余文字的链接。

7）添加"动作按钮"

从一张幻灯片中链接到其他幻灯片后,若希望返回该幻灯片,常常使用系统中提供的动作按钮(如图 3-117 所示)。可以将所选的动作按钮插入到演示文稿中并为其定义超链接。

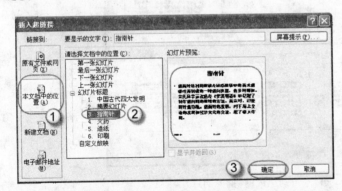

图 3-116　指定链接到的位置

图 3-117　选择"动作按钮"

如图 3-118 所示,操作为:①选择某一动作按钮后,按住鼠标左键在幻灯片中拖动画一个矩形框,便在幻灯片中加入了动作按钮;②在"动作设置"对话框中选择单选项——"超链接到:",在下列表项中选"幻灯片…"项;③选择要链接到的幻灯片。

在本实验中,由于第 3~6 页的幻灯片均返回到第 2 页,故可只做一个动作按钮,复制后粘贴到其他幻灯片即可。

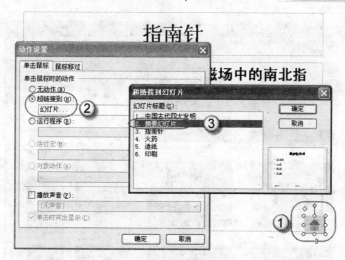

图 3-118　设置动作按钮的链接

8）保存演示文稿

选择"文件"|"保存"命令或单击"常用"工具栏中的"保存"按钮，在"另存为"对话框中指定保存目录和文件名（"中国古代四大发明（空白文档）.ppt"）后，单击"确定"按钮。

至此，该演示文稿可以较好地完成用户介绍内容的要求了，选择"幻灯片放映"|"观看放映"命令或按 F5 键，放映演示文稿，观看运行效果，会感到若能增加一些色彩效果会更好。

3.7.2　02——应用设计模板修饰演示文稿

1. 实验目的

学会使用设计模板。

2. 实验要求

用设计模板修饰演示文稿"中国古代四大发明（空白文档）.ppt"。

3. 操作步骤

（1）打开"中国古代四大发明（空白文档）.ppt"。

（2）打开"幻灯片设计"任务窗格。通过图 3-119所示的两种方法打开"幻灯片设计"任务窗格，预览设计模板并设置演示文稿。

（3）应用设计模板。单击某一设计模板，可将选定的模板应用于全部幻灯片，如图 3-120 所示。

（4）在一个演示文稿中应用多种类型的设计模板。

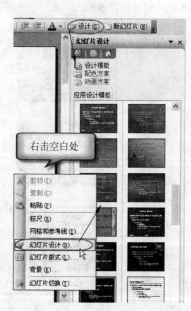

图 3-119　"幻灯片设计"任务窗格

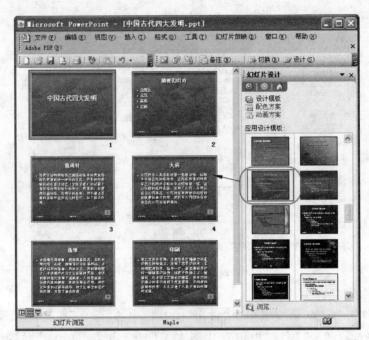

图 3-120 应用同一种设计模板

　　如图 3-121 所示，若在模板右侧的下拉菜单中选择"应用于选定幻灯片"项，可将该设计模板应用于选定的一张或几张幻灯片，即可实现在一个演示文稿中应用多种类型的设计模板。

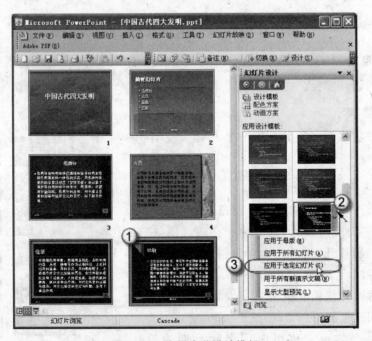

图 3-121 应用多种设计模板

观察图 3-120 和图 3-121,可以看到演示文稿中的占位符位置、文字颜色、动作按钮配色、项目符号的形状和颜色等都发生了变化。

创建演示文稿时,先选定设计模板,再输入具体内容,如图 3-122 所示。

图 3-122 由设计模板创建新演示文稿

3.7.3 03——设计个性化的演示文稿

有些用户不满足系统提供的设计模板,想设计个性化的演示文稿风格,如用公司或个人的照片作为背景,PowerPoint 提供的"背景"命令可以很好地实现用户的这个愿望。

1. 实验素材

实验素材存放在随书光盘"PowerPoint 导学实验\PowerPoint 导学实验 03——设计个性化的演示文稿"文件夹中。

2. 实验目的

学会设置幻灯片的背景。

3. 实验要求

为文档"中国古代四大发明(空白文档).ppt"设计个性化背景。

4. 操作步骤

打开文档"中国古代四大发明(空白文档).ppt"。

若想让图片作为背景充满整个幻灯片,可选择"格式"|"背景"命令,或右击图片选择"背景"命令,在图 3-123 所示的"背景"对话框中选择"填充效果",打开图 3-124 所示的"填充效果"对话框,选择"图片"选项卡,单击"选择图片"按钮,选择素材文件夹中"四大发明.jpg"图片,设置背景后的幻灯片效果如图 3-125 所示。

图 3-123　"背景"对话框

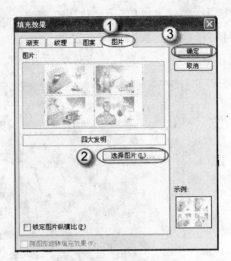

图 3-124　"填充效果"对话框

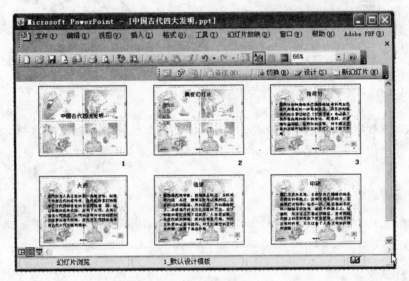

图 3-125　填充图片背景

除可用图片填充幻灯片背景外,还可在"填充效果"对话框的其他选项卡中更改背景颜色、添加底纹、图案、纹理,如图 3-126 所示。

3.7.4　04——制作模板

很多情况下,用户希望在不同内容的演示文稿中多次使用自己设计的有个性的背景、占位符、项目符号、页眉页脚等内容,若能像系统提供的设计模板那样保存好,随时可以选用,将不仅使用户方便、快捷、高效地工作,还会使工作保持统一的风格。例如,总公司的管理部门要求各子公司制作的演示文稿具有统一风格的界面,各出版社出版的教材课件具有代表出版社形象的演示文稿界面等,PowerPoint 为用户提供的保存自己模板的功

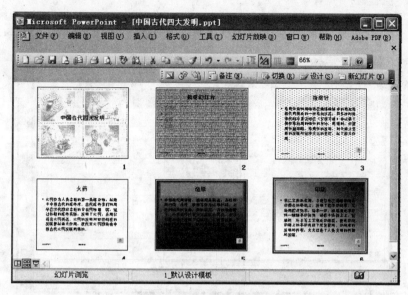

图 3-126　不同填充效果的背景

能,从而可以轻而易举地实现这个愿望。

用户设计自己的模板实际上是设计幻灯片母版,并将其保存为扩展名为 pot 的模板文件。

1.　实验素材

实验素材存放在随书光盘"PowerPoint 导学实验\PowerPoint 导学实验 04——制作模板"文件夹中。

2.　实验目的

学会修改母版,学会含有多个不同母版的模板的制作和使用。

3.　实验要求

为文档"中国古代四大发明(空白文档).ppt"设计有个性化的母版并保存为模板。

4.　操作步骤

1) 修改幻灯片母版(根据用户具体需要)

添加幻灯片母版:建立一个新的空白演示文稿,选择"视图"|"母版"|"幻灯片母版"命令,出现幻灯片母版编辑界面,并弹出"幻灯片母版视图"工具栏。

修改幻灯片母版:在幻灯片母版中插入图片;设置与图片颜色匹配的幻灯片背景色;调整占位符"标题框"和"文本框"的字体、加粗并改变字体颜色;选中"文本框",选择"格式"|"行距"命令,将行距加大到 1.25。选中"文本框",如图 3-127 所示,选择"格式"|"项目符号和编号"命令,在"项目符号"选项卡中单击"图片"按钮,打开"图片项目符号"对话框,单击"导入"按钮,选择图片文件,可为母版选择个性化的图片(公司徽标、个人照片等)作为项目符号,效果如图 3-128 所示。

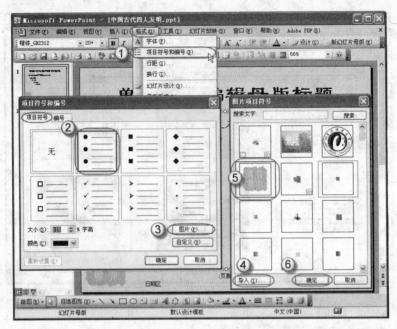

图 3-127　设置项目符号

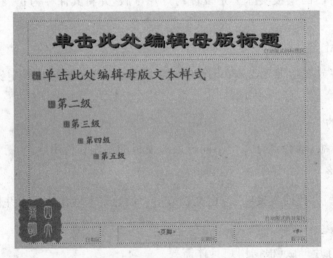

图 3-128　幻灯片母版效果

2）修改标题母版（根据用户具体需要）

添加标题母版：如图 3-129 所示，单击"幻灯片母版视图"工具栏中的"插入新标题母版"按钮，添加新的标题母版。

修改标题母版：插入图片；更改背景颜色；修改所有占位符的位置、字体、字体颜色，可为主标题中的文字添加阴影，效果如图 3-129 所示。

设计好满意的母版后，单击"幻灯片母版视图"工具栏中的"关闭母版视图"按钮，返回幻灯片编辑界面。

图 3-129　修改标题母版

3）保存模板

选择"文件"|"另存为"命令，选择保存类型为"演示文稿设计模板（＊．pot）"，如图 3-130 所示，系统自动将模板文件——"中国古代四大发明．pot"保存在 Templates 文件夹中，该文件夹专门用来存放用户的模板文件。

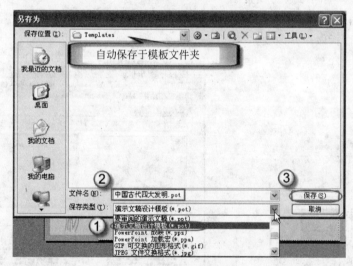

图 3-130　保存模板

4）模板文件另存于 U 盘

将模板文件另存于 U 盘中，观察其图标。双击图标，看看生成文件的类型，输入一些内容，保存后再双击模板文件图标，看看新生成的文件，体会模板文件的方便。愿模板文件使你今后的工作更出色。

5）使用自建的模板

（1）启动 PowerPoint 程序，选择"文件"|"新建"命令，在任务窗格中选择"本机上的模板"，如图 3-131 所示，用户自建的模板已添加在"常用"选项卡中了，选择后即可进入由用户模板建立的新演示文稿。

图 3-131　可在"新建演示文稿"对话框中选择自建的模板

（2）打开由前面实验完成的"中国古代四大发明（空白文档）.ppt"，单击工具栏中的"设计"按钮，打开"幻灯片设计"任务窗格，如图 3-132 所示，用户自建的模板已添加到"幻灯片设计"任务窗格，单击该模板，观察演示文稿的变化。

6）制作多个不同母版的模板

图 3-133 中的演示文稿有了整齐划一的风格，但似乎缺乏了一些个性特色，尝试用多个不同母版的模板做一些改变。

图 3-132　选择用户模板

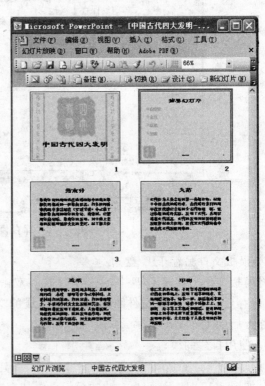

图 3-133　应用用户模板

（1）进入由用户模板建立的新演示文稿，选择"视图"|"母版"命令，如图 3-134 所示，右击大纲栏中的母版，执行"复制"、"粘贴"操作。如图 3-135 所示，生成一对新的母版，删除其中的"标题母版"，将余下的"幻灯片母版"复制 3 次。

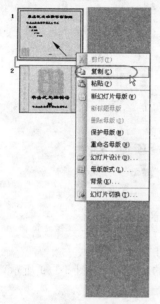

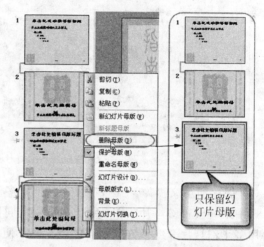

图 3-134　复制母版　　　　　　　　　图 3-135　删除多余的"标题母版"

（2）如图 3-136 所示，依次为各幻灯片母版配不同颜色、图片并重命名。

（3）单击"关闭母版视图"按钮，保存包含多个模板的模板文件为"中国古代四大发明-多模板.pot"。

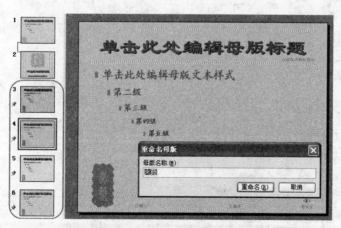

图 3-136　依次为各幻灯片母版配不同颜色、图片并重命名　　图 3-137　多模板

7）应用多模板

（1）打开文档"中国古代四大发明（空白文档）.ppt"，单击工具栏中的"设计"按钮，打开"幻灯片设计"任务窗格，单击"中国古代四大发明-多模板.pot"（见图 3-137），在弹出的

消息框中单击"是"按钮。

（2）如图 3-138 所示，依次对各幻灯片选择相应的模板。

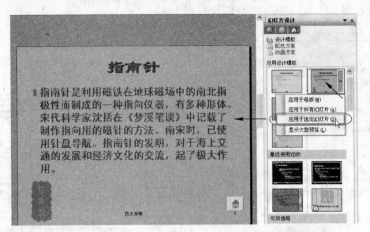

图 3-138　依次对各幻灯片选择相应的模板

（3）保存演示文稿为"中国古代四大发明（多模板）.ppt"。

选中某一模板幻灯片按 Enter 键后会生成同样模板的幻灯片，如图 3-139 所示，这对于要用多张幻灯片介绍该方面内容的情况非常便利。

图 3-139　选中某一模板的幻灯片按 Enter 键后生成同样模板的幻灯片

这种既统一又有个性的多模板样式文稿可应用于许多工作场合,如一个大集团下的各个分公司的工作汇报、一个专业的各门课程介绍、一个团队的各个成员业绩汇报等,它给人一种团结、和谐、具有凝聚力的感受。

3.7.5 05——作品分析

1. 实验素材

实验素材存放在随书光盘"PowerPoint 导学实验\PowerPoint 导学实验 05——作品分析-作品分析"文件夹中。

2. 实验目的

分析已有作品,了解作者使用各项功能的意图及各功能的用法。

3. 实验要求

(1) 分析"扼住命运的咽喉.ppt"中的母版、字体、背景-填充图片、动画、路径动画、声音效果、排练计时、打包等功能的用意及用法。

(2) 根据对"扼住命运的咽喉-打包.pot"分析的结果,利用本实验文件夹中的Word 文档"扼住命运的咽喉-文字.dot",制作"扼住命运的咽喉.ppt"。

4. 操作步骤

分别播放"扼住命运的咽喉-打包.pot"和"扼住命运的咽喉-未打包.pot",观察视听效果。

1) 分析母版

选择"视图"|"母版"|"幻灯片母版"命令,"扼住命运的咽喉-打包.pot"的幻灯片母版如图 3-140 所示。"扼住命运的咽喉-打包.pot"的标题母版如图 3-141 所示。

(1) 幻灯片母版。

① 添加原系统没有的字体:复制本实验文件夹中的字体文件(华康简综艺.ttf、文鼎齿轮体.ttf、文鼎霹雳体.ttf),粘贴到控制面板中的"字体"文件夹里。

② "标题"占位符:单击幻灯片母版中"标题"占位符的边框,如图 3-140 所示,字体:黑体、粗体、阴影,文字颜色:红色。

③ "文本"占位符:单击幻灯片母版中"文本"占位符的边框,如图 3-140 所示,字体:华康简综艺,字号:32,文字颜色:红色,粗体,只保留一级文字提示,其余均删除。

④ 背景图片:插入图片"贝多芬-2.jpg"、"乐谱-2.jpg",叠放次序:置于底层,如图 3-140 所示。

⑤ 动画方案:在"动画方案"任务窗格中,选择"温和型"之"缩放"。

(2) 标题母版。

新 PowerPoint 文件首次进入幻灯片母版视图时,没有"标题母版",需单击"幻灯片母版视图"工具栏中的"插入新标题母版"按钮,才能生成标题母版。

① "标题区"占位符:单击标题母版中"标题区"占位符的边框,如图 3-141 所示,字体:文鼎霹雳体,字号:80,文字颜色:红色,粗体,阴影。

② "副标题区"占位符:单击标题母版中"副标题区"占位符的边框,如图 3-141 所示,字体:文鼎齿轮体,字号:54,文字颜色:红色,粗体。

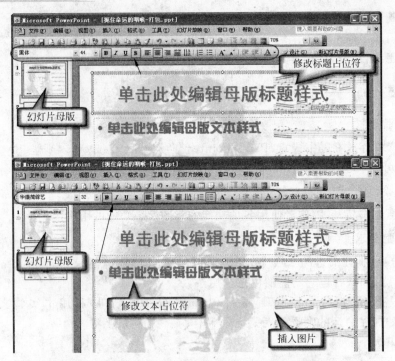

图 3-140 "扼住命运的咽喉-打包"之幻灯片母版

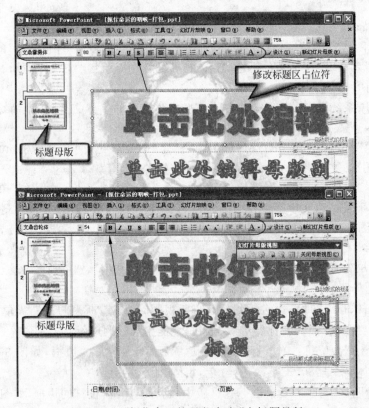

图 3-141 "扼住命运的咽喉-打包"之标题母版

2）分析"标题图片"之路径动画

路径动画可使指定对象沿一定路线运动,如图 3-142 所示。

图 3-142 路径动画-查看自定义动画

路径动画的添加方法为:右击选中对象,在快捷菜单中选择"自定义动画"命令,打开"自定义动画"任务窗格,选择"添加效果"|"动作路径",如图 3-143 所示,除选择直线路径外,还可以自己绘制曲线路径(注意双击结束绘制),或选择系统定义的路径,如图 3-144 所示。

图 3-143 定义动作路径动画

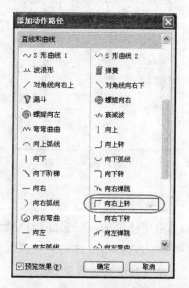

图 3-144 添加系统定义的动作路径

3）分析音乐

只在首页上有音频文件图标。下面设置始终播放音乐、重复播放音乐、放映时没有音频文件图标。

（1）插入音频文件。

单击"插入"|"影片和声音"|"文件中的声音"，选择文件并插入后在弹出的对话框中单击"自动"按钮。这样放映该幻灯片时，声音自动播放，单击鼠标时便停止播放。

（2）始终播放音乐。

右击声音文件图标，在快捷菜单中选择"自定义动画"，在"自定义动画"任务窗格中单击音乐文件右侧下拉箭头，选择"效果选项"，在打开的"播放 声音"对话框的"效果"选项卡中，选择"在指定张数的幻灯片后"停止播放声音，如图 3-145 所示。

图 3-145　"播放 声音"对话框

（3）重复播放音乐。

如果希望较短的声音文件能持续到幻灯片播放结束，则在"播放 声音"对话框的"计时"选项卡中，选择重复方式为"直到幻灯片末尾"。

（4）放映时没有音频文件图标。

在"播放 声音"对话框的"声音设置"选项卡中，选择复选框"幻灯片放映时隐藏声音图标"。

注意：插入声音文件的演示文稿异机播放时，一定要将声音文件同演示文稿存放在同一个文件夹中，否则将无声播放。

插入视频的方法和插入声音相似，可像调整图片一样调整视频的演示区域。

4) 自动播放

当按下 F5 键时,能自动播放的演示文稿有两种可能:一是使用了排练计时,二是指定了幻灯片的切换时间。

(1) 排练计时。

选择"幻灯片放映"|"排练计时"命令,演示文稿将进入计时播放状态,此时屏幕左上角出现"预演"工具栏,记录每张幻灯片的切换时间和总放映时间,如图 3-146 所示。可根据音乐节奏或观看时间单击鼠标(或按 Enter 键,或单击"预演"工具栏中"下一项"按钮)进入下一项,直至幻灯片放映结束或按 Esc 键中断,系统会提问"是否保留新的幻灯片排练时间",单击"是"按钮接受排练时间,单击"否"按

图 3-146 系统记录排练时间

钮重新开始。

(2) 不按排练时间运行演示文稿。

如果保存了幻灯片放映排练时间但是希望不按排练时间运行演示文稿,则选择"幻灯片放映"|"设置放映方式"按钮,再选中"换片方式"下的"手动"单选按钮。如果要再次使用该排练时间,请选中"如果存在排练时间,则使用它"单选按钮。

(3) 指定幻灯片的切换时间。

利用"幻灯片切换"功能可以快速设置每张幻灯片的切换时间。高效的工作方法是先统一设定全部幻灯片的切换时间;再单独设定个别有特殊要求的幻灯片切换时间。

选择"幻灯片放映"|"幻灯片切换"命令,打开"幻灯片切换"任务窗格,在"换片方式"下选中"每隔"复选框,输入幻灯片在屏幕上显示的秒数。可单张设置换片秒数,也可单击"应用于母版"或"应用于所有幻灯片"按钮,使全部幻灯片均按此秒数换片。

如果希望下一张幻灯片在单击鼠标或时间达到输入的秒数时(无论哪种情况先发生)显示,请同时选中"单击鼠标时"和"每隔"复选框。

5) 打包

如前所述,三种情况异机播放需要打包:

① 异机没安装 PowerPoint 软件;

② 演示文稿链接了众多不同文件夹中的音频、视频文件;

③ 演示文稿中使用了异机可能没安装的 TrueType 字体。

打包前,选择"工具"|"选项",先设置保存选项卡,使其保存嵌入的 TrueType 字体,如图 3-147 所示。

选择"文件"|"打包成 CD"命令,出现"打包成 CD"对话框,如图 3-148 所示。

(1) 单击"选项"按钮,在"选项"对话框中选择"播放器"、"链接的文件"、"嵌入的字体"复选框,如图 3-149 所示。

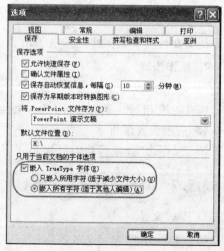

图 3-147 设置 PowerPoint "保存"选项卡

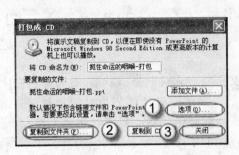

图 3-148　打包到文件夹

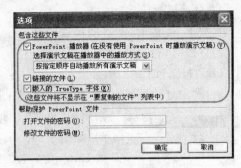

图 3-149　在"选项"对话框中勾选复选框

（2）单击"复制到文件夹"按钮，选择存放文件夹。

若要使用 Microsoft Office PowerPoint 播放器打开演示文稿，必须将其安装在计算机上。在 Windows 资源管理器中，选择打包演示文稿的文件夹，然后双击 PowerPoint 播放器文件 Pptview. exe，选择要播放的演示文稿，单击"打开"按钮。

6）制作演示文稿

通过播放"扼住命运的咽喉-打包. pot"和"扼住命运的咽喉-未打包. pot"，比较两者的差异，分析所用到的各项功能。打开本实验文件夹中"扼住命运的咽喉-标题 1、2. dot"，观察文字及空行所用样式，将其发送到 PowerPoint，还原"扼住命运的咽喉-打包. pot"的制作过程。音频文件在"扼住命运的咽喉-打包"文件夹中。

3.7.6　06——制作电子相册

1. 实验文件

实验图片存放于"Premiere 导学实验\Premiere 导学实验 09——歌唱祖国\歌唱祖国"文件夹中，也可使用自己的图片。

2. 实验目的

学会制作电子相册；为"PowerPoint 导学实验 07——自定义放映"准备演示文稿。

3. 实验要求

使用文件夹中的图片制作电子相册。

4. 操作步骤

（1）新建空白演示文稿。

（2）创建相册。选择"插入"|"图片"|"新建相册"命令，打开"相册"对话框，按图 3-150 所示设置即可。

（3）保存为"我最喜欢的照片. ppt"。

3.7.7　07——自定义放映

1. 实验文件

（1）样例文件"自定义放映样例——我喜欢的诗. pot"存放于"PowerPoint 导学实验\PowerPoint 导学实验 07——自定义放映"文件夹中。

图 3-150 设置"相册"对话框

（2）"PowerPoint 导学实验 06——制作电子相册"所完成的"我最喜欢的照片.ppt"。

2. 实验目的

（1）本实验通过样例文件理解自定义放映及链接到自定义放映功能的应用。

（2）学会定义及使用自定义放映。

3. 实验要求

（1）定义三个名为"5 张"、"10 张"、"15 张"的自定义放映以备演示时间的不确定性。

（2）创建链接到自定义放映的目录幻灯片。

4. 操作步骤

（1）打开"自定义放映样例——我喜欢的诗.pot"，演示、理解自定义放映及链接到自定义放映功能的应用。

（2）打开"我最喜欢的照片.ppt"。

（3）定义名为"5 张"的自定义放映。

选择"幻灯片放映"|"自定义放映"命令，在打开的"自定义放映"对话框中单击"新建"按钮，如图 3-151 所示，弹出"定义自定义放映"对话框，按住 Ctrl 键，在左侧列表中选择幻灯片，单击"添加"按钮将选中的幻灯片中加入到自定义放映的幻灯片列表中，如图 3-152 所示，在"幻灯片放映名称"框中输入"5 张"，单击"确定"按钮，照此定义名为"10 张"、"15 张"的自定义放映。

图 3-151 "自定义放映"对话框

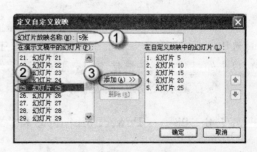

图 3-152 "定义自定义放映"对话框

（4）演示自定义放映。

选择"幻灯片放映"|"设置放映方式"命令，如图 3-153 所示，选中"放映幻灯片"栏中的"自定义放映"单选按钮，在列表中选取需要放映的内容。单击"确定"按钮。按 F5 键即可演示选定的自定义放映。

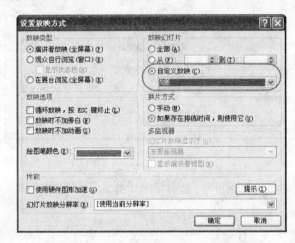

图 3-153 "设置放映方式"对话框

（5）创建链接到自定义放映的目录幻灯片。

在首页后插入 1 张新幻灯片。在其上输入 3 部分文字（或插入 3 张图片），分别作 3 个超链接，按图 3-154 所示步骤设置。

图 3-154 链接到自定义放映

（6）演示幻灯片。

选中幻灯片，单击"幻灯片切换方式"栏中的 ▽ 按钮（从当前幻灯片开始幻灯片放映），单击幻灯片中某一链接项目，观察其演示结果。

（7）保存演示文稿为"我最喜欢的照片-自定义放映.ppt"。

3.7.8 08——PowerPoint 的多种保存格式

PowerPoint 应用程序可以将演示文稿存为不同类型的文件，如表 3-5 所示。

表 3-5 PowerPoint 应用程序保存的文件类型

保 存 类 型	扩展名	用 于
演示文稿	ppt	保存为典型的 Microsoft PowerPoint 演示文稿
Windows 图元文件	wmf	将幻灯片保存为图片
GIF(图形交换格式)	gif	将幻灯片保存为网页上使用的图形
JPEG(交件交换格式)	jpg	将幻灯片保存为网页上使用的图形
PNG(可移植网络图形格式)	png	将幻灯片保存为网页上使用的图形
大纲/RTF 文件	rtf	将演示文稿大纲保存为大纲文档
设计模板	pot	将演示文稿保存为模板
PowerPoint 放映	pps	保存为总是以幻灯片放映演示文稿方式打开的演示文稿
网页	htm、html	将幻灯片保存为一个 htm 文件和包含所有支持文件的文件夹
Web 档案	mht、mhtml	将幻灯片保存为包含所有支持文件的单个文件

1. 实验目的

了解并能用 PowerPoint 保存不同类型的文件。

2. 实验要求

将"中国古代四大发明(多模板).ppt"保存为各种类型的文件(如将演示文稿保存为图片、将演示文稿保存为放映文件、将演示文稿保存为 Word 文档、将演示文稿保存为网页等),体会其方便之处。

3. 操作步骤

1) 将幻灯片、占位符、艺术字等保存为图片

在 PowerPoint 中,可以方便地调整图片、组合图片、添加文本,同时 PowerPoint 提供了多种图片保存格式,用户可以把自己做的有特色图形的幻灯片作为一个图片进行保存。图 3-155 所示为本书 Photoshop 实验制作的蝴蝶插入幻灯片后与背景一同保存为新的图片。

图 3-155 将幻灯片保存为图片　　　　图 3-156 PowerPoint 放映(*.pps)类型

除幻灯片外,可右击幻灯片中某对象,在快捷菜单中选择"另存为图片"命令,即生成独立的图像文件,如占位符、艺术字、图片、图示、自选图形甚至视频文件。

2) 将演示文稿存为放映类型(*.pps)

将演示文稿保存为"PowerPoint 放映(*.pps)"的类型(见图 3-156),既可以在 PowerPoint 程序中打开演示文稿后放映,也可以在不打开演示文稿的情况下直接放映。

3) 将演示文稿大纲保存为大纲文档

有时用演示文稿汇报工作后,领导想要一份文字报告,若能将幻灯片中的内容保存为

Word 文档,则使你的工作方便、快捷、高效且不易出错,此工作可通过 PowerPoint 的保存功能轻松实现。

打开"中国古代四大发明(多模板).ppt",选择"文件"|"另存为"命令,保存类型为"大纲/RTF 文件",得到图 3-157 所示的结果。

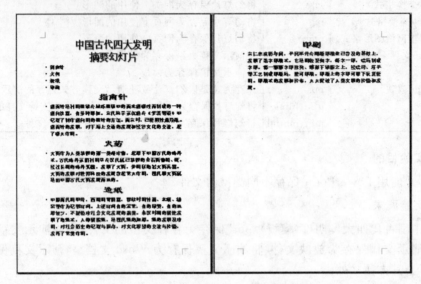

图 3-157　"中国古代四大发明(多模板).ppt"的内容转换得到的 Word 文档

由于"中国古代四大发明(多模板).ppt"中的文字均写在占位符中,因此一字不漏地都转到 Word 文档中了,但对于自己插入的文本框和自选图形中的文字可就没这么幸运了,所以今后尽量将文字写到占位符中,时刻为转换工作做好准备。

此外,PowerPoint 也提供了"发送"命令,如图 3-158 所示,打开"中国古代四大发明(多模板).ppt",选择"文件"|"发送"|Microsoft Office Word 命令,打开如图 3-159 所示的对话框,可根据具体场合选择不同版式的 Word 文档,例如,开产品发布会时,可以为客户提供"空行在幻灯片下"的 Word 文档(如图 3-160 所示),使客户记录一些感兴趣的数据或信息,也许点滴之处会使客户感受到企业的经营理念及服务意识。

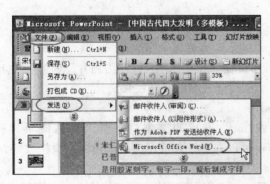

图 3-158　将演示文稿发送到 Word

图 3-159　可选不同形式的 Word 文档

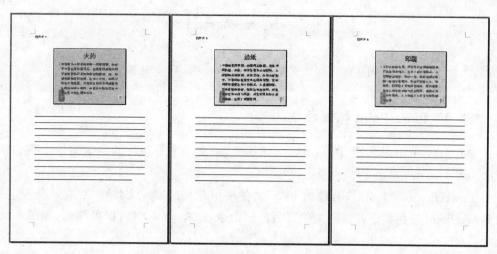

图 3-160 "空行在幻灯片下"的 Word 文档

4）将演示文稿保存为网页

打开"中国古代四大发明（多模板）.ppt"，选择"文件"|"另存为"命令，保存类型为"网页（＊.htm；＊.html）"，生成如图 3-161 所示的网页文件和同名文件夹，请查看文件夹中内容。图 3-162 为网页形式的演示文稿，图 3-163 为保存成单个网页文件的图标。

图 3-161 保存类型为"网页（＊.htm；＊.html）"生成的网页文件和同名文件夹

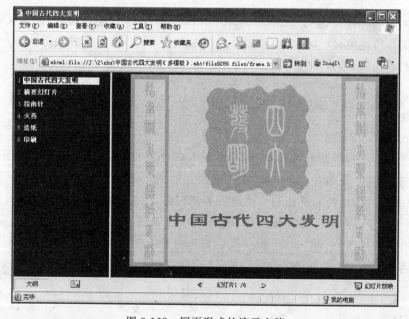

图 3-162 网页形式的演示文稿

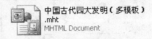

图 3-163 单个文件网页(＊.mht、＊.mhtml)图标

3.7.9 PowerPoint 拓展导学

"PowerPoint 导学实验\PowerPoint 拓展导学"文件夹中存放的导学文件如图 3-164 所示。

"PowerPoint 导学实验\有趣的 PPS"文件夹中存放的 pps 文件可供欣赏、研究。启动 PowerPoint 应用程序,选择"文件"|"打开"命令,选择 pps 文件,即可编辑,如图 3-165 所示。

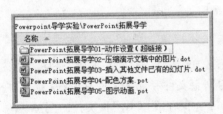

图 3-164 PowerPoint 拓展导学文件

图 3-165 有趣的 pps 文件

3.8 PowerPoint 小结

通过实验,大家已具备了用 Microsoft Office PowerPoint 创建、修改演示文稿和制作具有自己工作特色模板的能力,由于同类软件的功能相似,其操作方法亦大同小异,相信会很快熟悉掌握的,希望在它们的协助下,更出色、完美地完成工作。

3.9 Visio 概述

无论是办公人员处理日常工作,还是专业人员撰写项目论文,常常用模块图和流程图对工作的整体情况及解决问题的方法、思路进行图示说明,办公绘图软件 Microsoft Office Visio 以其强大功能快速制作诸如业务流程图、数据流程图、组织结构图、办公室布局图、家居规划图、网络图、数据库实体关系图、项目管理图、营销图表、灵感触发图、跨职能流程图和因果图等实用图表,有助于人们更迅速地达到高质、高效的工作目标。具体应用可以参考本书光盘"Visio 导学实验\Visio 应用范例"文件夹中提供的各种 Visio 应用实例。

3.10 Visio 导学实验

根据计算机基础课程的特点及各专业需求,本节 3 个导学实验介绍模块图、流程图及标注图的绘制方法。

图 3-166 为 Visio 工作流程。

3.10.1 01——绘制模块图

1. 实验文件

实验文件为随书光盘中的"Visio 导学实验\Visio 导学实验 01——绘制模块图.vst"。

2. 实验目的

学会利用 Visio 绘制模块图。

3. 实验要求

绘制如图 3-167 所示的图书管理系统模块图。

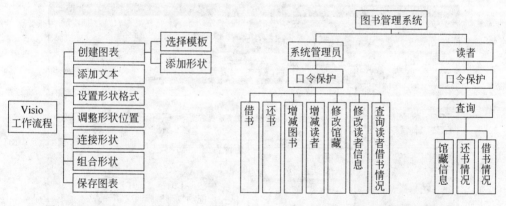

图 3-166 Visio 工作流程　　　　图 3-167 图书管理系统模块图

4. 解决思路

新建 Visio 绘图文件。选择流程图模板。添加形状,添加文字,设置形状格式,连接各形状,组合形状。保存 Visio 绘图文件。

5. 操作步骤

(1) 创建图表。

如图 3-168 所示,选择绘图类型为"流程图"之"基本流程图",或选择"文件"|"形状"|"流程图"|"基本流程图形状",均打开新的绘图页。

(2) 添加形状,添加文字,设置形状格式,复制形状,如图 3-169 所示。

(3) 调整各形状位置、添加连接线、去箭头、组合形状,如图 3-170 所示。

(4) 保存 Visio 绘图文件。

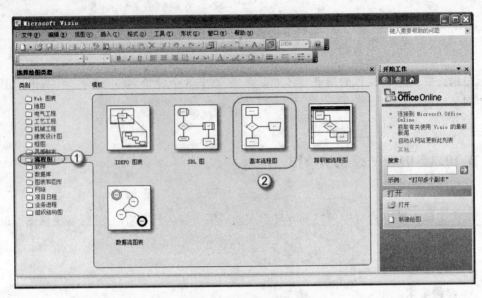

图 3-168　选择绘图类型

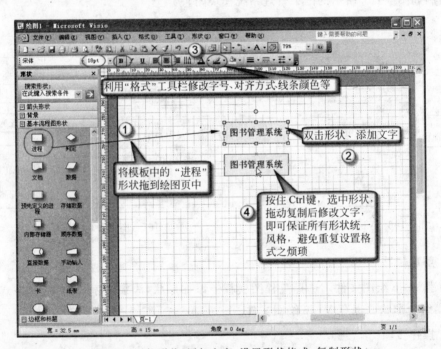

图 3-169　添加形状、添加文字、设置形状格式、复制形状

（5）将组合后的图形复制到剪贴板中，可以粘贴到 Office 其他应用程序中，并可在该应用程序中双击 Visio 图形后修改。单击图表以外的某一地方，即可退出 Visio 并返回所在程序环境。

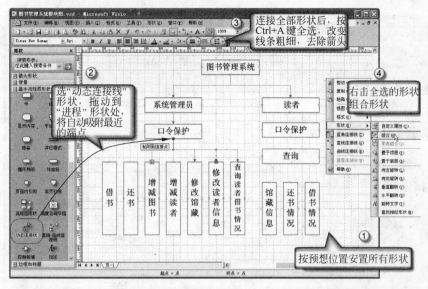

图 3-170　调整各形状位置、添加连接线、去箭头、组合形状

3.10.2　02——绘制流程图

1. 实验文件

实验文件为随书光盘中的"Visio 导学实验\Visio 导学实验 02——绘制流程图.vst"。

2. 实验目的

学会利用 Visio 绘制流程图。

3. 实验要求

绘制如图 3-171 所示的"输出最大数"流程图。

4. 操作步骤

(1) 创建图表。

选择"文件"|"形状"|"流程图"|"基本流程图"命令,打开"基本流程图形状"模具。

(2) 添加"流程图形状",添加文字,设置形状格式,复制形状,改变形状,如图 3-172 所示。

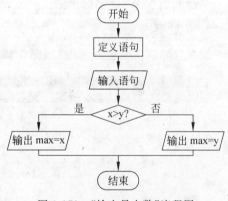

图 3-171　"输出最大数"流程图

(3) 调整各形状位置,添加连接线,组合形状。

(4) 保存 Visio 绘图文件。

3.10.3　03——绘制标示图

1. 实验文件

实验文件为随书光盘中的"Visio 导学实验\Visio 导学实验 03——绘制标示图.vst"。

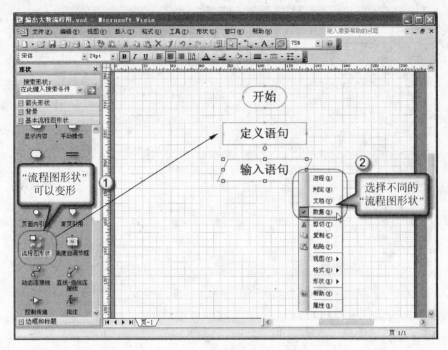

图 3-172 可以变形的"流程图形状"

2. 实验目的

学会利用 Visio 绘制标示图。

3. 实验要求

绘制"格式"工具栏标示图,如图 3-173 所示。

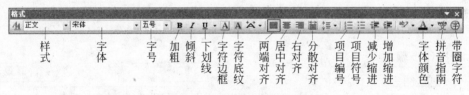

图 3-173 "格式"工具栏标示图

4. 操作步骤

(1) 选择"文件"|"形状"|"其他 Visio 方案"|"标注"命令,打开"标注"模具。

(2) 粘贴"格式"工具栏图形,如图 3-174 所示。

(3) 添加"中间框标注"形状,添加文字,设置形状格式,复制形状。

(4) 调整各形状位置,组合图形和全部形状。

(5) 保存 Visio 绘图文件。

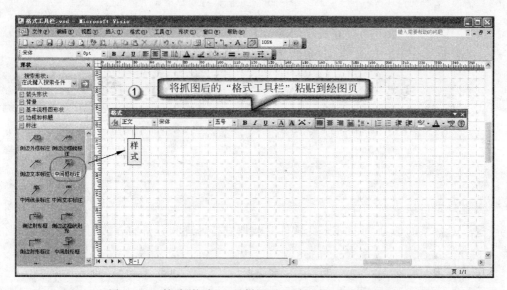

图 3-174 粘贴"格式"工具栏图形,添加"中间框标注"形状

第 4 章 数 据 处 理

本章学习目标：

通过对本章的学习，掌握 Excel 软件对数据进行处理和分析的方法，具备数据处理的综合能力。

本章特点：

除一些基本常用知识单独介绍外，大部分知识点与操作技能和技巧融入导学实验中，需要在实验的过程中领会和学习。

本章涉及的所有实验都将实验素材和实验要求及实验平台融为一体，除操作难度较大和复杂的在各导学实验的实验步骤中详细介绍外，其余的读者只需打开相应实验文件，按照工作表提示，即可完成大部分实验，并可比较结果样式进行正确性验证。

4.1 概 述

计算机信息处理可以概括为文字信息处理、数据信息处理、图像信息处理、音频/视频信息处理。

本章通过学习 Microsoft Office Excel 软件使读者了解掌握数据信息处理的一般方法。Microsoft Office Excel 是微软公司的办公软件 Microsoft Office 的组件之一，是一款基于 Windows 环境下专门用来编辑电子表格的应用软件。用户可以在工作表上输入并编辑数据，对数据进行各种计算、分析、统计、处理，并且可以对多张工作表的数据进行汇总计算。利用工作表数据可以创建直观、形象的图表。同时由于 Excel 和 Word 同属于 Office 套件，所以它们在窗口组成、格式设定、编辑操作等方面有很多相似之处，因此，在学习 Excel 时要注意应用以前 Word 中已学过的知识。

4.1.1 Excel 2003 窗口介绍

选择"开始"|"程序"|Microsoft Office|Microsoft Office Excel 命令或双击桌面图标，启动 Excel 程序，如图 4-1 所示。

(1) 工作簿：Excel 的工作方式是为用户提供一个工作簿，系统默认的工作簿文件名

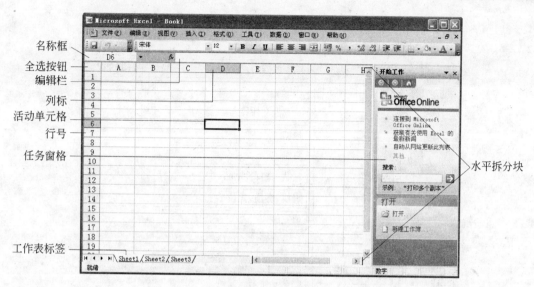

图 4-1　Excel 界面

为 Book1. xls,Book2. xls,…,每个新建的工作簿中包含 3 张空白工作表,每个工作簿可以包含多张工作表,用户可以根据需要增加或删除工作表。

　　(2) 工作表及工作表标签:工作表由排列成行或成列的单元格组成。每个工作表由 65 536 行和 256 列组成,行号用数字 1～65 536 表示,列标用 A,B,C,…,AA,AB,AC,…,BA,BB,BC,…,IV 表示。用户可以根据需要添加、删除、复制、移动、重命名、隐藏工作表等。每张工作表都有一个名称叫标签,系统默认的工作表名称为 Sheet1、Sheet2……依次显示在工作表标签上,用户可以根据需要为工作表重命名。

　　(3) 名称框:位于编辑栏左端,用于指示选定单元格、图表项或图形对象。

　　(4) 编辑栏:位于 Excel 窗口顶部的条形区域,用于输入或编辑单元格或图表中的值或公式,编辑栏中显示了存储于活动单元格中的常量值或公式。

　　(5) 全选按钮:单击全选按钮,会选中工作表中所有单元格。

　　(6) 活动单元格:用鼠标单击某单元格,其边框变为黑色粗实线,表明该单元格被选中,称为活动单元格。用户可以向活动单元格中输入数据,一次只能有一个活动单元格。

　　(7) 水平拆分块:将鼠标放在工作表的某个位置,双击水平拆分块可以将工作表水平拆分为两部分。

　　(8) 垂直拆分块:将鼠标放在工作表的某个位置,双击垂直拆分块可以将工作表垂直拆分为两部分。

4.1.2　Excel 工作流程

Excel 工作流程如图 4-2 所示。

图 4-2　Excel 工作流程

4.2　Excel 工作表的基本操作导学实验

初学 Excel 的读者需要理解和掌握工作表的基本操作，只有熟练掌握 Excel 的基本操作，才能理解其知识点，为进一步掌握 Excel 打下基础。

4.2.1　01——基本认知实验

1. 实验文件

随书光盘"Excel 导学实验\Excel 工作表基本操作\Excel 导学实验 01——基本认知实验.xlt"。

2. 实验目的

通过实验掌握 Excel 基本知识和基本操作。

3. 实验要求

根据第一张工作表中的实验任务,完成本次实验。具体要求、指导和实验任务见该工作簿的各工作表。

4. 知识点

- 名称框的位置和所示内容;
- 编辑栏的位置和所示内容;
- 不同操作时鼠标的形状;
- 水平和垂直拆分块;
- 改变行高和列宽的方法;
- 行或列的插入、删除和隐藏;
- 单元格的清除和删除;
- 单元格的格式改变。

5. 操作步骤

(1) 打开文件了解实验任务,如图 4-3 所示。

实验任务	
1	依次学习和完成工作表 1、2、3、4、5中的实验内容。
2	根据提示完成工作表6中的实验内容。

图 4-3 入门基本实验任务

(2) 打开工作表"1-名称框、编辑栏",如图 4-4 所示。完成工作表中实验任务,理解名称框、编辑栏的意义。

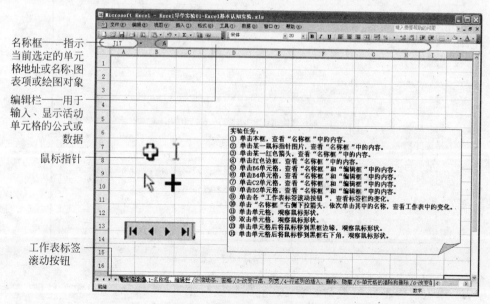

图 4-4 名称框、编辑栏实验

（3）打开工作表"2-滚动条、拆分块"，如图 4-5 所示，完成实验任务，掌握水平拆分块、垂直拆分块的使用方法和作用。

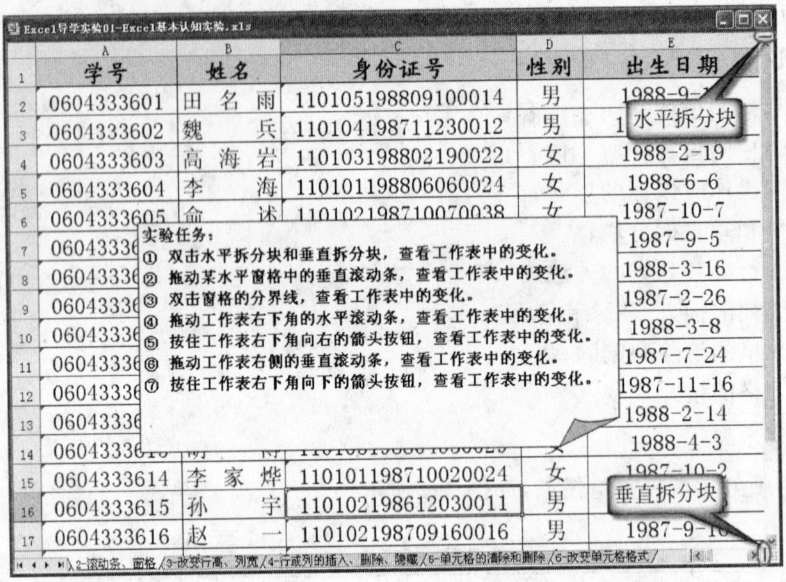

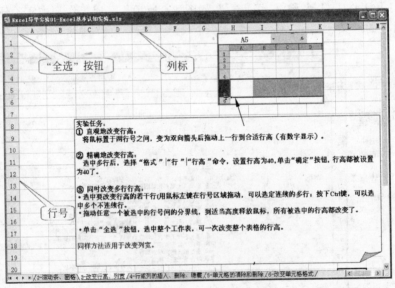

图 4-5　滚动条、拆分块实验

（4）单击工作表"3-改变行高、列宽"，如图 4-6 所示，完成实验任务，掌握行高、列宽的改变方法。

图 4-6　行高、列宽的改变实验

（5）单击工作表"4-行或列的插入、删除、隐藏"，如图 4-7 所示，完成实验任务，掌握删除行、插入行和隐藏列/取消隐藏的操作方法。

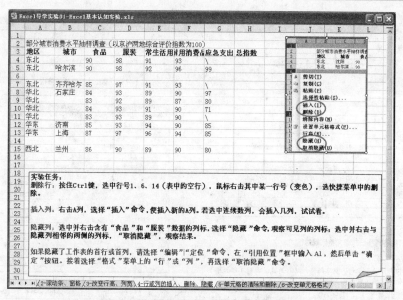

图 4-7　行或列的插入、删除和隐藏实验

（6）单击工作表"5-单元格的清除和删除"，如图 4-8 所示，完成实验任务，体会清除"格式"、"内容"、"批注"的方法和差别，以及不同删除方式的差别。

图 4-8　单元格的清除和删除实验

（7）打开工作表"6-改变单元格格式"，如图 4-9 所示，完成实验任务，掌握单元格格式（字体、对齐、边框、图案）设置方法。

① 选中单元格。

② 选择"格式"|"单元格"命令，或右击选中的单元格，在弹出的快捷菜单中选择"设置单元格格式"命令，在弹出的"单元格格式"对话框中设置单元格的格式，如图 4-9 所示。

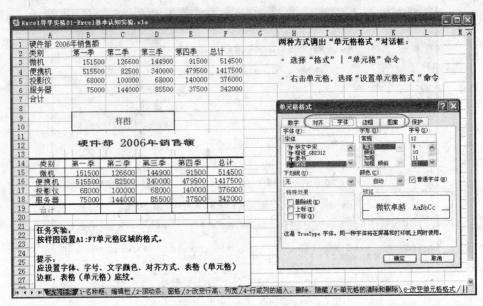

图 4-9　设置单元格格式

4.2.2　02——单元格和工作表基本操作

1. 实验文件

随书光盘"Excel 导学实验\Excel 工作表基本操作\Excel 导学实验 02——单元格和工作表基本操作.xlt"。

2. 实验目的

通过实验掌握单元格和工作表的基本操作方法。

3. 实验要求

根据各工作表上的具体要求和操作指导完成各个工作表的实验任务。

4. 知识点

- 单元格的合并和拆分；
- 跨列居中、合并居中、分散对齐；
- 单元格中不同数据输入方法；
- 记忆输入和自动填充；
- 工作表操作(插入、删除、重命名等)；
- 窗口冻结。

5. 操作步骤

(1) 打开"1-合并单元格、拆分合并单元格"工作表,如图 4-10 所示,完成实验任务,体会不同的合并方法,名称框中显示的内容;拆分合并的单元格后名称框中显示内容。

(2) 打开"2-对齐方式"工作表,如图 4-11 所示,体会不同对齐方式的变化。

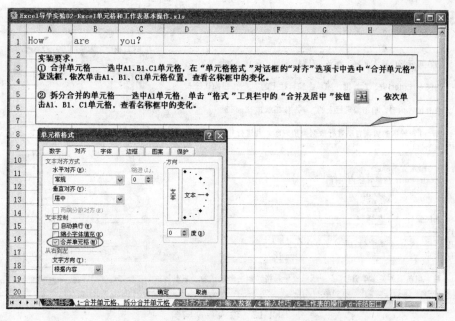

图 4-10 合并单元格、拆分合并单元格实验

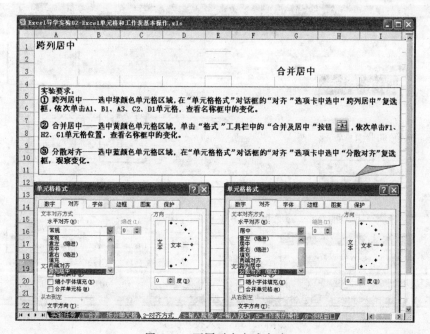

图 4-11 不同对齐方式实验

（3）打开"3-输入数据"工作表，如图 4-12 所示，根据绿色单元格的标注提示，参照左侧的说明，完成实验任务，学习不同的数据输入方法。

（4）打开"4-输入技巧"工作表，如图 4-13 所示，根据绿色单元格的标注提示，参照左侧的样式，完成实验任务，体会自动填充。

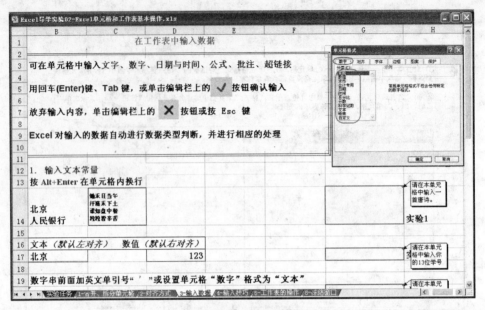

图 4-12　输入数据实验

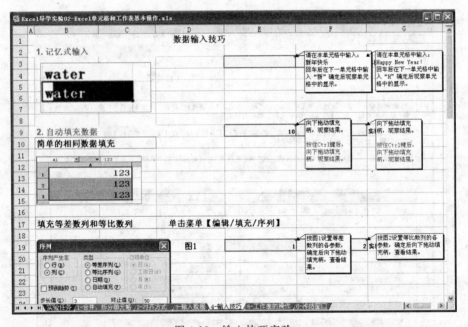

图 4-13　输入技巧实验

（5）打开"5-工作表操作"工作表，如图 4-14 所示，完成实验任务，掌握工作表的基本操作（插入、删除、重命名、移动或复制工作表、改变工作表标签颜色）。

（6）打开"6-冻结窗口"工作表，完成实验任务，体会冻结窗口的作用。

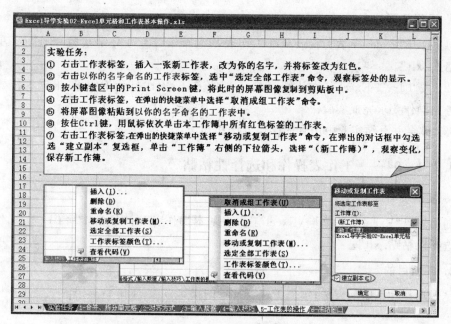

图 4-14　工作表操作实验

4.2.3　03——单元格数据格式

1. 实验文件

随书光盘"Excel 导学实验\Excel 工作表基本操作\Excel 导学实验 03——单元格数据格式.xlt"。

2. 实验目的

通过实验掌握 Excel 不同数据的操作技巧。

3. 实验要求

根据文件中每一张工作表中的实验任务,完成本次实验。具体要求、指导和实验任务见该工作簿的各工作表。

4. 知识点

- 单元格自动换行;
- 单元格区域内换行;
- 日期填充(自动填充——内容重排、规律数填充);
- 快速跳到队头、队尾;
- 不同日期格式单元格;
- 单元格数据类型的设定;
- 自定义单元格格式和自动为单元格添加单位;
- 自动添加数量单位;
- 自动设置小数点。

5. 操作步骤

(1) 打开"Excel 导学实验\Excel 工作表基本操作\Excel 导学实验 03-Excel 单元格数据格式. xlt"。

(2) 按"01——Excel 基本认知实验. xlt"的方法，依次打开工作表，根据工作表上实验任务和操作要求完成实验。

(3) 体会并总结实验中用到的操作方法和知识点。

4.2.4 04——工作表操作和选择性粘贴

1. 实验文件

随书光盘"Excel 导学实验\Excel 工作表基本操作\Excel 导学实验 04——工作表操作和选择性粘贴. xlt"。

2. 实验目的

掌握选择性粘贴的方法；掌握工作表背景的操作方法；了解将选中区域复制成图片的方法。

3. 实验要求

根据文件中每一张工作表中的实验任务，完成本次实验。具体要求、指导和实验任务见该工作簿的各工作表。

4. 知识点

- 设置工作表背景；
- 将选中区域复制成图片；
- 各种选择性粘贴的不同含义；
- 选择性粘贴——运算；
- 选择性粘贴——转置；
- 多个单元格输入相同公式的方法；
- 单元格的相对引用和绝对引用方法；
- 成组工作表的相同单元格相同内容的输入。

5. 操作步骤

(1) 打开"1-为工作表加一个漂亮背景"工作表，如图 4-15 所示。选择"格式"|"工作表"|"背景"命令，选择自己喜欢的图片文件。

(2) 打开"2-把表格复制成图片"工作表，如图 4-16 所示，按工作表中实验要求和操作方法，完成实验任务，并在如图 4-17 所示的复制图片窗口，选择不同组合，体会各种区别。

(3) 打开"3-选择性粘贴"工作表，如图 4-18 所示，按工作表中任务和操作步骤完成实验，体会不同粘贴方式的区别。

(4) 打开"4-选择性粘贴——运算"工作表，如图 4-19 所示，完成实验任务，体会各种粘贴方式中编辑栏中的公式的不同。

图 4-15　添加表格背景

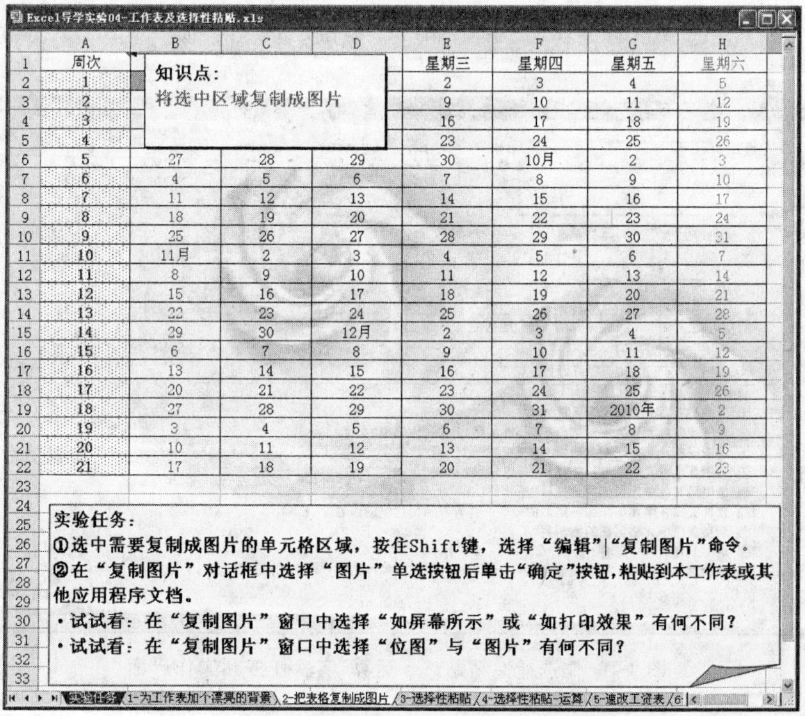

图 4-16　将选中区域复制成图片任务和操作方法

图 4-17 "复制图片"对话框

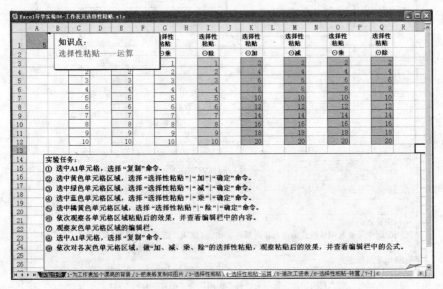

图 4-18 "选择性粘贴"实验任务和操作界面

图 4-19 "选择性粘贴——运算"实验任务和操作界面

（5）打开"5-速改工资表"工作表，如图 4-20 所示，利用"选择性粘贴/加"完成实验任务，并与工作表下方的"结果样式"进行对比以确定正确性。

总工资表

序号	部门	姓名	1月工资	2月工资	3月工资	4月工资	5月工资	6月工资	7月工资	8月工资	9月工资	10月工资	11月工资	12月工资
1	开发部	张1	¥2,000	¥2,000	¥2,000	¥2,200	¥2,200	¥2,200	¥2,400	¥2,400	¥2,400	¥2,600	¥2,600	¥2,600
2	测试部	张2	¥1,600	¥1,600	¥1,600	¥1,800	¥1,800	¥1,800	¥2,000	¥2,000	¥2,000	¥2,200	¥2,200	¥2,200
3	文档部	张3	¥1,200	¥1,200	¥1,200	¥1,400	¥1,400	¥1,400	¥1,600	¥1,600	¥1,600	¥1,800	¥1,800	¥1,800
4	市场部	张4	¥1,800	¥1,800	¥1,800	¥2,000	¥2,000	¥2,000	¥2,200	¥2,200	¥2,200	¥2,400	¥2,400	¥2,400
5	市场部	张5	¥1,900	¥1,900	¥1,900	¥2,100	¥2,100	¥2,100	¥2,300	¥2,300	¥2,300	¥2,500	¥2,500	¥2,500
6	开发部	张6	¥1,400	¥1,400	¥1,400	¥1,600	¥1,600	¥1,600	¥1,800	¥1,800	¥1,800	¥2,000	¥2,000	¥2,000
7	文档部	张7	¥1,200	¥1,200	¥1,200	¥1,400	¥1,400	¥1,400	¥1,600	¥1,600	¥1,600	¥1,800	¥1,800	¥1,800
8	测试部	张8	¥1,800	¥1,800	¥1,800	¥2,000	¥2,000	¥2,000	¥2,200	¥2,200	¥2,200	¥2,400	¥2,400	¥2,400
9	开发部	张9	¥2,200	¥2,200	¥2,200	¥2,400	¥2,400	¥2,400	¥2,600	¥2,600	¥2,600	¥2,800	¥2,800	¥2,800
10	市场部	张10	¥1,800	¥1,800	¥1,800	¥2,000	¥2,000	¥2,000	¥2,200	¥2,200	¥2,200	¥2,400	¥2,400	¥2,400
11	市场部	张11	¥1,200	¥1,200	¥1,200	¥1,400	¥1,400	¥1,400	¥1,600	¥1,600	¥1,600	¥1,800	¥1,800	¥1,800
12	测试部	张12	¥2,100	¥2,100	¥2,100	¥2,300	¥2,300	¥2,300	¥2,500	¥2,500	¥2,500	¥2,700	¥2,700	¥2,700
13	开发部	张13	¥1,500	¥1,500	¥1,500	¥1,700	¥1,700	¥1,700	¥1,900	¥1,900	¥1,900	¥2,100	¥2,100	¥2,100
14	开发部	张14	¥2,500	¥2,500	¥2,500	¥2,700	¥2,700	¥2,700	¥2,900	¥2,900	¥2,900	¥3,100	¥3,100	¥3,100
15	测试部	张15	¥2,000	¥2,000	¥2,000	¥2,200	¥2,200	¥2,200	¥2,400	¥2,400	¥2,400	¥2,600	¥2,600	¥2,600
16	开发部	张16	¥1,700	¥1,700	¥1,700	¥1,900	¥1,900	¥1,900	¥2,100	¥2,100	¥2,100	¥2,300	¥2,300	¥2,300
17	市场部	张17	¥1,600	¥1,600	¥1,600	¥1,800	¥1,800	¥1,800	¥2,000	¥2,000	¥2,000	¥2,200	¥2,200	¥2,200
18	文档部	张18	¥1,400	¥1,400	¥1,400	¥1,600	¥1,600	¥1,600	¥1,800	¥1,800	¥1,800	¥2,000	¥2,000	¥2,000

实验任务：

　　为表彰全体职员的出色工作，公司决定每人每月增加300元工资。请快速完成改变报表的操作。

说明：先完成工作表4中的8、9项。

图 4-20　选择性粘贴应用操作界面和实验任务

（6）打开"6-选择性粘贴——转置"工作表，完成工作表中实验任务。

（7）打开"7-在多个单元格中输入同一个公式"工作表，如图 4-21 所示，根据工作表中的操作提示完成实验任务，掌握"绝对引用"的操作方法，体会绝对引用的使用场合。

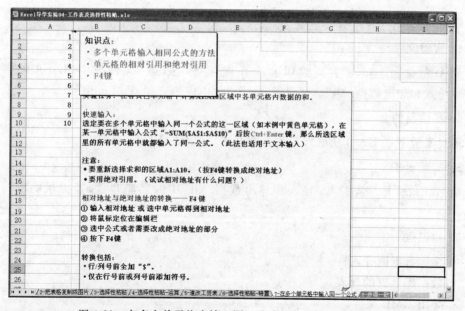

图 4-21　在多个单元格中输入同一公式操作界面和操作方法

（8）打开"8-步调一致"工作表，如图 4-22 所示，根据工作表中的操作提示完成实验任务，掌握"成组工作表"的操作方法，体会成组工作表的操作优势。

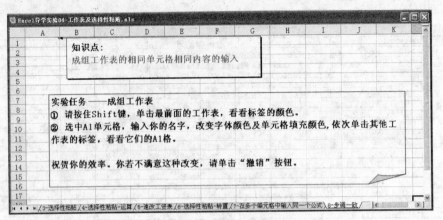

图 4-22　成组工作表实验任务和操作方法

4.3　Excel 导入和导出数据

在 Excel 中可以导入不同类型的文件,如文本文件、电子表格和数据库数据,Excel 会根据指定的数据源不同,而有不同的导入方式。工作表不同的保存类型,可用于不同的环境。

4.3.1　05——导入和导出数据

1. 实验文件

随书光盘"Excel 导学实验\Excel 导入与导出数据"文件夹中"Excel 导学实验05——导入和导出数据.xlt"、"通讯录.txt"、"学生成绩管理系统.mdb"。

2. 实验目的

通过实验掌握 Excel 获取外部数据的方法;学会数据的不同导出方法。

3. 实验要求

根据"Excel 导学实验 05-导入和导出数据.xlt"中的实验步骤,及提供的素材完成实验。

4. 知识点

- 文本数据的导入;
- 数据库数据的导入;
- 导出 XML 文件;
- 另存为网页。

5. 操作步骤

1) 导入文本文件

(1) 选择"数据"|"导入外部数据"|"导入数据"命令,如图 4-23 所示。

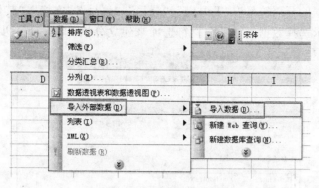

图 4-23　导入数据步骤 1

（2）选择数据源——通讯录，如图 4-24 所示。

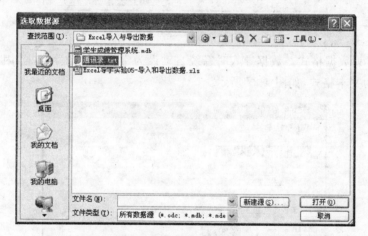

图 4-24　导入数据步骤 2——选取数据源

（3）选取数据源后，出现"文本导入向导"对话框，如图 4-25 所示，按分隔符或固定宽度分隔数据，单击"下一步"按钮。

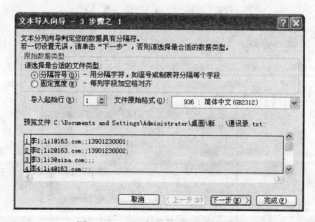

图 4-25　"文本导入向导"对话框

（4）导入数据的分隔符号有"Tab 键"、"分号"、"逗号"、"空格"、"其他"等格式可以勾选，按图 4-26 所示选择数据来源的分栏符选项来建立分栏，单击"下一步"按钮。

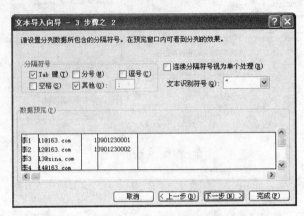

图 4-26   以";"为分隔符

（5）设置列数据格式。数据导入时系统自动设为常规格式数字数据，因此，在此将电话号码列设为文本格式，如图 4-27 所示。

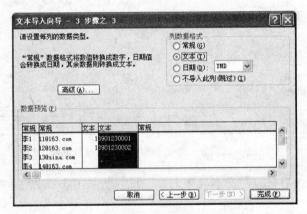

图 4-27   将电话号码列设为文本格式

（6）指定数据的导入位置。如图 4-28 所示将数据导入至当前工作表中的指定单元格。

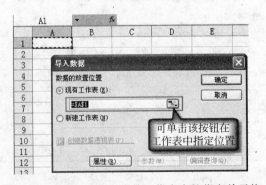

图 4-28   将数据导入至当前工作表中的指定单元格

（7）单击"完成"按钮，与工作表中内容进行比较，以确定正确性。

2）导入数据库文件

（1）选择"数据"|"导入外部数据"|"导入数据"命令，打开"Excel 导学实验\Excel 导入与导出数据"文件夹，选择数据源"学生成绩管理系统"，如图 4-29 所示。

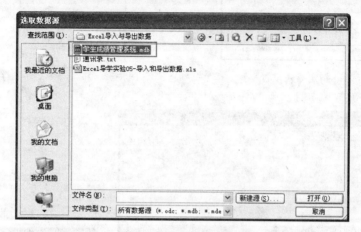

图 4-29 选取数据库文件

（2）选择数据库中的数据表，选择"课程表"，如图 4-30 所示。

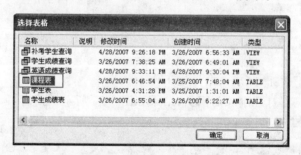

图 4-30 选数据库中的数据表

（3）指定数据表导入位置，新建工作表，如图 4-31 所示。

（4）单击"确定"按钮，完成数据导入，与工作表中数据进行对比，确定正确性。

3）导出数据

目前，网络上的网页大多使用 HTML（Hypertext Markup Language）语言，因此，将工作簿发布到网络之前，必须将文件转换为 HTML 格式，Excel 工作簿内容可以转成网页发布在网页上。

（1）选择"文件"|"另存为网页"命令，如图 4-32 所示。

保存位置和方式见图 4-33，若要将整个工作簿转换为 HTML 格式，选择"整个工作簿"单选按钮，若只想转换部分内容，可选择"选择"单选按钮。

（2）如果需要让使用者在网页上编辑数据，则勾选"添加交互"复选框。

（3）单击"更改标题"按钮，弹出"设置页标题"对话框，输入标题，该标题可以居中出现在发布内容上，如图 4-34 所示。单击"确定"按钮回到图 4-33 所示界面。

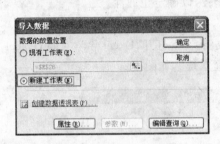

图 4-31　指定导入位置　　　　　　图 4-32　将 Excel 文件另存为网页

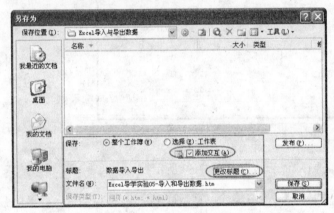

图 4-33　保存设置和方式　　　　　　图 4-34　"设置页标题"对话框

（4）单击"保存"按钮，完成数据导出工作。

（5）可以用浏览器打开刚才的网页，结果如图 4-35 所示。读者可以利用工具栏上的工具对数据进行编辑。

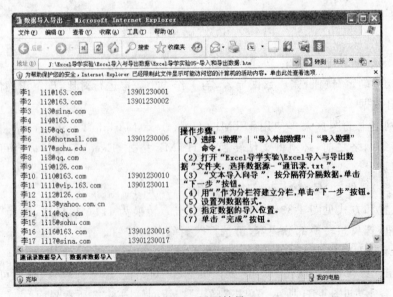

图 4-35　网页结果

4.4 Excel 公式和函数的应用

通过 Excel 导学实验 06、07、08 学习 Excel 公式和函数的应用相关知识和常用函数的使用。

4.4.1 06——统计电费

1. 相关知识

1) 公式输入

公式是工作表中的数据进行计算的等式,公式包含等号、运算符、操作数,它可以对工作表中的数据进行加、减、乘、除、连接等运算。单元格中的公式一定是以"="开始,用于表明之后的字符为公式。紧随等号之后的是需要进行计算的元素(操作数),各操作数之间以运算符分隔。

2) 运算符

Excel 包含四种类型的运算符,具体见表 4-1。

表 4-1 运算符

运算符类型	符 号	结 果
算术运算符	+ − * / ^ ()	数值
关系运算符	=> >= <= < <>	逻辑值
引用运算符	: , ! 空格	单元格区域合并
文本运算符	&	字符串

(1) 文本运算符"&":可以将两个或多个文本值连接起来产生一个文本。例如:"北京市"&"亚运村"的结果为"北京市亚运村"。

(2) 引用运算符:可以将单元格区域合并计算。

(3) 区域运算符":"(冒号):表示包括在两个引用之间的所有单元格的引用,如 B5:D10 代表 B5~D10 矩形区域内的所有单元格。

(4) 联合运算符","(逗号):表示将多个引用合并为一个引用,如 A1:B3,D4:F5 表示的是 A1~B3 的矩形区域和 D4~F5 的矩形区域。

(5) 交叉运算符"□"(空格):表示对两个引用共有的单元格的引用,如 B7:D7 C6:C8 表示的是 C7 单元格。

3) 单元格的引用

在 Excel 工作表中常常要进行数据计算工作,即在一个单元格中存放其他单元格中数据的运算结果,为此要在存放结果的单元格中输入需要的公式,公式中的某些运算数应为其他单元格的地址或名称,即指明公式中所使用的数据的位置,这种用单元格地址或名称获取该单元格中数据的做法称为单元格引用,如图 4-36 所示。

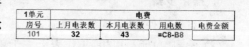

1单元	电费			
房号	上月电表数	本月电表数	用电数	电费金额
101	32	43	=C8-B8	

图 4-36 单元格的引用

4）单元格的相对引用

在默认状态下，当编制的公式被复制到其他单元格中时，Excel 能够根据移动的位置自动调节引用的单元格，这称为单元格相对引用。如图 4-37 所示的 C8，C9，…，C13，B8，B9，…，B13。

5）单元格的绝对引用

公式复制到一个新的位置时，不论包含公式的单元格处在什么位置，公式中所引用的单元格位置都是其在工作表中的确切位置，即公式中的单元格地址保持不变。单元格的绝对引用用“＄列标＄行号”表示，如图 4-38 中的＄E＄4。

	A	B	C	D
1	实验任务： ① 根据用户上月和本月的电表数，计算出该户本月的用电数。 ② 根据用户本月用电数计算出该户的电费。 ③ 求该单元总的电费数。			
2				
3			1单元本月电费	
4			电费单价（元/度）	
5				
6	1单元	电费		
7	房号	上月电表数(度)	本月电表数(度)	用电数(度)
8	101	32	43	=C8-B8
9	102	43	70	=C9-B9
10	103	22	36	=C10-B10
11	201	45	58	=C11-B11
12	202	32	47	=C12-B12
13	203	33	45	=C13-B13

图 4-37　单元格的相对引用

	A	B	C	D	E
1	实验任务： ① 根据用户上月和本月的电表数，计算出该户本月的用电数 ② 根据用户本月用电数计算出该户的电费 ③ 求该单元总的电费数				
2					
3				1单元本月电费	
4				电费单价（元/度）	0.48
5					
6	1单元	电费			
7	房号	上月电表数(度)	本月电表数(度)	电用数(度)	电费金额
8	101	32	43	=C8-B8	=$E$4*D8
9	102	43	70	=C9-B9	=$E$4*D9
10	103	22	36	=C10-B10	=$E$4*D10
11	201	45	58	=C11-B11	=$E$4*D11
12	202	32	47	=C12-B12	=$E$4*D12
13	203	33	45	=C13-B13	=$E$4*D13

图 4-38　单元格的绝对引用

2. 实验文件

随书光盘“Excel 导学实验\Excel 公式和函数的基本应用\Excel 导学实验 06——统计电费.xlt”。

3. 实验目的

掌握公式和函数的基本应用方法。

4. 实验要求

（1）根据用户上月和本月的电表数，计算出该户本月的用电数。

（2）根据用户本月用电数计算出该户的电费。

（3）求该单元总的电费数。

5. 知识点

- 公式的输入；
- 运算符使用；
- 相对引用；
- 绝对引用。

6. 操作步骤

（1）打开文件，了解实验任务。

（2）学习“单元格引用”工作表上关于单元格的基础知识。

（3）学习“引用运算符”工作表，单元格区域的引用和引用运算符知识，如图 4-39 所示。

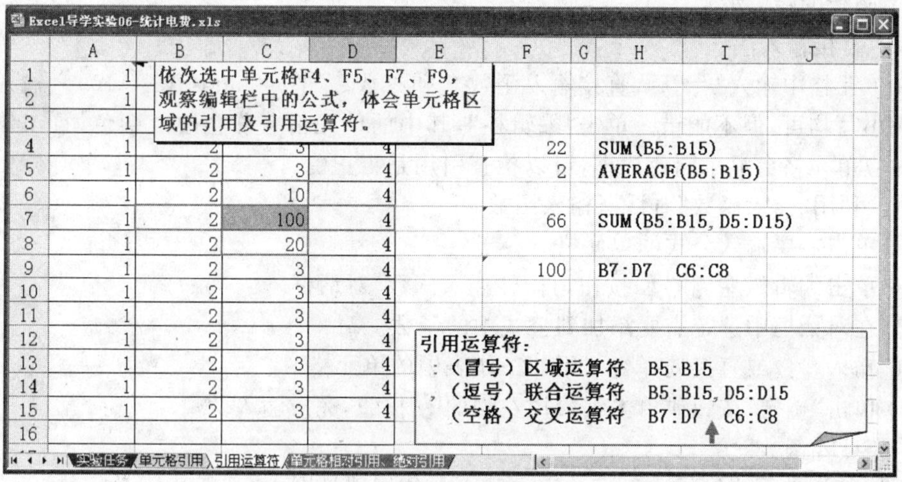

図 4-39 引用运算符

（4）根据操作步骤指示完成实验任务,体会单元格的相对引用和绝对引用的不同。图 4-40 示意了用电数与 E4 单元格相乘,填充时出现错误,查找错误原因及修正方法。

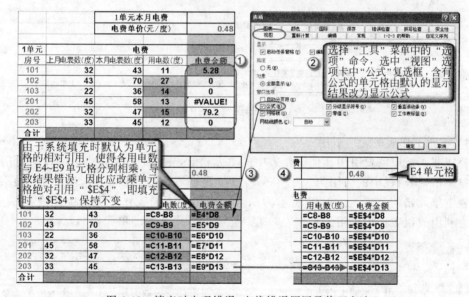

图 4-40 填充时出现错误,查找错误原因及修正方法

4.4.2 07——统计天然气费用

1. 相关知识

1）函数

函数是系统预定义的一些具有特定功能的计算模块。函数用一对圆括号括起一个或多个参数而返回单个值,其形式为:函数名(参数 1,参数 2,…)。函数中常用的参数类型包括数字、文本、单元格引用和名称。函数可以作为单元格公式中的操作数。

2) 函数的输入方法

（1）直接输入法。

在单元格中输入"＝"后，直接输入函数名和参数。如：＝sum(A2：A10)。输入函数名时大小写均可，但不能错。单击"编辑栏"，其中的单元格名称会改变颜色，且工作窗口中的对应单元格会显示同色边框，可以检查引用是否正确。

（2）利用"插入函数"对话框输入函数。

① 单击需要输入公式的单元格。

② 单击编辑栏左侧的 f_x 按钮，打开"插入函数"对话框。

③ 在对话框中选定需要添加到公式中的函数。

④ 输入参数或直接选择要引用的工作表中的单元格。

⑤ 单击"确定"按钮或单击编辑栏左侧的 ✓ 按钮，完成输入。

3) SUM 函数

返回某一单元格区域中所有数字之和。具体用法见图 4-41。

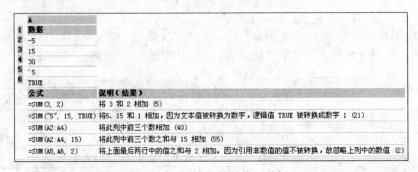

图 4-41　Sum 函数的使用举例

4) 不同工作表单元格引用

公式或函数中需要引用其他工作表中的单元格时，先单击该工作表标签，再单击要引用的单元格，编辑栏中的引用为"'工作表名'!单元格地址"。图 4-42 所示为引用了不同工作表中单元格的公式。图 4-43 所示为函数中引用了不同工作表中的单元格。图 4-44 所示为利用成组工作表引用了工作表"1 层"至"10 层"中相同的单元格 A7。

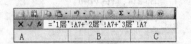

图 4-42　公式引用了不同工作表中单元格

图 4-43　函数引用了不同工作表中单元格

公式或函数中可以引用其他工作簿某工作表中的单元格（或单元格区域）。其方法为：先打开引用和被引用的工作簿，在引用工作簿中选择结果单元格，输入公式、插入函数，需要引用其他工作簿某工作表中的单元格（或单元格区域）时，先直接单击任务栏中被引用工作簿标签进入该工作簿，然后选择工作表中的单元格（或单元格区域），再单击编辑栏左侧的 ✓ 确认（必须做），最后从任务栏回到原工作簿继续编辑。图 4-45 所示为引用了"Excel 应用演示.xls"工作簿中"测试题"工作表中 B3 单元格。

5) 成组工作表

可以选中工作簿中的多张工作表或全部工作表，形成一个工作表组，当输入或更改某

图 4-44　利用成组工作表做的单元格引用　　　　图 4-45　引用了不同工作簿中的单元格

一单元格数据时，将影响所有被选工作表中相同位置的单元格。读者在"Excel 导学实验 04"中工作表"8-步调一致"的练习中可能初步体验过成组工作表的特性，而在完成"Excel 导学实验 06-统计天然气费用.xlt"后会惊叹成组工作表的神奇。

注意：成组工作表中各张表格的结构应一致（复制工作表即可）。

2. 实验文件

随书光盘"Excel 导学实验\Excel 公式和函数的基本应用\Excel 导学实验 07-统计天然气费用.xlt"。

3. 实验目的

掌握成组工作表的操作方法；巩固单元格的相对引用和绝对引用，掌握 SUM 函数的含义和使用方法。

4. 实验要求

制作各楼层天然气收费表及全楼总表；了解成组工作表的结构要求及使用方法；保存自己的 Excel 模板。

5. 知识点

- 成组工作表；
- SUM 函数的使用；
- 保存自己的 Excel 模板。

6. 操作步骤

（1）打开文件，单击标签为"快捷的成组工作表操作"工作表，如图 4-46 所示。了解操作步骤。

图 4-46　操作步骤窗口

(2) 将 1～10 层选为成组工作表。

方法：单击“1 层”后按住 Shift 键，再单击“10 层”所有的工作表标签变白（或按住 Ctrl 键，依次单击要成为工作组的工作表），如图 4-47 所示。

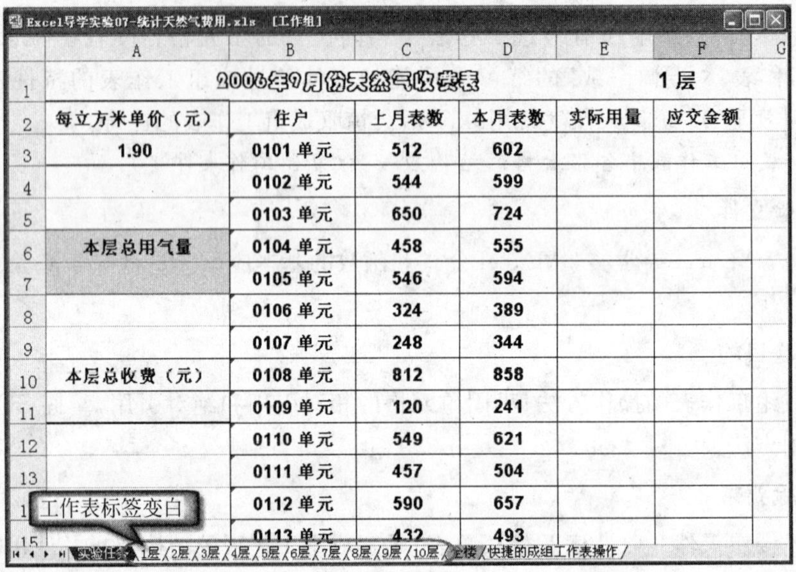

	A	B	C	D	E	F
1	2006年9月份天然气收费表					1层
2	每立方米单价（元）	住户	上月表数	本月表数	实际用量	应交金额
3	1.90	0101 单元	512	602		
4		0102 单元	544	599		
5		0103 单元	650	724		
6	本层总用气量	0104 单元	458	555		
7		0105 单元	546	594		
8		0106 单元	324	389		
9		0107 单元	248	344		
10	本层总收费（元）	0108 单元	812	858		
11		0109 单元	120	241		
12		0110 单元	549	621		
13		0111 单元	457	504		
14		0112 单元	590	657		
15		0113 单元	432	493		

图 4-47 成组工作表

(3) 按其上的操作步骤，计算单个楼层费用，一层结果如图 4-48 所示。

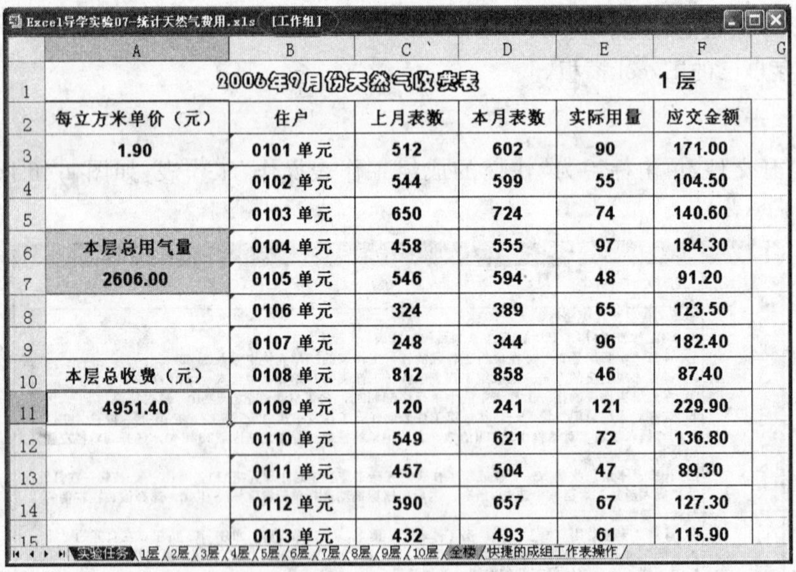

	A	B	C	D	E	F
1	2006年9月份天然气收费表					1层
2	每立方米单价（元）	住户	上月表数	本月表数	实际用量	应交金额
3	1.90	0101 单元	512	602	90	171.00
4		0102 单元	544	599	55	104.50
5		0103 单元	650	724	74	140.60
6	本层总用气量	0104 单元	458	555	97	184.30
7	2606.00	0105 单元	546	594	48	91.20
8		0106 单元	324	389	65	123.50
9		0107 单元	248	344	96	182.40
10	本层总收费（元）	0108 单元	812	858	46	87.40
11	4951.40	0109 单元	120	241	121	229.90
12		0110 单元	549	621	72	136.80
13		0111 单元	457	504	47	89.30
14		0112 单元	590	657	67	127.30
15		0113 单元	432	493	61	115.90

图 4-48 一层计算结果

(4) 计算全楼，注意计算全楼总用气数的编辑栏中公式的样式，体会“!”号运算符的含义，结果如图 4-49 所示。

（5）将其保存为模板，以备煤气公司常年使用这张样表，选择"文件"|"另存为"命令，如图 4-50 所示，选择保存类型为"模板（*.xlt）"，模板默认保存在 Templates 文件夹中，也可以选择自己要保存的位置。

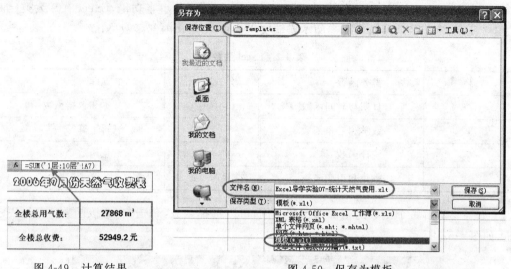

图 4-49 计算结果　　　　　　　　图 4-50 保存为模板

使用时选择"文件"|"新建"命令，在"新建工作簿"任务窗格中选"本机上的模板"，在图 4-51 所示的"模板"对话框中选择要用的模板，便可得到用该模板生成的新工作表。

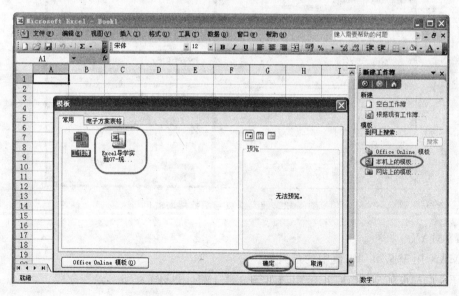

图 4-51 用模板生成新工作表

Excel 提供了许多模板，读者可以打开"模板"对话框"电子方案表格"选项卡中的模板，能够学到很多 Excel 的应用技巧。

4.4.3　08——常用函数使用

1. 相关知识

函数是 Excel 的核心,熟练地应用函数会使人们的工作事半功倍,Excel 有 9 大类(如表 4-2 所示)300 多个函数。可参阅本实验文件夹中"Excel 内部函数.xlt"。

表 4-2　Excel 函数

1	财务函数	6	数据库
2	日期与时间函数	7	文本和数据函数
3	数学和三角函数	8	逻辑运算符
4	统计函数	9	信息函数
5	查找和引用函数		

如果要了解每个函数的全部解释和示例,可以选择函数,单击"有关该函数的帮助"按钮,如图 4-52 所示。

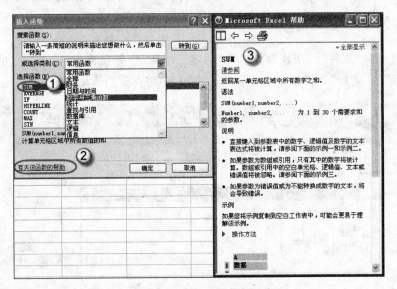

图 4-52　插入函数与函数帮助窗口

1) MAX

MAX 用于返回一组值中的最大值。

语法:MAX(number1, number2, …),具体应用见图 4-53。

2) MIN

MIN 用于返回一组值中的最小值。

语法:MIN(number1, number2,…),具体用法见图 4-54。

3) AVERAGE

AVERAGE 用于返回参数的平均值(算术平均值)。

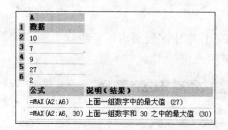

图 4-53 MAX 函数的使用举例

图 4-54 MIN 函数的使用举例

语法：AVERAGE(number1，number2，…)，用法见图 4-55。

4) COUNTIF

COUNTIF 用于计算区域中满足给定条件的单元格的个数。

语法：COUNTIF(range，criteria)

- Range 为需要计算其中满足条件的单元格数目的单元格区域。

- Criteria 为确定哪些单元格将被计算在内的条件，其形式可以为数字、表达式或文本。例如，条件可以表示为 32、"32"、">32" 或 "apples"。具体用法见图 4-56。

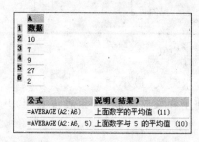

图 4-55 AVERAGE 函数的使用举例

图 4-56 COUNTIF 函数的使用举例

2. 实验文件

随书光盘"Excel 导学实验\Excel 公式和函数的基本应用\Excel 导学实验 08-常用函数使用.xlt"。

3. 实验目的

掌握常用函数的使用方法。

4. 实验要求

(1) 根据所给学生各科的成绩，计算每个学生的总分和平均分，计算每门课程的最高分、最低分和平均分。

(2) 已知学生学号的编码规定，学会从学号中提取相关信息。

(3) 掌握统计给定区域内满足条件的单元格数的方法。

5. 知识点

- 在编辑栏中输入公式；

- 自动填充；

- SUM、AVERAGE、MAX、MIN、COUNTIF 函数的使用。

6. 操作步骤

（1）打开文件，选择"1-学生成绩"工作表，按工作表中实验要求以及步骤1和步骤2，输入公式并自动填充，求总分和平均值，如图4-57所示。

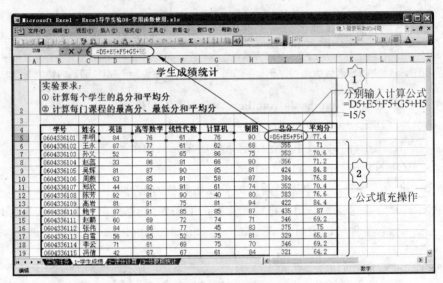

图4-57 用公式计算总和与平均值

（2）按步骤（3），用函数MAX、MIN、AVERAGE求最大、最小和平均成绩并填充，如图4-58所示。观察最大值、最小值和平均值函数的使用和求值的范围，完成步骤（4）并将结果与工作表上的结果样式进行比较，以确定其正确性。

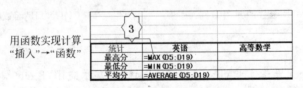

图4-58 用函数求最高分、最低分和平均分

（3）打开"2-评分计算"工作表，按操作要求完成任务，最高分用MAX函数，最低分用MIN函数计算，最后得分为（Sum(D6:L6)-M6-N6)/7，如图4-59所示。

（4）单击"3-分数段统计"工作表，统计各分数段人数，注意理解"英语"项目中，统计分数段"90~100"和"80~89"时函数的用法和公式的含义，完成其余任务，如图4-60所示。

4.4.4　09——数学和统计函数使用

1. 相关知识

1）IF

执行真假值判断，根据逻辑计算的真假值，返回不同结果。

语法：IF(logical_test, value_if_true, value_if_false)。

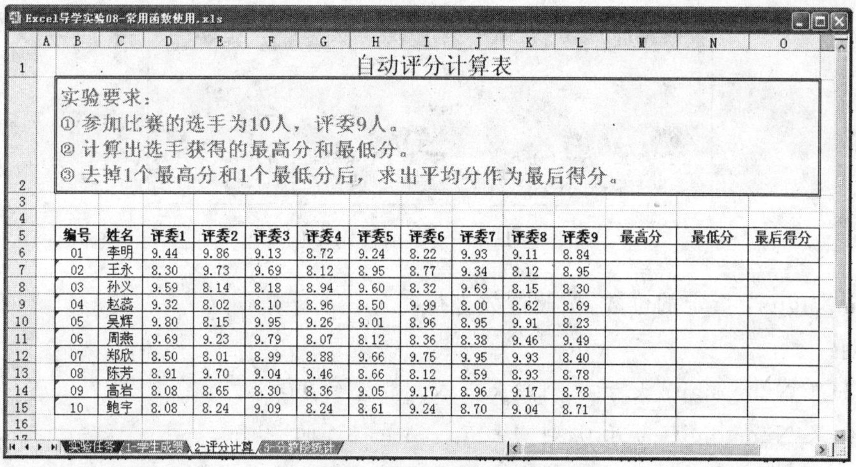

图 4-59 自动评分计算

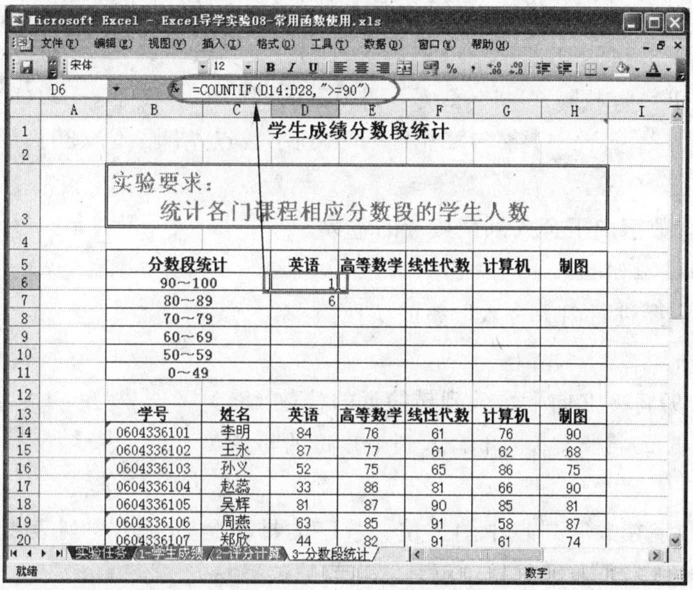

图 4-60 分数段统计

logical_test：表示计算结果为真(TRUE)或假(FALSE)的任意值或表达式。

value_if_true：logical_test 为 TRUE 时返回的值。

value_if_false：logical_test 为 FALSE 时返回的值。

说明：函数 IF 可以嵌套七层，用 value_if_false 及 value_if_true 参数可以构造复杂的检测条件，具体用法见图 4-61。

2) ROUND

返回某个按指定位数取整后的数字。

语法：ROUND (Number,Num_digits)。

Number：需要进行四舍五入的数字。

	A	B
1	实际费用	预算费用
2	1500	900
3	500	900
4	500	925
	公式	说明（结果）
	=IF(A2>B2,"Over Budget","OK")	判断第 1 行是否超出预算 (Over Budget)
	=IF(A3>B3,"Over Budget","OK")	判断第 2 行是否超出预算 (OK)

图 4-61　IF 函数的使用举例

Num_digits：指定的位数，按此位数进行四舍五入。

说明：

- 如果 Num_digits 大于 0，则四舍五入到指定的小数位。
- 如果 Num_digits 等于 0，则四舍五入到最接近的整数。
- 如果 Num_digits 小于 0，则在小数点左侧进行四舍五入。

示例：

- ROUND(2.15，1) 将 2.15 四舍五入到一个小数位(2.2)。
- ROUND(2.149，0)将 2.149 四舍五入到一个整数位(2)。
- ROUND(−1.475，2)将−1.475 四舍五入到两个小数位 (−1.48)。
- ROUND(21.5，−1)将 21.5 四舍五入到小数点左侧一位 (20)。

3) INT

INT 用于将数字向下舍入到最接近的整数。

语法：INT(Number)。

Number：需要进行向下舍入取整的实数。

示例：

- INT(8.9)将 8.9 向下舍入到最接近的整数 (8)。
- INT(−8.9)将−8.9 向下舍入到最接近的整数 (−9)。

4) RANK

返回一个数字在数字列表中的排位。数字的排位是其大小与列表中其他值的比值（如果列表已排过序，则数字的排位就是它当前的位置）。

语法：RANK(Number,Ref,Order)。

Number：需要排位的数字。

Ref：为数字列表数组或对数字列表的引用。Ref 中的非数值型参数将被忽略。

Order：指明排位的方式。如果 order 为 0(零)或省略，降序排列的列表。如果 order 不为零，升序排列的列表。用法见图 4-62。

5) COUNTA

COUNTA 用于返回参数列表中非空值的单元格个数。利用函数 COUNTA 可以计算单元格区域或数组中包含数据的单元格个数。

语法：COUNTA(Value1，Value2，…)。

Value1，Value2 为所要计算的值,参数个数为 1～30。参数值可以是任何类型,它们可以包括空字符（" "），但不包括空白单元格。如果参数是数组或单元格引用，则数组或引用中的空白单元格将被忽略。用法见图 4-63。

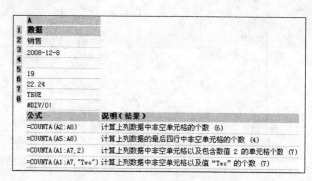

图 4-62 RANK 函数的使用举例　　　　图 4-63 COUNTA 函数的使用举例

6）COUNTIF

COUNTIF 用于计算区域中满足给定条件的单元格的个数。

语法：COUNTIF（Range，Criteria）。

Range：为需要计算其中满足条件的单元格数目的单元格区域。

Criteria：为确定哪些单元格将被计算在内的条件，其形式可以为数字、表达式或文本。例如，条件可以表示为 32、"32"、"＞32" 或 "apples"。具体用法见图 4-55。

2. 实验文件

随书光盘"Excel 导学实验\Excel 公式和函数的基本应用\Excel 导学实验 09——数学和统计函数使用.xlt"。

3. 实验目的

掌握数学和统计函数的用法；初步了解条件格式。

4. 实验要求

学会查看帮助，了解函数的功能和应用；通过使用 RAND、INT、MAX、ROUND、RANK、AVERAGE、COUNTIF、COUNTA、IF 函数，掌握常用数学函数及统计函数的用法。

5. 知识点

- 常用数学函数用法；
- 常用统计函数用法；
- 工作表间数据引用。

6. 操作步骤

（1）打开文件，依次单击 1～3 工作表，按每张表的要求，完成实验，结果如图 4-64 和图 4-65 所示。

（2）打开"档案"和"4-记分册（样表）"，观察表中数据。

（3）打开"5-记分册（数学函数）"，按照工作表的"实验要求"和操作步骤完成实验，并与样表进行比较，验证其正确性，如图 4-66 所示。

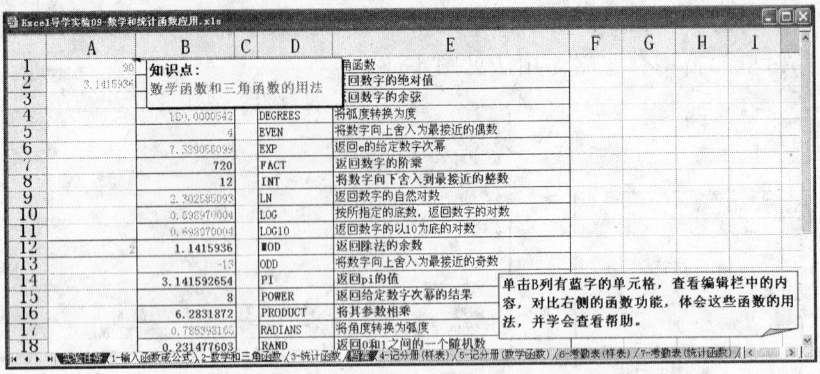

图 4-64 常用数学和三角函数的用法实验

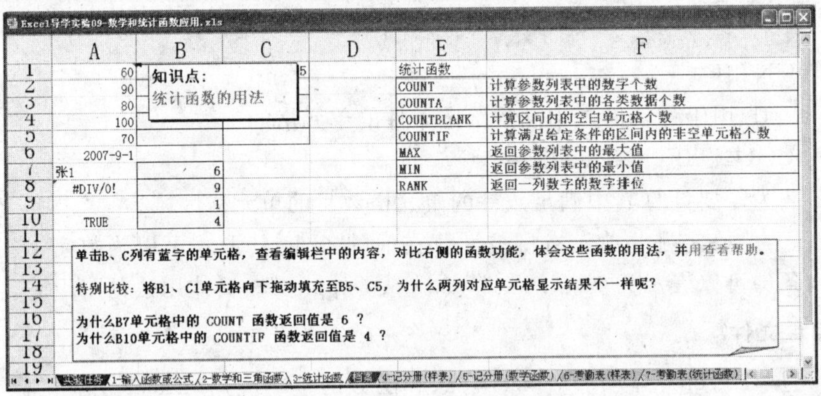

图 4-65 常用统计函数用法实验

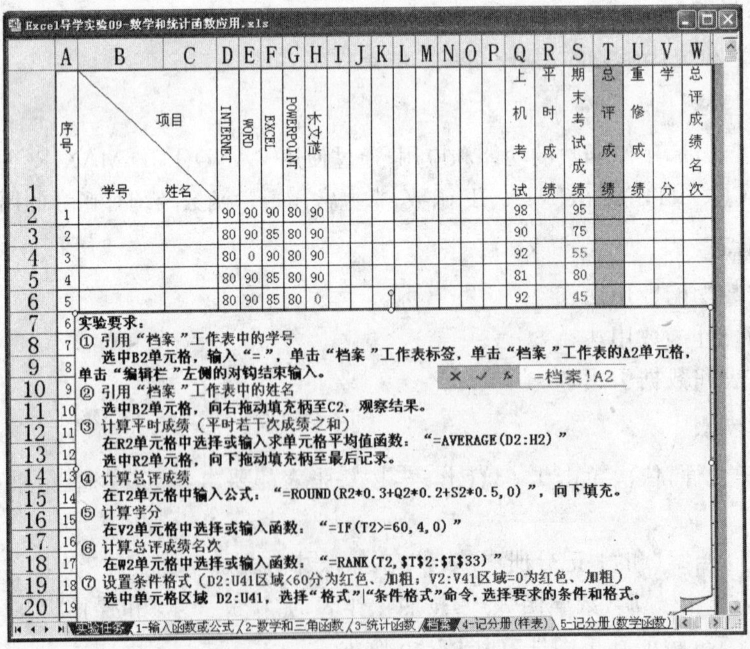

图 4-66 记分册工作表

① 引用其他工作表中的数据：现要在"5-记分册(数学函数)"工作表中的 B2 中引用"档案"工作表中 A2 单元格，即第一个学生的学号，则可在 B2 单元格中输入公式"＝档案！A2"，或输入"＝"后，单击"档案"工作表标签，再在打开的"档案"工作表中单击 A2 单元格，之后单击编辑栏左侧的对钩。其余的可采用填充方式获得。

② 总评成绩＝ROUND(平时成绩＊30％＋上机＊20％＋期末考试成绩＊50％)取整数。

③ 判断某个学生是否能得学分，应判断总评成绩是否≥60 分，在学分单元格中输入公式"＝IF(T2≥60,4,0)"(如果 T2 单元格中的数≥60，则获得 4 学分，否则为 0)。

④ 确定学生总评成绩名次，应对学生总评进行排序"＝RANK(T2,$T$2:$T$33)"(必须是绝对区域的位置)。

⑤ 不及格的同学总评成绩标为红色，比较醒目，用设置条件格式的方法实现，设置方法为选中区域，然后选择"格式"|"条件格式"命令，打开如图 4-67 所示的"条件格式"对话框设置条件，单击对话框中的"格式"按钮，设置满足条件的单元格的格式。

图 4-67 "条件格式"对话框

(4) 打开"7-考勤表(统计函数)"，如图 4-68 所示，按照工作表的"实验要求"和操作步骤完成实验，并与考勤表(样表)进行比较，验证其正确性。

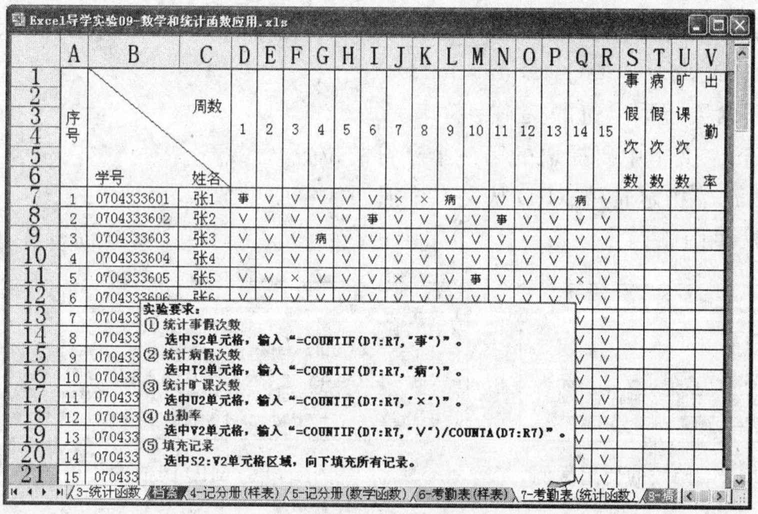

图 4-68 考勤表工作表

① 利用条件 COUNTIF 函数，统计学生的出勤情况。

② 利用 COUNTA 函数，统计总共应出勤数。

(5) 打开"猜猜看(数学函数)"工作表,如图 4-69 所示,根据工作表中的任务完成实验任务,体会 RAND、INT、IF、MAX 函数的用法。

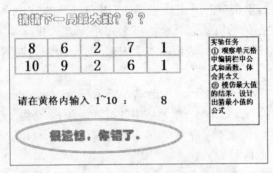

图 4-69　"猜猜看"工作表

4.4.5　10——文本和时间日期函数使用

1. 相关知识

1) LEFT

从字符串中的第一个字符开始返回指定个数的字符。

语法:LEFT(Text, Num_chars)。

Text:包含要提取字符的文本字符串。

Num_chars:指定要由 LEFT 所提取的字符数。

具体用法见图 4-70。

2) MID

返回文本字符串中从指定位置开始的特定数目的字符,该数目由用户指定。

语法:MID(Text,Start,Num_chars)。

Text:包含要提取字符的文本字符串。

Start_num:文本中要提取的第一个字符的位置。

Num_chars:指定希望 MID 从文本中返回字符的个数。

具体用法见图 4-71。

图 4-70　LEFT 函数的使用举例

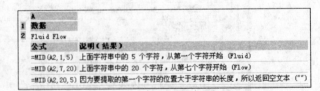

图 4-71　MID 函数的使用举例

3) TODAY

TODAY 用于返回当前日期的序列号,序列号是 Microsoft Excel 日期和时间计算使用的日期-时间代码。如果在输入函数前,单元格的格式为"常规",则结果设为日期格式。

语法:TODAY()。

说明：Microsoft Excel 可将日期存储为可用于计算的序列号。默认情况下，1900 年 1 月 1 日的序列号是 1，而 2008 年 1 月 1 日的序列号是 39 448，这是因为它距 1900 年 1 月 1 日有 39 448 天。

4）DATE

DATE 用于返回代表特定日期的序列号。如果在输入函数前，单元格格式为"常规"，则结果设为日期格式。

语法：DATE(Year, Month, Day)。

Year：参数 year 可以为 1～4 位数字。默认情况下，使用 1900 日期系统。

如果 Year 位于 0（零）～1899（包含）之间，则 Excel 会将该值加上 1900，再计算年份。例如：DATE(108,1,2) 将返回 2008 年 1 月 2 日（1900＋108）。

如果 Year 位于 1900～9999（包含）之间，则 Excel 将使用该数值作为年份。例如：DATE(2008,1,2)将返回 2008 年 1 月 2 日。

如果 Year 小于 0 或大于等于 10 000，则 Excel 将返回错误值＃NUM!。

Month：代表每年中月份的数字。如果所输入的月份大于 12，将从指定年份的一月份开始往上加算。例如：DATE(2008,14,2) 返回代表 2009 年 2 月 2 日的序列号。

Day：代表在该月份中第几天的数字。如果 day 大于该月份的最大天数，则将从指定月份的第一天开始往上累加。例如，DATE(2008,1,35) 返回代表 2008 年 2 月 4 日的序列号。

5）CHOOSE

可以使用 index_num 返回数值参数列表中的数值。使用函数 CHOOSE 可以基于索引号返回多达 29 个基于 index number 待选数值中的任一数值。例如，如果数值 1～7 表示一个星期的 7 天，当用 1～7 之间的数字作 index_num 时，函数 CHOOSE 返回其中的某一天。

语法：CHOOSE(index_num,value1,value2,…)。

Index_num：用以指明待选参数序号的参数值。Index_num 必须为 1～29 之间的数字，或者是包含数字 1～29 的公式或单元格引用。

如果 index_num 为 1，函数 CHOOSE 返回 value1；如果为 2，函数 CHOOSE 返回 value2，以此类推。如果 index_num 小于 1 或大于列表中最后一个值的序号，函数 CHOOSE 返回错误值 ＃VALUE!。如果 index_num 为小数，则在使用前将被截尾取整。

具体用法见图 4-72。

图 4-72　CHOOSE 函数的使用举例

6）函数内部的嵌套函数

在某些情况下，可能需要将某函数作为另一函数的参数使用。例如，下面的公式使用了嵌套的 AVERAGE 函数并将结果与值 50 进行了比较，并根据比较结果决定是用求和函数求和还是为 0。

$$=IF(AVERAGE(F2{:}F5){>}50,\ SUM(G2{:}G5),0)$$

嵌套函数

（1）嵌套函数的返回值：当嵌套函数作为参数使用时，它返回的数值类型必须与参数使用的数值类型相同。例如，如果参数返回一个 TRUE 或 FALSE 值，那么嵌套函数也必须返回一个 TRUE 或 FALSE 值。否则，Microsoft Excel 将显示♯VALUE！错误值。

（2）嵌套级别限制：公式可包含多达七级的嵌套函数。

2. 实验文件

随书光盘"Excel 导学实验\Excel 公式和函数的基本应用\Excel 导学实验 10——文本和时间日期函数使用. xlt"。

3. 实验目的

掌握文本函数和日期函数的使用方法；通过实验掌握函数的嵌套使用方法。

4. 实验要求

完成红色标签工作表中公式与函数的应用；掌握 LEFT、MID、IF、CHOOSE、DATE、RANK、TODAY 函数的使用方法。

5. 知识点

- 常用文本函数使用；
- 常用日期函数使用；
- 函数的嵌套使用。

6. 操作步骤

（1）打开工作表 1 至工作表 3 学习，通过帮助，了解常用文本函数和时间函数的用法。

（2）打开"5-从学号提取个人信息（文本函数）"工作表，如图 4-73 所示，按照提示和实验要求完成实验，并将结果与"样表"进行比较，以验证其正确性。

图 4-73　从学号提取学生信息

（3）打开"6-按生日比大小"工作表，如图 4-74 所示。

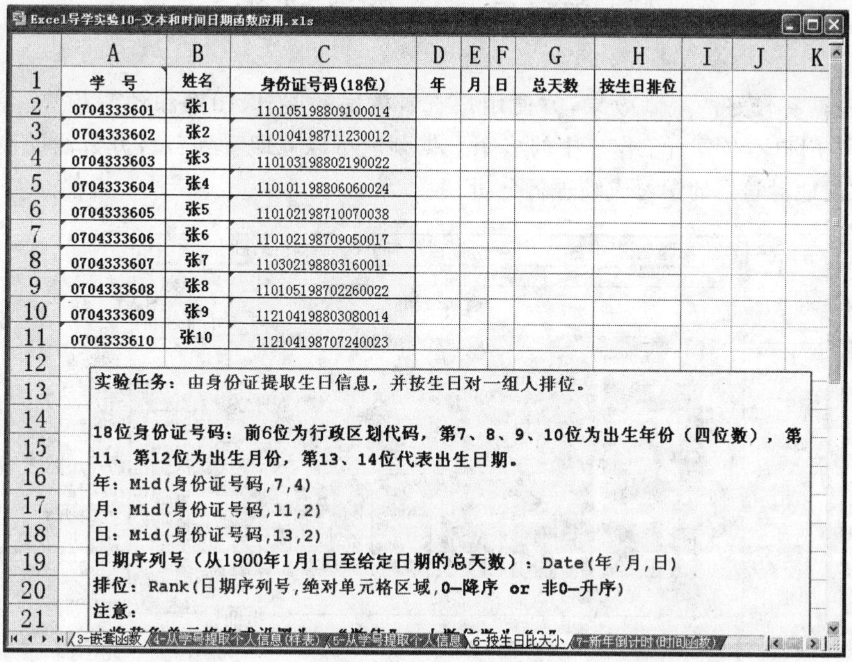

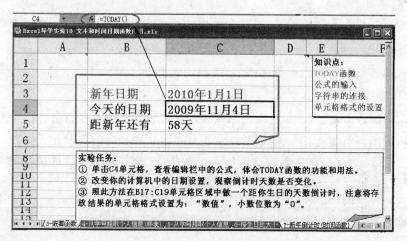

图 4-74　按生日比大小

① 根据身份证的构成特点，提取学生出生的年、月、日。

② 利用 DATA（年，月，日）函数，算出出生日期距 1900 年 1 月 1 日的总天数。

③ 利用 RANK 函数对某人总天数在整个数列中进行排位。

（4）打开"7-新年倒计时（时间函数）"工作表，如图 4-75 所示，观察 TODAY 函数的功能和用法，参照"新年倒计时"，完成实验。

图 4-75　新年倒计时

4.5 Excel 图表功能

图表具有较好的视觉效果,方便用户查看数据的差异、图案和预测趋势。例如,在图 4-76 中用户不必分析工作表中的多个数据列就可以立即看到各科分数段的高低的升降,很方便地对学生的学习成绩进行分析。

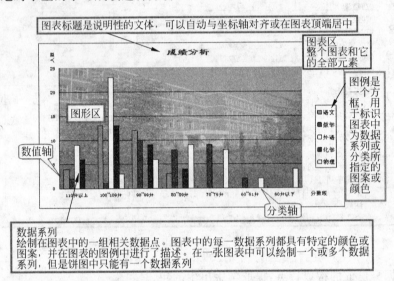

图 4-76　有关图表的说明

4.5.1　11——图表基本知识

1. 实验文件

随书光盘"Excel 导学实验\Excel 图表使用\Excel 导学实验 11——图表基本知识. xlt"。

2. 实验目的

掌握根据工作表中的数据创建图表、编辑图表的方法。

3. 实验要求

(1) 用柱形图表示 2002 年入学前学生掌握计算机技能情况的百分比。

(2) 用饼图表示 2006 年入学前学生掌握计算机技能情况的百分比。

(3) 用折线图表示 2002、2004、2006 年入学前学生掌握计算机技能情况的趋势。

(4) 修改柱形图——增加 2004 年数据。

(5) 修改饼图——强调某一部分。

(6) 修改折线图——显示数值。

4. 知识点

- 创建图表;
- 编辑图表;

- 图表的各种概念。

5. 操作步骤

（1）打开文件，单击"柱形图"工作表，实验任务见图 4-77，按下列步骤完成任务。

创建图表：必须先在工作表中为图表输入数据，然后再选择数据并使用"图表向导"来逐步完成选择图表类型和其他各种图表选项的过程。既可以生成嵌入图表，也可以生成图表工作表。

① 选定待显示于图表中的数据所在的单元格。

② 如果希望新数据的行列标志也显示在图表中，则选定区域还应包括含有标志的单元格。如图 4-76 所示框架中的数据。

图 4-77 实验任务

③ 单击"图表向导"按钮 ![icon] 或选择"插入"|"图表"命令，出现"图表类型"对话框，如图 4-78 所示，Excel 提供了 14 类标准图表，每一类中又包含若干种图表式样，有二维平面图形，也有三维立体图形。用户也可根据需要自定义图表类型。

④ 选择好图表类型，单击"下一步"按钮，进入"图表源数据"对话框，如图 4-79 所示。如果刚开始没有选择数据源，可在此图的"数据区域"处进行选择和更改，系列产生在列，图表将一行产生一组数据，列与列进行对比。系列产生在行，则一列产生一组数据，行与行进行对比。

图 4-78 "图表类型"对话框

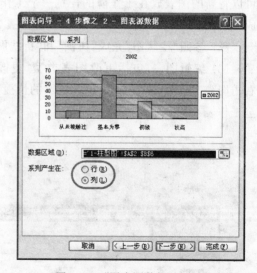

图 4-79 "图表源数据"对话框

⑤ 单击"下一步"按钮，出现"图表选项"对话框，对话框中有 6 个选项卡，如图 4-80 所示。

- 标题：决定总标题和 X 轴、Y 轴标题。
- 坐标轴：决定坐标轴上坐标数值的显示方式。

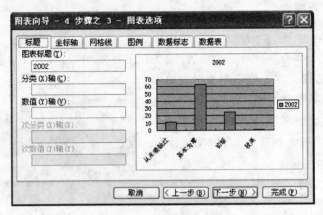

图 4-80　"图表选项"对话框

- 网格线：决定图表上是否要格线和格线形式。
- 图例：决定是否要图例以及图例的放置位置。
- 数据标志：决定数据要显示的方式。
- 数据表：决定图表上是否显示数据表。

以上 6 项，读者可以分别试一试，体会区别。另：图表类型不同，选项卡内容、数目会有变化。

⑥ 选择完毕后，单击"下一步"按钮进入"图表位置"对话框，如图 4-81 所示，在这里可以将新的图表放在工作簿的任意一个工作表上，也可以作为新的工作表插入。单击"完成"按钮完成图表制作。

（2）参照"柱状图"完成"饼图"和"折线图"。

（3）编辑图表，包括更改图表类型、更改图表的数据源、设置图表选项。其操作为：右击图表空白处，打开如图 4-82 所示的快捷菜单，选相应的命令修改即可。完成工作表 4 至工作表 6 的实验。

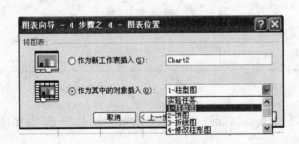

图 4-81　"图表位置"对话框

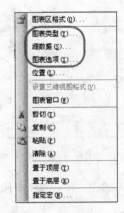

图 4-82　编辑图表命令

4.5.2 12——图表应用

1. 相关知识

格式化图表：若要对图表中各个图表对象进行格式设置,可右击不同的图表对象,在弹出的菜单上选择相应的格式项,在出现的不同格式对话框中进行相应设置。

在如图 4-83 所示的坐标轴格式菜单和对话框中,读者可以选择不同的选项进行对比体会。

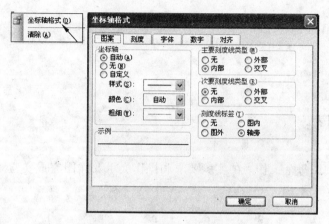

图 4-83 "坐标轴格式"对话框

图 4-84 为"绘图区格式"对话框,在此对话框中可以设置绘图区的背景图案,单击"填充效果"按钮,出现"填充效果"对话框,可以对绘图区设置不同的效果。

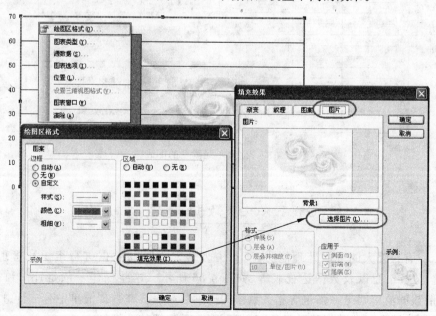

图 4-84 "绘图区格式"对话框和"填充效果"对话框

其他项目的格式设置与上面两项基本相同,有填充效果的项目均有相同的"填充效果"对话框。

2. 实验文件

随书光盘"Excel 导学实验\Excel 图表使用\Excel 导学实验 12——图表应用. xlt"。

3. 实验目的

创建不同类型的图表。

4. 实验要求

按照每个工作表的提示和要求完成各类型图表实验任务。

5. 知识点

- 创建图表;
- 编辑图表;
- 格式化图表。

6. 操作步骤

打开文件,按照每个工作表的实验要求和操作提示及样图完成实验 1~6。其中的一个如图 4-85 所示。

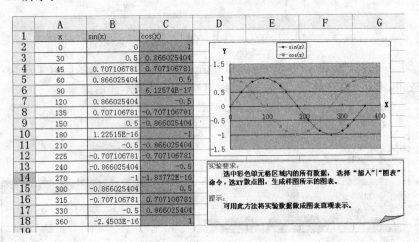

图 4-85 创建不同类型的图表

4.6 Excel 数据处理功能

Excel 有很强大的数据处理能力,可以方便地对大量的数据进行组织和管理,如排序、筛选、分类汇总以及数据透视表等,如图 4-86 所示。这些操作一般是针对数据清单的。所谓数据清单就是一张包含相关数据的连续数据表。在数据清单中有一行由文字构成的列标题,用来区分数据的种类,在列标题下方是连续的数据区。

图 4-86 "数据"菜单

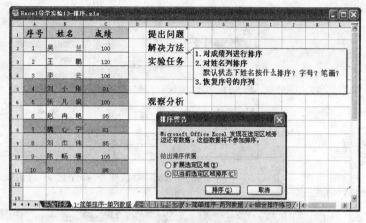

图 4-87 简单排序界面

4.6.1 13——排序

1. 实验文件

随书光盘"Excel 导学实验\Excel 排序\Excel 导学实验 13——排序.xlt"。

2. 实验目的

掌握简单排序方法;掌握组合排序方法。

3. 实验要求

完成各排序工作表中的要求,理解、掌握排序的方法。

4. 知识点

排序。

5. 操作步骤

(1) 打开文件,单击"1-简单排序-单列数据"工作表。

① 选择要排序的那一列有数据的任一单元格;单击"常用"工具栏的"升序"按钮 或 "降序"按钮 ,或选择"数据"|"排序"命令,出现如图 4-87 所示的"排序警告"对话框,如果希望其他的数据随着排序的不同跟着一起发生相应改变,应选择"扩展选定区域"单选按钮,如果不希望其他数据随着一起发生变化,则选择"以当前选定区域排序"单选按钮,例如,排序后,对"序号"列重新排列。

② 选择"数据"|"排序"命令,打开"排序"对话框,单击"选项"按钮出现"排序选项"对话框,如图 4-88 所示。选择"主要关键字"和"升序"或"降序",以及排序选项,可以完成单列数据的排序。

(2) 根据(1)中所学,完成"2-简单排序练习"工作表中的实验任务。

(3) 单击"3-简单排序-两列数据"工作表,如图 4-89 所示。观察"提出问题"的批注内容,按照"解决方法"批注上的步骤,在"排序及排序选项"对话框中选择"数学"为主要关键词,升序,语文为"第二关键词"降序排列。完成"任务二"。

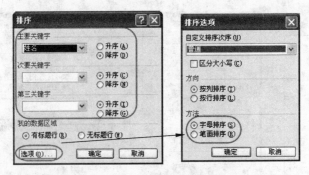

图 4-88　"排序"对话框和"排序选项"对话框

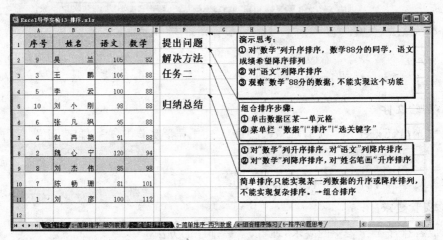

图 4-89　两列数据排序

（4）根据（3）中所学，完成"4-组合排序练习"工作表中的实验任务。

（5）打开"5-排序问题思考"工作表，按照实验任务去做并思考，如图 4-90 所示。

图 4-90　排序问题思考

4.6.2　14——筛选

筛选是查找和处理区域中数据子集的快捷方法,筛选区域仅显示满足条件的行。

1. 实验文件

随书光盘"Excel 导学实验\Excel 筛选\Excel 导学实验 14——自动筛选与高级筛选.xlt"。

2. 实验目的

掌握自动筛选及高级筛选的操作方法。

3. 实验要求

完成各筛选工作表中的要求,理解、掌握高级筛选条件区域建立的原则及方法。

4. 知识点

- 自动筛选;
- 单列中多个条件或筛选条件的建立及高级筛选的操作方法;
- 多列中筛选条件的建立及高级筛选操作方法;
- 高级筛选-去除重复项筛选。

5. 操作步骤

(1) 打开"1-自动筛选"工作表。

自动筛选——按选定内容筛选。其筛选条件可以是该列中任意一个值;可以是该列中最大几项或最小几项记录;还可以是自定义的某一数值范围的记录。

① 选出所有男同学。

单击要筛选的数据中的任一单元格。选择"数据"|"筛选"|"自动筛选"命令,在各列数据第一行的单元格的右方均显示一个向下的箭头,单击"性别"列的箭头,选择"男",选出所有男同学,如图 4-91 所示。

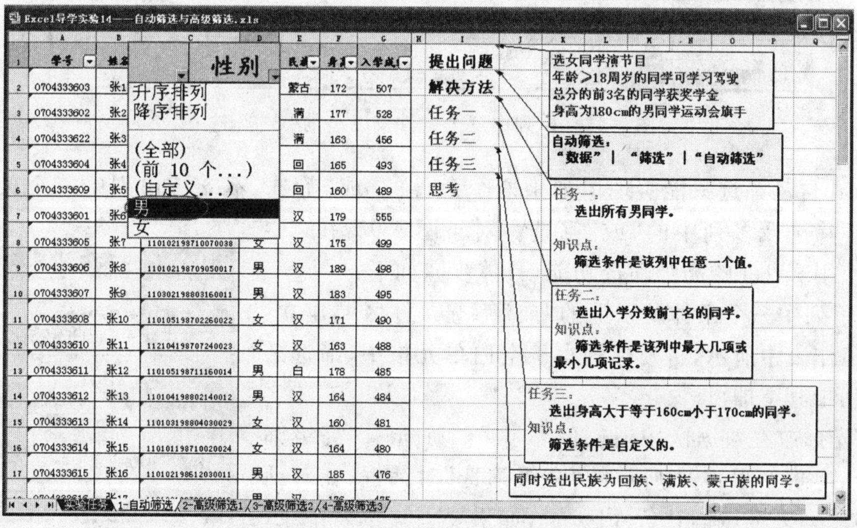

图 4-91　"性别"自动筛选下拉菜单

② 选出入学分数前十名的同学：在"入学成绩"列的下拉菜单中，选择"前 10 个"即可。

③ 选出身高大于等于 160cm 小于 170cm 的同学。在"身高"列的下拉菜单中，选择"自定义"，出现如图 4-92 所示的"自定义自动筛选方式"对话框，输入条件，单击"确定"按钮。

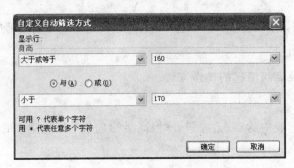

图 4-92 "自定义自动筛选方式"对话框

单击某列的自动筛选箭头，再单击"全部"，取消该列的筛选。选择"数据"|"筛选"|"全部显示"命令，可取消全部筛选。

（2）打开"2-高级筛选 1"工作表，实验任务和筛选条件样式如图 4-93 所示。

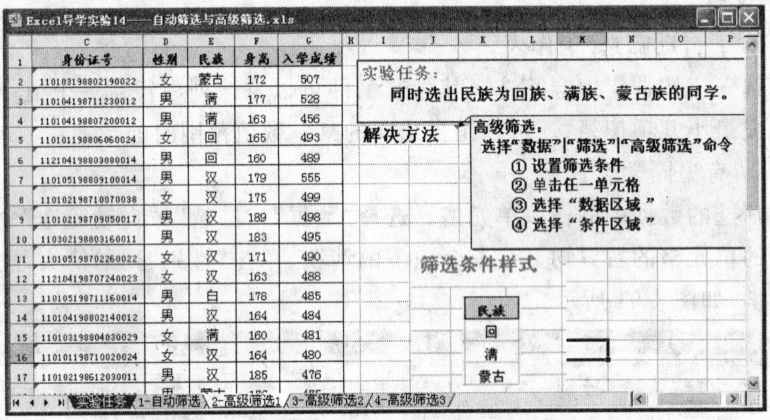

图 4-93 单列中三个条件及以上的"或"筛选

Excel 自动筛选只能实现单列中两个条件的"或"筛选，不支持单列中三个条件及以上的"或"筛选及多列中的"或"筛选。对于图 4-93 中的要求可以使用 Excel 的高级筛选功能，具体步骤如下：

① 单列中三个条件及以上的"或"筛选条件区域建立：如任务工作表中所示，将列标题写于空白单元格中，筛选条件依次列于其下即可。

② 光标放在数据区中，选择"数据"|"筛选"|"高级筛选"命令，出现如图 4-94 所示的"高级筛选"对话框，在对话框中选择"列表区域"和"条件区域"，如果要去除重复记录，可以选中"选择不重复的记录"复选框，单击"确定"按钮，完

图 4-94 "高级筛选"对话框

成筛选。工作表中给出了结果样式图片,可进行比较。

（3）打开"3-高级筛选2"工作表,实验任务和筛选条件样式如图4-95所示。

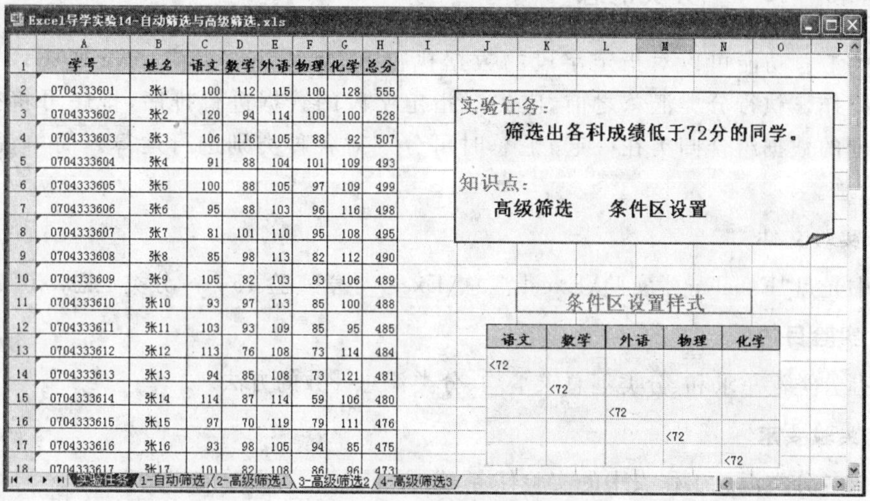

图 4-95 多列中的"或"筛选

① 多列"或"筛选条件区域的建立:按图4-95中的条件区域设置样式,设置筛选条件区域,将欲筛选的各列标题相邻写于空白单元格中,各列的筛选条件在各自的列标下并位于不同的行中。

② 光标放在数据区中,选择"数据"|"筛选"|"高级筛选"命令,在"高级筛选"对话框中选择"列表区域"和"条件区域"。单击"确定"按钮,完成筛选。

（4）打开"4-高级筛选3"工作表,实验任务和筛选条件样式如图4-96所示。

图 4-96 "与"条件筛选

"与"条件筛选既可以用"自动筛选",也可以使用"高级筛选"。

① "自动筛选",分别在筛选方式下,选中相应的条件,最后结果即为筛选结果。本例中可以先选择"地区"项目中的"B县",再选择"卫生保健"项目中的"自定义",大于70万元即可。

② "高级筛选",按条件区域样式设置条件,进行筛选。

4.6.3　15——分类汇总

分类汇总功能可以对指定字段的数据执行 SUM、COUNT 或 AVERAGE 等自动运算的操作。执行分类汇总之前,应先对指定字段的数据进行排序,排序可将指定字段中相同的数据组合归类在一起,汇总时可分别对各种类别进行运算。简单说,先分类,后汇总。

1. 实验文件

随书光盘"Excel 导学实验\Excel 汇总\Excel 导学实验 15——分类汇总.xlt"。

2. 实验目的

掌握分类汇总求和、分类汇总求平均、分类汇总计数的方法。

3. 实验要求

完成各分类汇总工作表中的实验任务,领会先分类、后汇总的原则。

4. 知识点

- 分类汇总求和;
- 分类汇总求平均;
- 分类汇总计数。

5. 操作步骤

(1) 打开"1-计算机配件销售"工作表,了解任务一的内容,如图 4-97 所示。

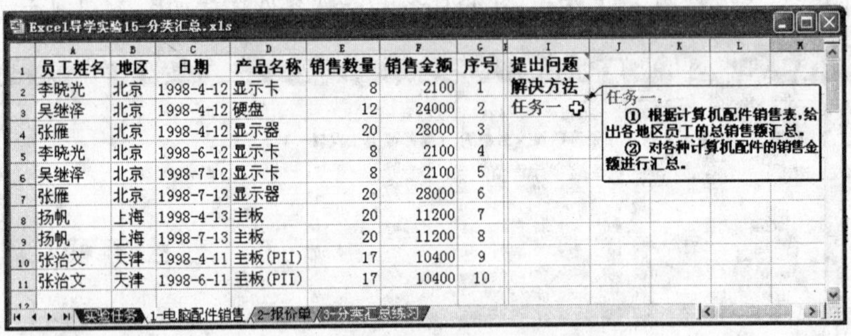

图 4-97　分类汇总求和数据与任务

① 选择工作表上任一有数据的单元格,选择"数据"|"分类汇总"命令,打开如图 4-98 所示的"分类汇总"对话框,选择分类字段"地区"、汇总方式"求和"及汇总项"销售金额",单击"确定"按钮,完成任务一的第 1 项,如图 4-99 所示。

② 选择分类字段"产品名称"、汇总方式"求和"及汇总项"销售金额",单击"确定"按钮,完成任务一的第 2 项。

(2) 打开"2-报价单"工作表,在如图 4-100 所示的"分类汇总"对话框中,选择分类字段"容量"、汇总方式"平均值"及汇总项"价格",单击"确定"按钮,完成任务二。

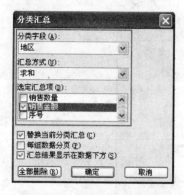

图 4-98 “分类汇总”对话框

	A	B	C	D	E	F	G
1	员工姓名	地区	日期	产品名称	销售数量	销售金额	序号
2	李晓光	北京	1998-4-12	显示卡	8	2100	1
3	吴继泽	北京	1998-4-12	硬盘	12	24000	2
4	张雁	北京	1998-4-12	显示器	20	28000	3
5	李晓光	北京	1998-6-12	显示卡	8	2100	4
6	吴继泽	北京	1998-7-12	显示卡	8	2100	5
7	张雁	北京	1998-7-12	显示器	20	28000	6
8		北京 汇总				86300	
9	扬帆	上海	1998-4-13	主板	20	11200	7
10	扬帆	上海	1998-7-13	主板	20	11200	8
11		上海 汇总				22400	
12	张治文	天津	1998-4-11	主板(PII)	17	10400	9
13	张治文	天津	1998-6-11	主板(PII)	17	10400	10
14		天津 汇总				20800	
15		总计				129500	

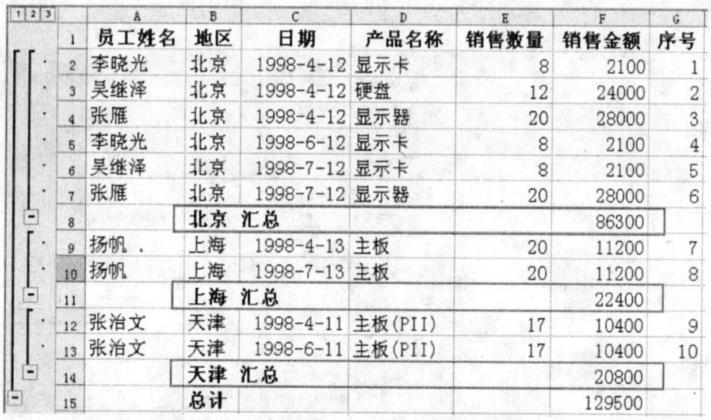

图 4-99 分类汇总结果

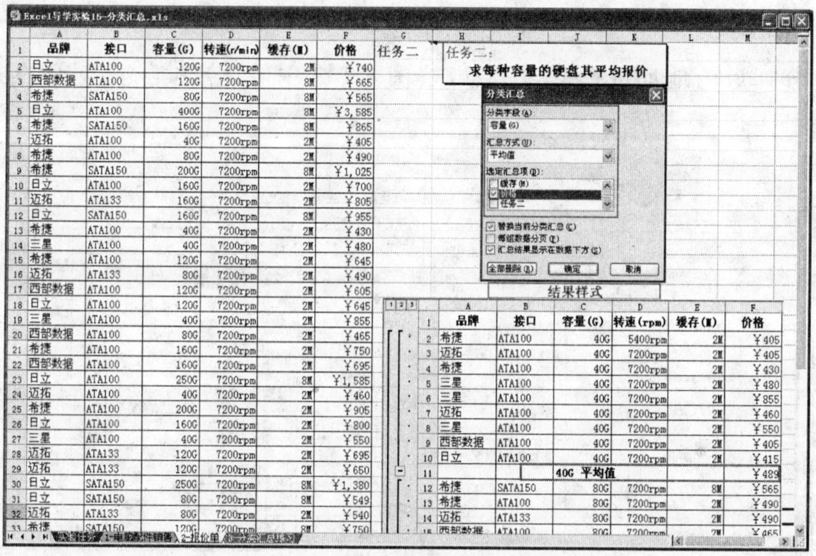

图 4-100 分类汇总求平均值数据

(3) 打开“3-分类汇总练习”工作表,了解实验任务和操作提示,如图 4-101 所示。

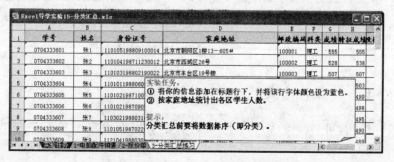

图 4-101 分类汇总计数数据及任务

① 对数据表中“家庭地址”项升序排列。

② 对“家庭地址”项分列,选择“数据”|“分列”命令,进入“分列”对话框,选择“固定列

宽",按对话框提示将地址列分成"北京市××区",如图 4-102 所示。

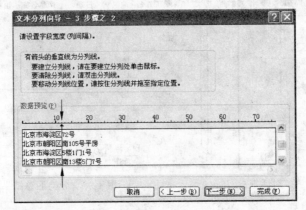

图 4-102　文本分列向导

③ 对分列后的地址进行分类汇总,按图 4-103 中的"分类汇总"对话框进行选择即可。

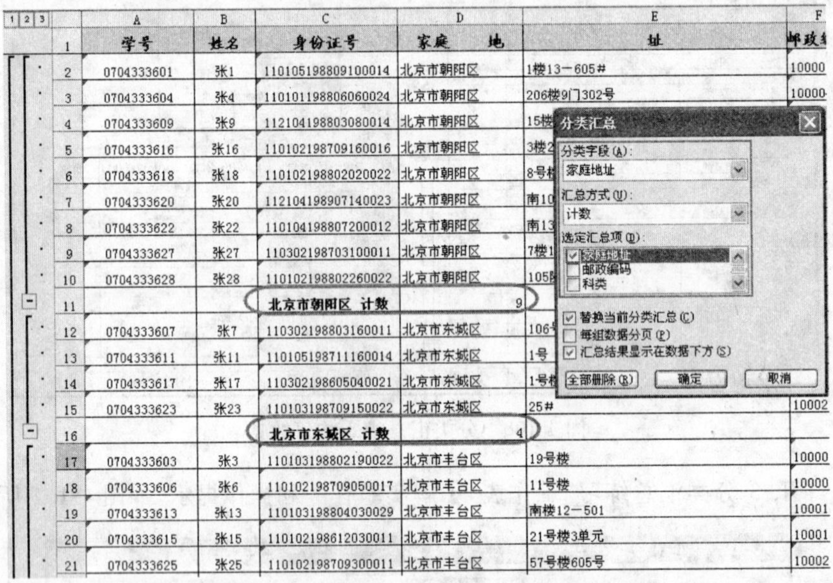

图 4-103　分列后样式和"分类汇总"对话框

4.6.4　16——条件格式

使用条件格式,可以设定某个条件成立后才呈现所设定的单元格格式(颜色、粗体等)。

1. 相关知识

1) ROW 函数

返回引用的行号。

语法：ROW(Reference)。

Reference：需要得到其行号的单元格或单元格区域。

如果省略 Reference,则假定是对函数 ROW 所在单元格的引用。如果 Reference 为一个单元格区域,并且函数 ROW 作为垂直数组输入,则函数 ROW 将 Reference 的行号以垂直数组的形式返回。Reference 不能引用多个区域。具体用法见图 4-104。

2) MOD 函数

返回两数相除的余数。结果的正负号与除数相同。

语法：MOD(Numbe, Divisor)。

Number：被除数。

Divisor：除数。

说明：如果 Divisor 为零,函数 MOD 返回错误值 ♯DIV/0!。

符号与除数相同。

MOD(3, 2), 3/2 的余数 (1)。

MOD(−3, 2) −3/2 的余数,符号与除数相同 (1)。

MOD(3, −2), 3/−2 的余数。符号与除数相同 (−1)。

3) COLUMN 函数

返回给定引用的列标。

语法：COLUMN(Reference)。

Reference：需要得到其列标的单元格或单元格区域。

如果省略 Reference,则假定为对函数 COLUMN 所在单元格的引用。Reference 不能引用多个区域。具体用法见图 4-105。

图 4-104 ROW 函数的使用举例

图 4-105 COLUMN 函数的使用举例

2. 实验文件

随书光盘"Excel 导学实验\Excel 条件格式\Excel 导学实验 16——条件格式.xlt"。

3. 实验目的

掌握条件格式的设置方法;学会两个条件不同的格式设置方法;了解三个条件的格式设置方法;查找有条件格式的单元格。

4. 实验要求

完成各条件格式工作表中的实验任务,了解利用公式设置条件格式的方法;了解行函数、列函数、求余函数等的使用方法。

5. 知识点

- 条件格式的设置;
- 行函数;
- 列函数;

- 求余函数。

6. 操作步骤

(1) 打开"1-成绩表"工作表,如图 4-106 所示,按照工作表上的操作步骤完成实验任务。选中数值区域,选择"格式"|"条件格式"命令,按图 4-106 中的"条件格式"对话框设置条件和格式。单击"确定"按钮,完成实验。

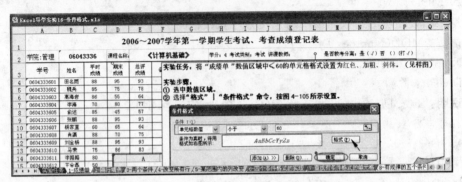

图 4-106　成绩单数据和"条件格式"对话框

(2) 打开"2-隔行填色"工作表,如图 4-107 所示,公式:=MOD(ROW(A1),2)。

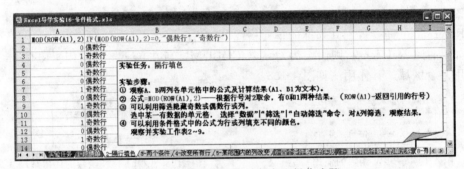

图 4-107　隔行填色实验任务和操作步骤

公式:=MOD(ROW(A1),2),根据行号 A1 对 2 取余,有 0 和 1 两种结果。

公式:=IF(MOD(ROW(A1),2)=0,"偶数行","奇数行"),如果对行号取余为 0,则为偶数,否则为奇数。

因此根据以上公式如果要将 D 列隔行填色,操作步骤如下:

① 选中 D1,选择"格式"|"条件格式"命令,在如图 4-108 所示的"条件格式"对话框中输入公式和条件,单击"确定"按钮,完成 D1 单元格的格式设置。

图 4-108　输入公式

② 向下填充,完成实验。

（3）打开"3-两个条件"工作表,K 列的奇数行设为淡蓝色,偶数行设为黄色。按图 4-109 所示设定两个条件的格式,输入奇数行条件后,单击"添加"按钮,输入偶数行条件。完成后向下填充。

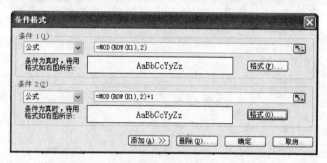

图 4-109 两个条件的"条件格式"对话框

（4）打开"4-改变所有行",单击"全选"按钮,选中全表,然后选择"格式"|"条件格式"命令,在"条件格式"对话框中输入公式:＝MOD(ROW(X1),2),其中 X 是任一列。

（5）打开"5-某范围内的列改变",设置条件的方法如图 4-110 所示,完成实验任务。

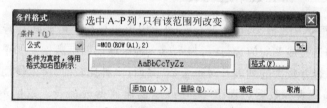

图 4-110 列改变条件设定

（6）打开"6-四个条件格式的实现",如图 4-111 所示。Excel 中的条件格式允许设置三个条件。不过,如果将单元格的默认格式考虑在内,实际上可以设置四个条件。

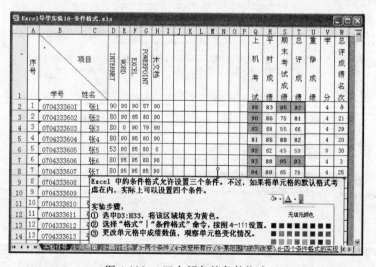

图 4-111 四个颜色的条件格式

实现步骤如下：

① 选中数据区域，将该区域填充一种颜色（例如黄色）。

② 选择"格式"|"条件格式"命令，按图 4-112 设置条件格式，完成实验任务。

图 4-112　三个条件格式设定

4.6.5　17——课表数据透视表

数据透视表是交互式报表，可快速合并和比较大量数据。可旋转其行和列以看到源数据的不同汇总，如计数或平均值，而且可显示感兴趣区域的明细数据。如果要分析相关的汇总值，尤其是在要合并较大的列表并对每个数字进行多种比较时，可以使用数据透视表。

运行"数据透视表和数据透视图"向导可以创建数据透视表。数据透视表包括"页字段"、"行字段"、"列字段"和"汇总数据项"，其内容如图 4-113 所示。

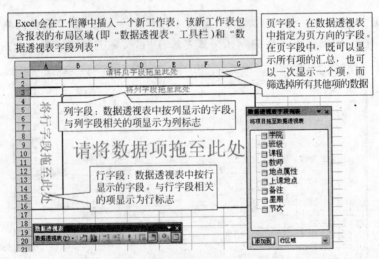

图 4-113　数据透视表各字段

对于某学校，可用 Excel 工作表制作一个含有全校"学院"、"班级"、"课程"、"教师"、"星期"、"节次"、"地点"等信息（字段）的课表，利用 Excel 数据透视表功能，可按班级索引得到各班级的课表,按教师索引得到各教师的课表,按课程索引得到有关学习该课程的班级、任课教师、上课时间、地点等信息的课表,还可按教室索引、按星期(工作日)索引、按节次索引,得到各种所需的表格。

1. 实验文件

随书光盘"Excel 导学实验\Excel 数据透视表\Excel 导学实验17——课表数据透视表. xlt"。

2. 实验目的

了解 Excel 数据透视表功能;掌握建立数据透视表的方法。

3. 实验要求

利用数据透视表向导以"原始课表"中的数据制作数据透视表。

(1) 有关信息学院所有班级星期一1、2节课内容的数据透视表。

(2) 各班级课表。

(3) 了解某教室使用情况的数据透视表。

(4) 了解某教师授课情况的数据透视表。

(5) 了解某课程情况的数据透视表。

4. 知识点

本节需要掌握的知识点是数据透视表。

5. 操作步骤

1) 创建工作表

将光标置于"Excel 导学实验17——课表数据透视表. xlt"工作表"原始课表"的 A1 单元格中,选择"数据"|"数据透视表和数据透视图"命令,如图 4-114 所示,打开"数据透视表和数据透视图向导"对话框。

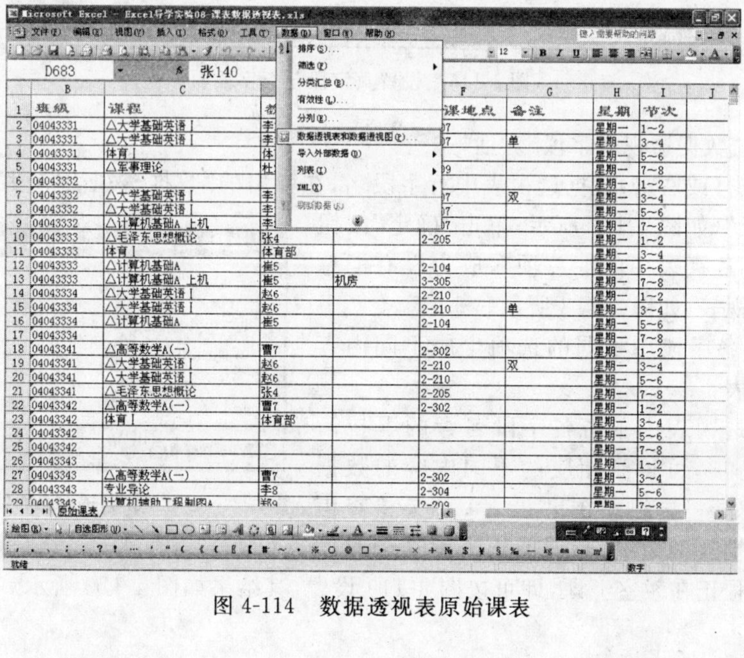

图 4-114　数据透视表原始课表

2）根据数据透视表向导在新建工作表中生成数据透视表

在向导 1 中，选择"数据透视表"，单击"下一步"按钮；在向导 2 中选定数据区域，单击"下一步"按钮；在向导 3 中选择数据透视表的显示位置，单击"完成"按钮，如图 4-115 所示。

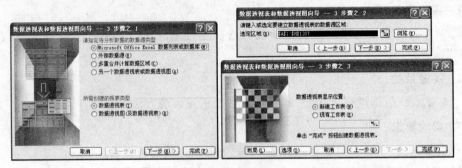

图 4-115　数据透视表向导 1、2、3

3）添加页字段、行字段

将"数据透视表字段列表"对话框中的"学院"添加到"页面区域（页字段）"，将"班级"、"星期"、"节次"、"课程"、"上课地点"、"教师"等字段名依次添加到透视表中的行字段（可随意拖动字段名按需要重新排列），如图 4-116 所示。

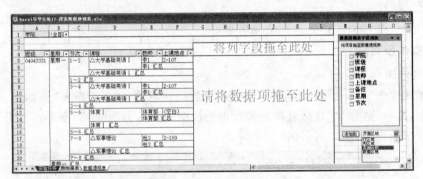

图 4-116　设置页字段与行字段

4）设置"数据透视表字段"对话框

依次双击（或右击）数据透视表中行字段名，在弹出的"数据透视表字段"对话框中选单选按钮"无"，如图 4-117 所示，单击"确定"按钮（目的为取消透视表中的汇总项），成为没有汇总项的数据透视表，如图 4-118 所示。

5）根据各字段中不同的选项生成不同内容的数据透视表

在数据透视表中单击各字段名旁的下拉箭头，选择某一项，可得到相应的不同内容的数据透视表。例如，督导组想在星期一 1、2 节检查信息学院的课堂教学情况，听课前想了解这个时段都有哪些课程正在教室上课，即可按图 4-119 设置，其结果如图 4-120 所示。

图 4-117　"数据透视表字段"对话框

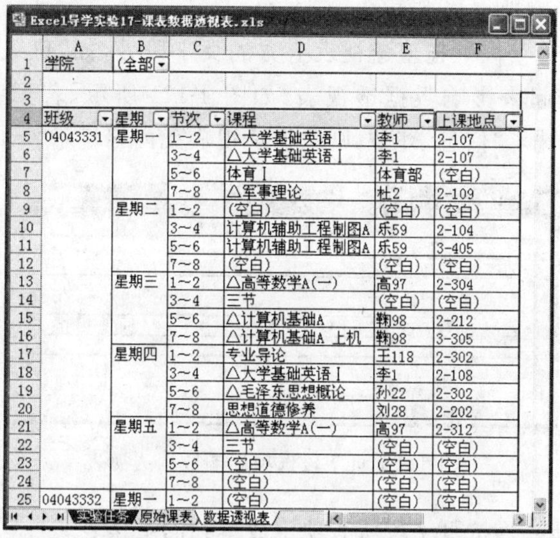

Excel导学实验17-课表数据透视表.xls

	A	B	C	D	E	F
1	学院	(全部)				
2						
3						
4	班级	星期	节次	课程	教师	上课地点
5	04043331	星期一	1~2	△大学基础英语Ⅰ	李1	2-107
6			3~4	△大学基础英语Ⅰ	李1	2-107
7			5~6	体育Ⅰ	体育部	(空白)
8			7~8	△军事理论	杜2	2-109
9		星期二	1~2	(空白)	(空白)	(空白)
10			3~4	计算机辅助工程制图A	乐59	2-104
11			5~6	计算机辅助工程制图A	乐59	3-405
12			7~8	(空白)	(空白)	(空白)
13		星期三	1~2	△高等数学A(一)	高97	2-304
14			3~4	三节	(空白)	(空白)
15			5~6	△计算机基础A	鞠98	2-212
16			7~8	△计算机基础A 上机	鞠98	3-305
17		星期四	1~2	专业导论	王118	2-302
18			3~4	△大学基础英语Ⅰ	李1	2-108
19			5~6	△毛泽东思想概论	孙22	2-302
20			7~8	思想道德修养	刘28	2-202
21		星期五	1~2	△高等数学A(一)	高97	2-312
22			3~4	三节	(空白)	(空白)
23			5~6	(空白)	(空白)	(空白)
24			7~8	(空白)	(空白)	(空白)
25	04043332	星期一	1~2	(空白)	(空白)	(空白)

实验任务 / 原始课表 / 数据透视表

图 4-118 无汇总项的数据透视表

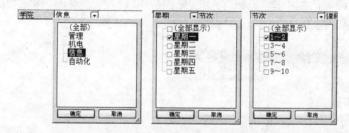

图 4-119 选择数据透视表中某字段的一项或几项

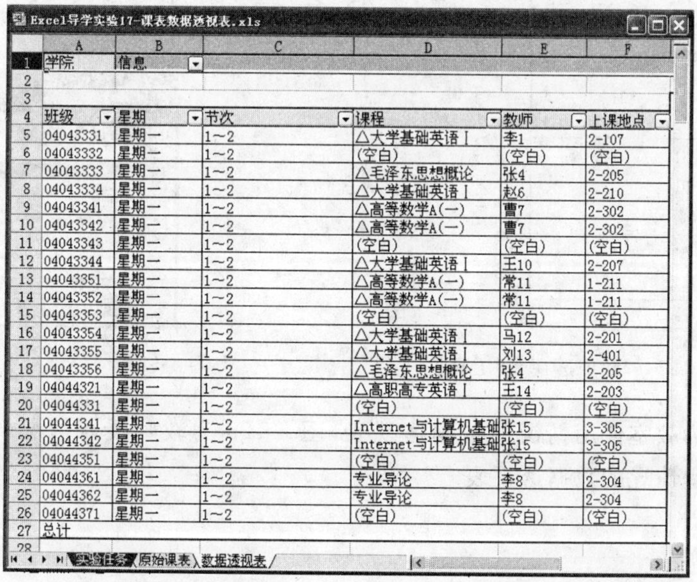

Excel导学实验17-课表数据透视表.xls

	A	B	C	D	E	F
1	学院	信息				
2						
3						
4	班级	星期	节次	课程	教师	上课地点
5	04043331	星期一	1~2	△大学基础英语Ⅰ	李1	2-107
6	04043332	星期一	1~2	(空白)	(空白)	(空白)
7	04043333	星期一	1~2	△毛泽东思想概论	张4	2-205
8	04043334	星期一	1~2	△大学基础英语Ⅰ	赵6	2-210
9	04043341	星期一	1~2	△高等数学A(一)	曹7	2-302
10	04043342	星期一	1~2	△高等数学A(一)	曹7	2-302
11	04043343	星期一	1~2	(空白)	(空白)	(空白)
12	04043344	星期一	1~2	△大学基础英语Ⅰ	王10	2-207
13	04043351	星期一	1~2	△高等数学A(一)	常11	1-211
14	04043352	星期一	1~2	△高等数学A(一)	常11	1-211
15	04043353	星期一	1~2	(空白)	(空白)	(空白)
16	04043354	星期一	1~2	△大学基础英语Ⅰ	马12	2-201
17	04043355	星期一	1~2	△大学基础英语Ⅰ	刘13	2-401
18	04043356	星期一	1~2	△毛泽东思想概论	张4	2-205
19	04044321	星期一	1~2	△高职高专英语Ⅰ	王14	2-203
20	04044331	星期一	1~2	(空白)	(空白)	(空白)
21	04044341	星期一	1~2	Internet与计算机基础	张15	3-305
22	04044342	星期一	1~2	Internet与计算机基础	张15	3-305
23	04044351	星期一	1~2	(空白)	(空白)	(空白)
24	04044361	星期一	1~2	专业导论	李8	2-304
25	04044362	星期一	1~2	专业导论	李8	2-304
26	04044371	星期一	1~2	(空白)	(空白)	(空白)
27	总计					
28						

实验任务 / 原始课表 / 数据透视表

图 4-120 有关信息学院所有班级星期一 1、2 节课内容的数据透视表

6）页字段选项影响数据透视表

可将某字段名由行字段处拖至透视表上方的页字段处，如"班级"字段。此时所有页字段名中的选项组合起来影响数据透视表，如图 4-121 所示，若页字段"学院"选了"管理"，而页字段"班级"选了"信息学院"，则数据透视表无内容显示。

图 4-121　页字段选项影响数据透视表

7）分页显示功能——按页字段所有项生成单独的工作表

选择"数据透视表"工具栏中"数据透视表"下拉菜单的"分页显示"项，如图 4-122 所示，在"分页显示"对话框中选"班级"字段（见图 4-123），然后单击"确定"按钮，可以按每个班级生成一张工作表，如图 4-124 所示。

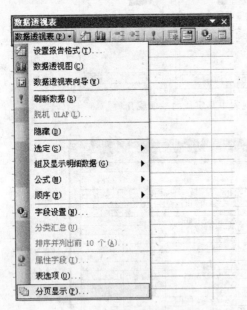

图 4-122　"数据透视表"工具栏

图 4-123　"分页显示"对话框

图 4-125 为教室使用情况的数据透视表，图 4-126 为教师授课情况的数据透视表。图 4-127 为课程情况的数据透视表。

Excel导学实验17-课表数据透视表.xls

	A	B	C	D	E	L	M	N	O	P	Q	R
1	班级	0404334										
2	学院	(全部)										
3												
4												
5	星期	节次	课程	教师	上课地点							
6	星期一	1~2	△高等数学	曹7	2-302							
7		3~4	体育Ⅰ	体育部	(空白)							
8		5~6	(空白)	(空白)	(空白)							
9		7~8	(空白)	(空白)	(空白)							
10		9~10	计算机辅助	印16	3-306							
11	星期二	1~2	(空白)	(空白)	(空白)							
12		3~4	△大学基础	赵6	2-403							
13		5~6	(空白)	(空白)	(空白)							
14		7~8	△大学基础	赵6	2-403							
15	星期三	1~2	专业导论	李8	2-402							
16		3~4	△高等数学	曹7	2-302							
17		5~6	思想道德修	邵80	2-105							
18		7~8	计算机辅助	印16	2-110							
19	星期四	1~2	△大学基础	赵6	2-407							
20		3~4	△计算机基	傅41	2-209							
21		5~6	△计算机基	林29	3-307							
22		7~8	△军事理论	段82	2-阶1							
23	星期五	1~2	△高等数学	曹7	2-302							
24		3~4	△毛泽东思	张4	2-212							
25		5~6	(空白)	(空白)	(空白)							
26		7~8	(空白)	(空白)	(空白)							
27	总计											

原始课表 / 04043331 / 04043332 / 04043333 / 04043334 / 04043341 / 04043342 / 04043343 / 04043344 / 04043351 / 04043352 / 04043353 / 040433

图 4-124　各班级课表

	A	B	C	D	E
1					
2	上课地点	2-108			
3					
4	计数项:课程				
5	班级	星期	节次	课程	教师
6	04043331	星期四	3~4	△大学基础英语Ⅰ	李1
7	04043333	星期四	1~2	△大学基础英语Ⅰ	李1
8	04044371	星期五	3~4	△高职高专英语Ⅰ	谢19
9	04053342	星期一	5~6	△大学基础英语Ⅰ	白27
10			7~8	△大学基础英语Ⅰ	白27
11	04054311	星期一	1~2	△高职高专英语Ⅰ	刘32
12	04054341	星期一	3~4	△高职高专英语Ⅰ	刘32
13	04063311	星期四	5~6	△大学基础英语Ⅰ	孙90
14	04063313	星期二	1~2	△大学基础英语Ⅰ	万91
15			3~4	△大学基础英语Ⅰ	万91
16	04063314	星期二	3~4	△大学基础英语Ⅰ	万91
17			5~6	△大学基础英语Ⅰ	万91
18	总计				

图 4-125　教室使用情况的数据透视表

	A	B	C	D	E
1					
2	教师	白27			
3					
4	计数项:课程				
5	班级	星期	节次	课程	上课地点
6	04053341	星期二	1~2	△大学基础英语Ⅰ	2-101
7		星期四	5~6	△大学基础英语Ⅰ	2-101
8	04053342	星期一	5~6	△大学基础英语Ⅰ	2-108
9			7~8	△大学基础英语Ⅰ	2-108
10		星期四	1~2	△大学基础英语Ⅰ	2-101
11	04053343	星期一	1~2	△大学基础英语Ⅰ	2-407
12		星期二	3~4	△大学基础英语Ⅰ	2-101
13			5~6	△大学基础英语Ⅰ	2-101
14	总计				

图 4-126　教师授课情况的数据透视表

	A	B	C	D	E
1					
2	课程	△大学基础英语Ⅰ			
3					
4	计数项:课程				
5	教师	星期	班级	节次	上课地点
6	白27	星期一	04053342	5~6	2-108
7				7~8	2-108
8			04053343	1~2	2-407
9		星期二	04053341	1~2	2-101
10			04053343	3~4	2-101
11				5~6	2-101
12		星期四	04053341	5~6	2-101
13			04053342	1~2	2-101
14	郭79	星期二	04083322	1~2	2-103
15				3~4	2-103
16			04083324	3~4	2-103
17				5~6	2-103
18		星期三	04083322	1~2	2-101
19			04083323	3~4	2-101
20				5~6	2-101
21		星期四	04083323	1~2	2-103
22			04083324	3~4	2-103
23	靳85	星期二	04083328	1~2	2-203
24				3~4	2-203
25			04083331	3~4	2-203

图 4-127　课程情况的数据透视表

4.7 Excel 链接、批注、名称、分列与图示

(1) 链接：利用文字或对象，Excel 提供在本文档中定义的名称、和工作表之间的链接功能，以达到快速定位的目的。

(2) 批注：批注是附加在单元格中，与其他单元格内容分开的注释。批注是十分有用的提醒方式，如图 4-128 所示。

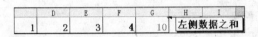

图 4-128　右上角带有红三角的单元格中有批注

(3) 名称：在 Excel 中，单元格的默认名称为列标、行号，如 A1，F5 等。用户还可以自行定义单元格的名称。名称由字母、数字、句号和下划线组成，且第一个字符必须是字母或下划线。

(4) 分列：某些情况下，想将工作表中某一列数据分为多列，Excel 提供了分列功能。

(5) 图示：可使用"绘图"工具栏中的图示工具 添加不同的图示。图示包括循环图、目标图、射线图、维恩图和棱锥图等类型。图示可用来说明各种概念性的材料并使文档更加生动（图示不是基于数字的），如图 4-129 所示。

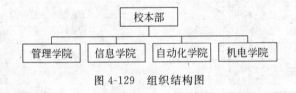

图 4-129　组织结构图

4.7.1 18——链接、批注、名称、分列与图示

1. 实验文件

随书光盘"Excel 导学实验\Excel 链接、批注、名称、分列、图示\Excel 导学实验 18——链接、批注、名称、分列、图示.xlt"。

2. 实验目的

掌握建立超链接的方法；掌握添加、编辑、删除、复制、移动标注的方法；了解名称的意义，掌握名称的定义和使用方法；学会分列的方法和应用；掌握图示的添加方法。

3. 实验要求

完成各工作表中实验任务；理解、掌握各功能的使用场合和方法。

4. 知识点

- 链接；
- 批注；
- 名称；

- 分列；
- 图示。

5. 操作步骤

1）建立超链接

打开"实验任务"工作表，如图 4-130 所示完成标题与工作表之间的超链接。

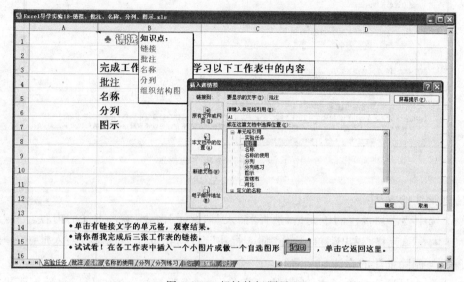

图 4-130　超链接标题界面

（1）选中"名称"单元格，选择"插入"|"超链接"命令，进入"插入超链接"对话框，如图 4-131 所示，在"链接到"栏中选择"本文档中的位置"，然后在"或在这篇文档中选择位置"列表框中选择"单元格引用"中的"批注"，单击"确定"按钮完成与名称工作表的链接。

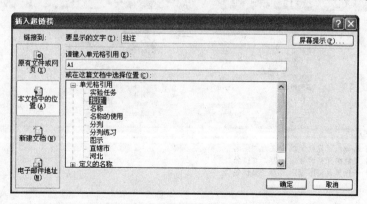

图 4-131　"插入超链接"对话框

（2）依次完成其他工作表的链接以及其他工作表与实验任务工作表的链接。

2）添加、复制、删除批注

打开"批注"工作表，学习关于批注的定义，完成各批注中的实验任务，如图 4-132 所示。

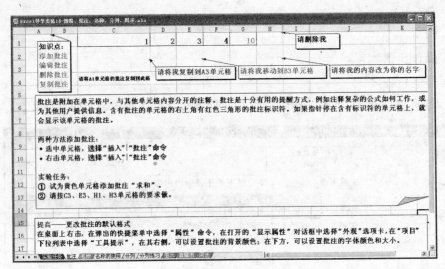

图 4-132　批注操作工作表

添加批注的方法：

（1）选中要添加批注的单元格，选择"插入"|"批注"命令，输入批注的内容。

（2）右击单元格，弹出菜单，选择"插入批注"命令，在批注编辑窗口输入批注的内容。

编辑与删除批注的方法：

右击已添加批注的单元格，选择快捷菜单中的"编辑批注"命令，可以重新编辑批注内容。选择"删除批注"命令，可以删除已添加的批注。

3）定义名称

打开"名称"工作表，工作表中的实验任务如图 4-133 所示。

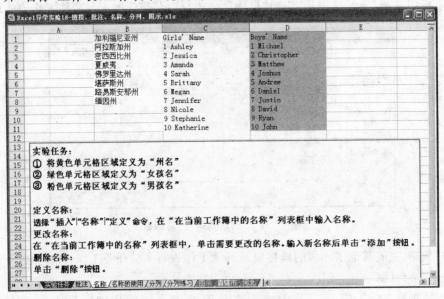

图 4-133　名称实验工作表

定义名称有两种方法：

(1) 选中单元格或单元格区域,在名称框中输入"×××",然后按 Enter 键确认。

(2) 选中单元格或单元格区域,选择"插入"|"名称"|"定义"命令,打开"定义名称"对话框,在名称框中输入"×××"后,单击"添加"按钮。

注意：若要删除一个已定义的单元格名称,需在"定义名称"对话框中,选中相应的名称,然后单击"删除"按钮。

4) 在公式中使用名称

打开"名称的使用"工作表,完成工作表中的实验任务,体会名称的使用意义,如图 4-134 所示。

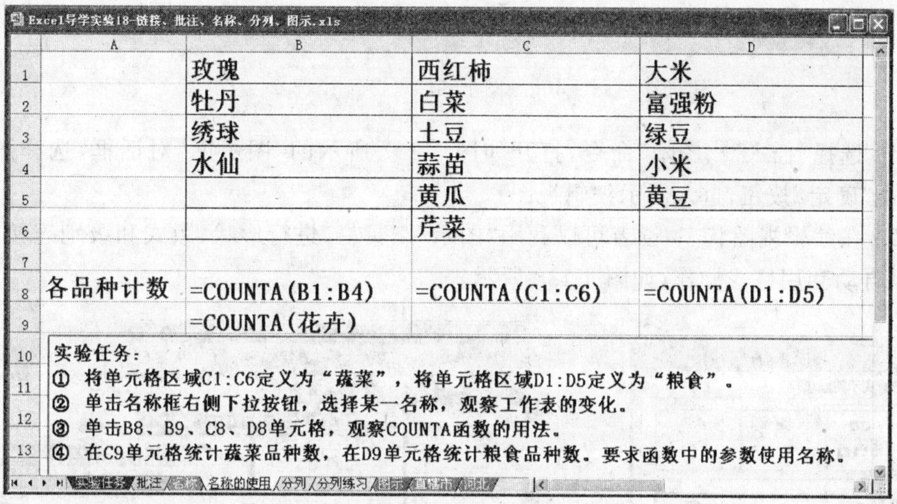

图 4-134 名称使用实验工作表

5) 将数据按分隔符或固定列宽分列

打开"分列"工作表,实验任务和原始数据如图 4-135 所示。按照提示完成分列任务,与结果样本进行比较。注意在要分的列后预留一空列。

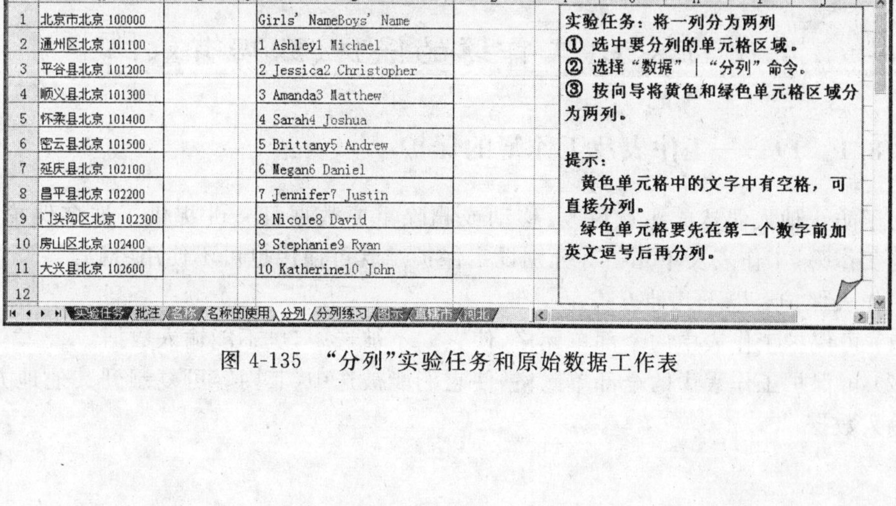

图 4-135 "分列"实验任务和原始数据工作表

6）插入图示

打开"图示"工作表，如图 4-136 所示。

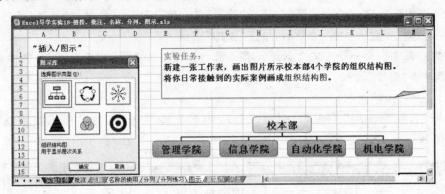

图 4-136　图示实验任务工作表

（1）选择"插入"|"图示"命令，打开如图 4-137 所示的"图示库"对话框，选择图示类型，单击"确定"按钮，进入图示编辑视图。

（2）在编辑视图状态，读者可以利用"图示"工具栏，进行形状、版式和级别连接选择，还可以自动套用格式操作，如图 4-138 所示。

图 4-137　"图示库"对话框

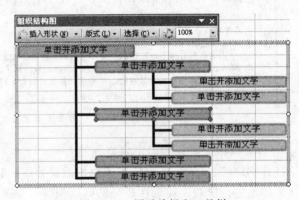

图 4-138　图示编辑和工具栏

4.8　Excel 工作簿的保护、数据有效性

4.8.1　19——工作表及工作簿的保护

为了防止他人偶然或恶意更改、移动或删除重要数据，Excel 提供了许多保护功能，可以为工作簿、工作表及单元格等分别设定保护。既可使用也可不使用密码。

工作表保护有以下几种方式：

（1）可保护工作表中的全部单元格，使它们不被选中，也不能输入数据。

（2）可保护工作表中的全部单元格，使它们能被选中（其内容可复制到其他地方），但不能输入数据。

（3）可保护工作表中的部分单元格，使它们不被选中，也不能输入数据。

（4）可在保护工作表的同时加密码。

工作簿保护可对工作簿中的各元素应用保护，还可保护工作簿文件不被查看和更改。如果工作簿已共享，可以防止其恢复为独占使用，并防止删除修订记录。

1. 实验文件

随书光盘"Excel 导学实验\Excel 工作表及工作簿的保护\Excel 导学实验 19——工作表及工作簿的保护.xlt"。

2. 实验目的

掌握工作表及工作簿保护的设置方法。

3. 实验要求

通过实验了解 Excel 工作表及工作簿的保护；掌握工作表及工作簿保护的设置方法。

4. 知识点

- 工作表保护；
- 工作簿保护。

5. 操作步骤

（1）打开"1-请保护我"工作表，如图 4-139 所示，根据表中标注，完成工作表中数据保护。样式为全部单元格均不能输入数据。

① 将表中数据复制到新的工作表。

② 选择"工具"|"保护"|"保护工作表"命令，弹出"保护工作表"对话框，如图 4-140 所示，去除复选框中的钩，单击"确定"按钮即可。这样全部单元格均不能选定与输入数据，如果双击工作表就会出现警告提示，如图 4-141 所示。

课程	高等数学	英语	计算机基础	工程制图
张1	82	93	84	78
张2	78	75	69	76
张3	87	85	78	95
张4	98	83	76	93
张5	56	75	95	75
张6	87	63	93	85
张7	99	78	75	83
张8	78	87	85	75
张9	97	98	83	63
张10	67	84	75	73
张11	87	69	63	97
张12	96	78	73	67
张13	95	76	87	87

①请试着改变表格中的成绩或删除某一行
②试试将表中的数据复制到新建的工作表中
③请你保护我不让人使用我的数据

图 4-139　整个工作表保护

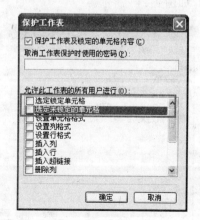

图 4-140　"保护工作表"对话框

图 4-141· 警告提示

（2）打开"3-毕业典礼倒计时"，如图 4-142 所示，设置工作表保护。操作步骤如下：

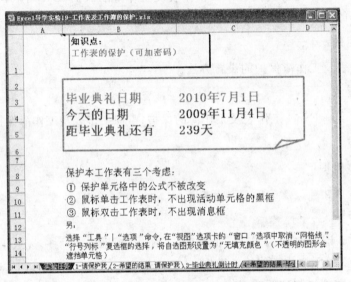

图 4-142　毕业典礼倒计时工作表及任务

① 选择"格式"|"单元格"命令，在"单元格格式"对话框中选"保护"选项卡，取消"锁定"复选框的选择，如图 4-143 所示，这样当保护时，双击工作表，就不会出现对话框。

② 按步骤（1）设定工作表保护。

（3）打开"5-保护部分区域"工作表，使十进制部分可以输入数据，二进制部分被保护，如图 4-144 所示。

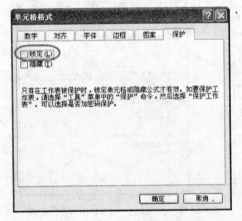

图 4-143　"单元格格式"对话框

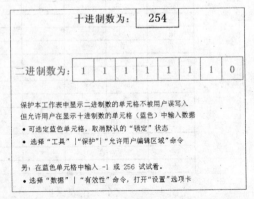

图 4-144　保护部分区域

① 选中允许输入的单元格,按图 4-143 取消默认单元格的锁定。

② 选择"工具"|"保护"|"允许用户编辑区域"命令,打开"允许用户编辑区域"对话框如图 4-145 所示设定保护时取消锁定的区域,单击"保护工作表"按钮,完成实验任务。

(4) 保护工作簿

选择"工具"|"选项"命令,打开如图 4-146 所示的"选项"对话框,单击"安全性"选项卡,设置打开工作簿密码及修改权限密码。

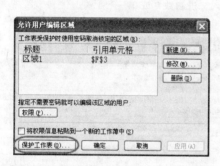

图 4-145 "允许用户编辑区域"对话框

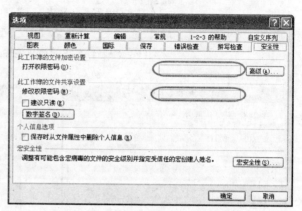

图 4-146 工作簿的保护密码设定

4.8.2 20——数据有效性

Excel 允许用户指定有效的单元格输入项。其中包括指定所需的数据有效性类型,如有序列的数值、数字有范围限制、日期或时间有范围限制、指定文本长度、计算基于其他单元格内容的有效性数据、使用公式计算有效性数据。

1. 实验文件

随书光盘"Excel 导学实验\Excel 数据有效性\Excel 导学实验 20——数据有效性.xlt"。

2. 实验目的

掌握数据有效性的设置方法。

3. 实验要求

通过实验理解数据有效性的含义;掌握数据有效性的设置方法。

4. 知识点

本书需要掌握的知识点是数据有效性。

5. 操作步骤

(1) 打开"1-二进制数转换为十进制数"工作表,如图 4-147 所示。

① 选中要设置数据有效性的单元格或单元格区域。

② 选择"数据"|"有效性"命令,在如图 4-148 所示的"数据有效性"对话框中设置输入数据范围,在"输入信息"选项中输入提示信息,如图 4-149 所示。

(2) 按(1)的操作方法,完成工作表 2 的任务。

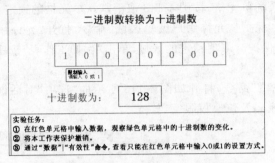

图 4-147 限制红色单元格只能输入二进制数 0 或 1

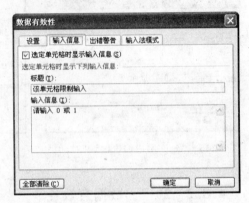

图 4-148 数据有效性设置   图 4-149 设置"输入信息"

4.9 Excel 拓展实验

随书光盘"Excel 导学实验\Excel 拓展实验"文件夹中有以下 5 个拓展实验,如图 4-150 所示。

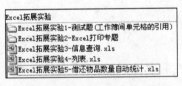

图 4-150 Excel 拓展实验

4.10 本 章 总 结

Excel 的数据处理功能非常强大,由于篇幅的问题未能在本章一一详述。本书附录 B 为 MOS 认证补充的 Excel 导学提供了更多信息供参考。

还有许多与 Excel 功能类似的电子表格软件,如 WPS Office、华表、易表、Lotus1-2-3 等,其操作方法也类似,相信读者在 Excel 基础上会很快掌握同类软件的使用方法。

第5章 图像处理

本章学习目标：

通过本章的学习，建立并强化图像处理的工作流程，掌握 Photoshop 软件的重要知识点及主要操作，具备图像处理能力。

5.1 概　　述

计算机信息处理可以概括为文字信息处理、数据信息处理、图像信息处理、音频/视频信息处理。

利用计算机对数字图像进行处理起源于 20 世纪 50 年代，主要任务为改善图像质量，提取图像中有效信息，对图像数据进行压缩以便保存和传输。图像是人们获取和交换信息的主要来源，随着计算机的普及、计算机技术的进步及工作、生活的需要，图像处理能力成为人们在计算机应用领域里的一种基本素质。

Photoshop 是 Adobe 公司最出色的图像处理软件之一，是集图像输入/输出、图像编辑、图像合成、校色调色及特效制作于一体的图形图像处理软件，广泛用于照片编辑、广告设计、封面制作、网页图像制作、印刷等领域。本课程以 Photoshop CS2 为依托介绍图像处理的工作过程和具体操作，以获得图像处理的基本能力，胜任工作和生活的需求。

图 5-1 是 Photoshop CS2 界面，主要包括：

图 5-1　Photoshop 界面

- 菜单栏：用于执行 Photoshop 的图像处理命令。
- 工具箱：包含各种常用工具，执行相关的图像操作。
- 工具参数栏：设置工具箱中各个工具的参数。工具参数栏会随着用户所选择的工具不同而变化。
- 控制调板：用于配合图像编辑和 Photoshop 功能设置。可以显示或隐藏。
- 图像窗口：显示图像的区域，用于编辑、修改图像。图像窗口最大化后会占据整个应用程序窗口。
- 状态栏：提供当前操作的帮助信息。

图 5-2 为图像处理的主要工作步骤。包括：获取图像、绘制图像、选取图像、编辑图

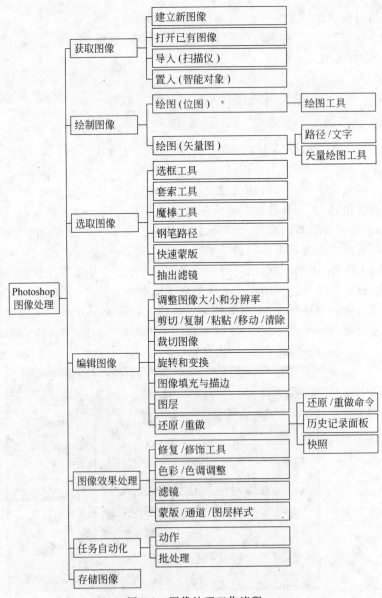

图 5-2　图像处理工作流程

像、图像效果处理、任务自动化和存储图像。不是每个任务都必须包含这几大部分,若对已有图像进行处理就不见得要绘制图像;而任务自动化一般针对需批量处理的情况。

本章通过 12 个 Photoshop 导学实验帮助读者建立图像处理的概念,体会图像处理工作过程,掌握基本操作方法。

5.2　基本知识

5.2.1　获取图像

Photoshop 软件有以下几种方式获取已有图像:

(1) 选择"文件"|"浏览"命令或单击工具栏中的"转到 Bridge"按钮 打开 Adobe Bridge 应用程序,从 Bridge 中选择图像文件。

(2) 选择"文件"|"打开"命令,在"打开"对话框中选择图像文件。

(3) 选择"文件"|"导入"命令,可通过扫描仪获取图像。

(4) 选择"文件"|"置入"命令,可将图片作为智能对象(即允许编辑源文件)置入 Photoshop 文件中。

(5) 在 Windows 资源管理器中右击图像文件图标,选择 Photoshop 程序。

5.2.2　新建空白文件

通过"文件"菜单中的"新建"命令可以创建新的空白图像文件。

用户可以自己定义空白图像文件的大小、分辨率、颜色模式、背景颜色等,也可以选择系统提供的预设尺寸的文件。

如果剪贴板中存有图像,新建文件的图像尺寸和分辨率会自动基于该图像数据。

5.2.3　关于选区

常常要对整幅图像中的局部进行处理,如只处理主体人物、花朵或除主体外的背景等。在 Photoshop 中,要先建立选区(指分离图像的一个或多个部分,用虚线(或称蚂蚁线)将其包围),之后再进行各种处理。图 5-3 列出了常用的建立选区的方式。

1. 用选取图像工具建立选区

用选框工具 可以建立矩形、椭圆及单行或单列选区。用"套索工具" 可定义任意形状选区,用"多边形套索工具" 可定义由折线组成的多边形选区,用"磁性套索工具" 可自动搜索反差较大的图像边缘,建立选区。用"魔棒工具" 和"魔术橡皮擦工具" 可根据单击图像处的颜色(范围)建立选区。

2. 用快速蒙版设定选区

利用"快速蒙版"工具 可将图像划分为被蒙区域(默认为不透明度 50% 的红色)和所选区域(默认为透明)。当单击"以标准模式编辑"工具 回到标准模式时,透明区域成

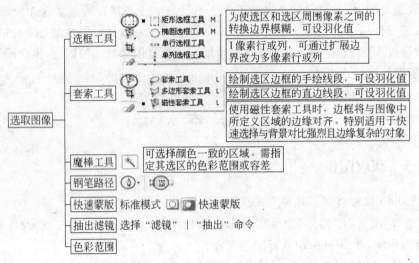

图 5-3　建立选区的基本方式

为选区。按 Q 或 q 键可快速切换"快速蒙版"和"以标准模式编辑"模式。

3．用"抽出滤镜"建立选区

"抽出滤镜"可在"抽出"对话框中指定抽出图像的部分，擦去其余部分。

4．由路径转化为选区

路径是一种矢量图形。可以用"钢笔工具"绘制路径，也可由"多边形工具"生成路径。路径可以是开放的，也可以是封闭的。按 Ctrl＋Enter 键，或单击"路径"调板下方"将路径作为选区载入"按钮，可以将路径转换成选区（开放路径首末点相连后形成封闭选区），以方便图像的处理。

5．选区运算

选区的运算是指添加、减去、交集操作。选择任意一款选框工具、套索工具和魔棒工具，工具参数栏都会出现图 5-4 中的选区选项——新选区、添加到选区、从选区减去、与选区交叉。根据需要选择选区选项后，可多次在图像中拖动鼠标改变选区形状，得到复杂选区，特别方便的是可随时切换这几款工具建立选区。

图 5-4　在工具参数栏中指定某个选区选项

6．选区的羽化

建立选区时，为使选区和选区周围像素之间的转换边界模糊（避免生硬），可通过"选择"菜单中的"羽化"命令设置羽化值，值越大，转换边界模糊的范围越宽。

7．容差对选区的影响

"魔棒工具"和"魔术橡皮擦工具"的"容差"参数是包容颜色差异的数值，该值越大允许的颜色差异就越大，选区范围就越大。容差的取值范围为 0～255。"魔棒工具"是在图像中选出选区,而"魔术橡皮擦工具"则是将所选区域图像删除。

8. 扩展或收缩

选择"选择"菜单中的"修改"|"扩展(或收缩)"命令,可在已有选区基础上,按给定的像素值扩大(或缩小)选区。

9. 建立边界选区

选择"选择"菜单中的"修改"|"边界"命令,打开"边界选区"对话框,按给定的像素宽度值建立边界选区,如图 5-5 所示。

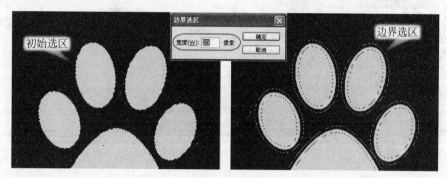

图 5-5　边界选区

10. 取消选区和重新选择刚选择的选区

按 Ctrl+D 键取消选区。按 Ctrl+Shift+D 键重新选择刚选择的选区。

11. 存储选区

选择"选择"菜单中的"存储选区"命令,可以将选区命名存储,以备以后再次使用该选区。

12. 载入选区

Ctrl+单击"图层"、"路径"、"通道"调板中的缩略图,可以载入相应选区。

选择"选择"菜单中的"载入选区"命令,可以载入先前存储的选区。

5.2.4　关于图层

为方便处理,Photoshop 的图像往往由若干个图层组合而成。可以将图层看作是一张张对齐层叠起来的透明纸,在每张透明纸上可以绘制一部分图像,从最上面向下看所有图层则是全部图像,当然可以拿掉某一张透明纸而除去某部分图像。

1. "图层"调板

Photoshop 用"图层"调板集中管理图层,如图 5-6 所示。

可以通过菜单或"图层"调板底部的按钮进行新建图层、复制图层、删除图层等操作。

单击某图层使其变为当前层(蓝色)后才可在该层上进行操作。

右击图层可弹出快捷菜单。左键拖动图层上下移动可改变图层排列次序,在正常模式下,上面图层上的图像会遮挡下面图层上相应位置的图像,可以单击 👁 按钮隐藏上面

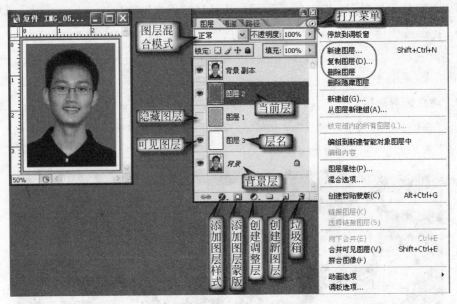

图 5-6　"图层"调板

图层后再编辑下面的图层。双击某图层空白区域,可打开"图层样式"对话框。双击某图层图名可重命名该图层。

可以改变图层的混合模式、透明度及填充百分比。可以完全或部分锁定图层以保护其内容。

2. 背景层

如图 5-7 所示,新图像文件只有一个名为"背景"的图层,这个图层上有个锁形标记,并且不能除去,因此说背景层有一些特殊之处:①一个图像文件只有一个背景层,它只能位于所有图层的最下面;②背景层不能设置图层混合模式、透明度和填充;③背景层不能添加图层蒙版和矢量蒙版;④用"橡皮擦工具"擦除"背景"层时,露出当前的背景色而非透明。

图 5-7　背景层

双击背景层给定新的图层名,可以将其改为普通图层。

3. 图层混合模式

如图 5-8 所示,在"图层"调板中选择图层混合模式下拉列表中的选项,该图层图像中的像素颜色将按预定的规则发生相应的变化(选某项后,转动鼠标滚轮,可依次查看全部选项效果)。常用"滤色"、"正片叠底"、"叠加"等选项。由于本书篇幅有限,有关图层混合模式各个选项的具体描述可见随书光盘"Photoshop 导学实验"文件夹中的"图层混合模式.pot"和"图层混合模式.psd"文件。

4. 图层样式

图层样式提供了各种各样更改图层外观的效果(如阴影、发光、斜面、叠加和描边)。"图层"调板中的图层名称右侧若有一个 f 图标,则表明该图层应用了样式,如图 5-9 所示。可以双击展开样式,查看并编辑效果以更改样式。

图 5-8　图层混合模式选项

5.2.5 "历史记录"调板

如图 5-10 所示,在 Photoshop 中处理图像的每一步操作均被记录在"历史记录"调板中,若对所做的操作不满意,可单击最后满意的状态记录退回。Photoshop 默认的历史记录数量为 20,可以通过选择"编辑"|"首选项"命令,在打开对话框的"常规"选项卡中修改历史记录数目,最大值为 1000。单击"历史记录"调板底部的"创建新快照"按钮 可以为某阶段工作建立快照,如果对新阶段工作完全不满意,或因历史记录数目少致使历史记录丢失时,可单击调板中的快照,退至快照记录的状态。

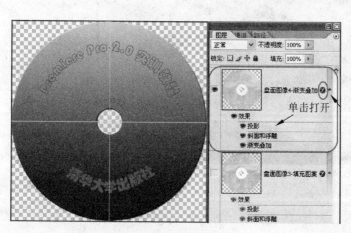

图 5-9　图层样式

图 5-10　"历史记录"调板

5.2.6　路径

路径是一种矢量图形。路径图形用实线表示。可以用"钢笔工具"绘制路径,也可以由"多边形工具"生成路径,还可以利用现有的选区转换成路径。如前所述,路径也可以方便地转换成选区。路径可以是封闭的,也可以是开放的。开放路径变为选区时,是将其首末点相接形成封闭图形。

Photoshop 中,除了将路径转换为选区,还常常对封闭路径进行填充、对路径进行描边,还可沿路径书写文字,达到特殊效果。

1. 填充路径

如图 5-11 所示,可以选颜色填充路径。

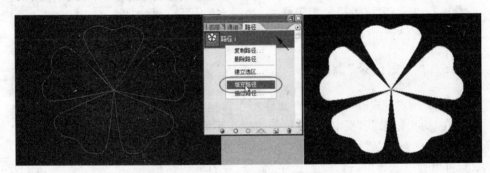

图 5-11　填充路径

2. 描边路径

如图 5-12 所示,可以选颜色为路径描边。

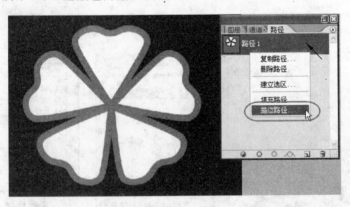

图 5-12　描边路径

3. 路径上输入文字

可以沿路径边缘排列文字。在路径上输入的横排文字其文字方向与基线垂直。在路径上输入直排文字时文字方向与基线平行。当移动路径或更改其形状时,文字将会适应新的路径位置或形状,如图 5-13 所示。

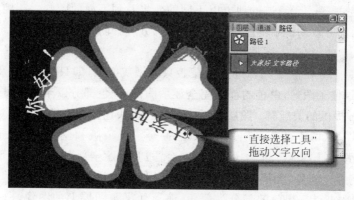

图 5-13 沿路径输入文字

5.2.7 色彩、色调调整

色彩、色调是指图像的整体明暗度。色彩、色调的调整主要是对图像的亮度、饱和度、对比度、色相进行调整。

- 亮度：图像颜色的明暗度。
- 饱和度：图像颜色的纯度。表现为灰色在色相中的比例，饱和度越大，颜色越纯，灰色成分越少。
- 对比度：不同颜色间的差异，对比度越大，差异越明显。
- 色相：颜色的种类。

所有 Photoshop 色彩、色调调整工具的工作方式本质上都相同——它们都是将现有范围的像素值映射到新范围的像素值。

色彩调整命令有：自动颜色、色阶、曲线、色彩平衡、亮度/对比度、色相/饱和度、匹配颜色、替换颜色、照片滤镜、可选颜色、通道混合器。

色调调整命令有：色阶、自动色阶、自动对比度、曲线、阴影/高光。

有两种方式调整图像色调。第一种方式是通过"图像"菜单中的"调整"级联菜单选取调整色彩的命令。此方式会改变当前图层中的像素。第二种方式是使用调整图层。此方式不修改图像中的像素，色调更改位于调整图层内。

特殊的色彩调整："反相"命令用于将图像色调反转（颜色互补：黑-白，红-青，蓝-黄，绿-粉红）；"阈值"命令用于将彩色图像转换成黑白图像；"色调分离"命令用于制作特殊效果等；"去色"命令用于去掉颜色，得到灰度图。

5.2.8 蒙版

图像处理中，人们常常希望将一些图像的局部进行拼合或者替换，达到一种新的视觉效果；另一些情况下，常希望对某些图像做一些特殊效果的尝试而不破坏原始图像。

Photoshop 的蒙版功能可以很好地解决这类问题。可以将蒙版想象成置于某图画上的玻璃，当用毛笔将不同浓度的墨汁画在玻璃上时，既不会破坏下面的图画，又可透过玻璃上不同深浅的墨迹或无墨迹的地方以不同的效果看到下面的图画——纯黑的部分看不到图画,透明的部分看到清晰的图画,墨迹浅的部分看到隐隐约约的图画。人们可以随意在玻璃上涂画、修改,得到不同的视觉效果。

与毛笔作画十分相像,Photoshop 的蒙版只能做灰度图,即只有黑、白及不同的灰色,黑色的部分遮罩住了图像,白色的部分完全显示图像,灰色部分以半透明方式显示图像。

Photoshop 提供的蒙版有:图层蒙版、矢量蒙版、快速蒙版和剪贴蒙版。

一个普通图层(即不含背景层)只能添加一个图层蒙版和一个矢量蒙版。可以选择"图层"菜单中的"图层蒙版"和"矢量蒙版"命令添加"显示全部"或"隐藏全部"蒙版。

(1)图层蒙版:选择"图层蒙版"命令,可以用画笔、油漆桶、橡皮擦等工具进行绘制或擦除操作,其结果为:黑色的部分为蒙版,遮罩住了本图层上的图像,白色的部分完全显示本图层上的图像,灰色部分(除黑、白外的任何颜色在图层蒙版均显示为不同的灰色)为半遮罩,即以半透明方式显示本图层上的图像,如图 5-14 所示。

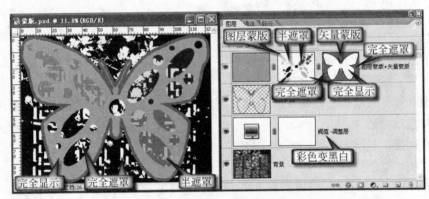

图 5-14   图层蒙版和矢量蒙版

(2)矢量蒙版:选择"矢量蒙版"命令,可以用钢笔或形状工具生成的路径将蒙版分为白色和灰色区域,白色区域完全显示本图层上的图像,灰色部分遮罩住了本图层上的图像,如图 5-14 所示。

简而言之,图层蒙版是利用其上绘制的图像划分区域,矢量蒙版是利用其上的路径划分区域,来达到遮盖本层图像的目的的。

(3)快速蒙版:主要用来临时性编辑选区,它是暂时性的,不能保存。其优点是几乎任何一种 Photoshop 工具或滤镜都可用来修改它,并且快速蒙版不受背景层的限制。

快速蒙版的使用方法:

① 建立选区(可以不很精确)。

② 单击工具箱中的"以快速蒙版模式编辑"按钮,非选区部分被透明红色覆盖。

③ 单击工具箱中的"默认前景色和背景色"按钮(即只保留黑白两色),选择工具箱中的"画笔工具"或"橡皮擦工具",涂抹修改选区。

④ 单击工具箱中的"以标准模式编辑"按钮,显示蚂蚁线围成的选区。如果某区域使用了除黑白二色外的其他灰度颜色,则只有灰度值小于 50% 的区域才能转换为选择区域。

5.2.9 通道

通道是存储不同类型信息的灰度图像,有颜色通道,Alpha 通道和专色通道。

1. 颜色通道

打开新图像时系统根据图像的颜色模式自动创建颜色通道,RGB 图像有红色、绿色、蓝色通道和 RGB 复合通道。

常常利用颜色通道建立选区,进行抠图工作。其步骤如下:

① 进入"通道"调板,选择明暗反差大的通道,右击选择"复制通道"命令,生成该通道副本。

② 调整通道副本的色调,增加反差使其成为黑白两色,必要时可用画笔或橡皮擦工具帮助分区,白色部分将成为选区,黑色部分将为非选区,可根据需要利用"图像"|"调整/反相"命令颠倒黑白两色区域。

③ 单击"通道"调板下方的"将通道作为选区载入"按钮,系统自动用蚂蚁线圈出选区(白色部分),单击 RGB 通道,恢复原有 4 个通道的可见性。

④ 进入"图层"调板,按 Ctrl+J 键,将选区内的图像复制到新图层中。

⑤ 可为抠出的图像换新的背景图片。

2. Alpha 通道

Alpha 通道用于存储和载入选区。Alpha 通道中的白色部分是选区,灰色部分为半选中区域,黑色部分为非选区。

(1) 存储选区:若已有某选区,进入"通道"调板,单击"将选区存储为通道"按钮 ▣,即生成一个带选区的新 Alpha 通道。

(2) 载入选区:进入"通道"调板,选中某 Alpha 通道,单击"将通道作为选区载入"按钮 ◉,单击 RGB 通道,恢复原有 4 个通道的可见性,回到"图层"调板进行工作。

5.2.10 图案

图案是一种图像,使用图案填充图层或选区时,会以阵列的形式重复它。图案显示在油漆桶、图案图章、修复画笔和修补工具参数栏的弹出式调板及"图层样式"对话框中。

Photoshop 预设了一些图案,用户也可自己定义图案。

1. 自定义图案

自定义图案时,若是图像的一部分,则要使用"羽化"值为 0 的矩形选框工具,选择要用作图案的矩形区域后(若用整个图像定义图案,则直接做下一步),选择"编辑"|"定义图案"命令,在打开的"图案名称"对话框中给定图案名称。

2. 填充图案

选择"油漆桶工具",在工具参数栏中选择图案后,用鼠标单击新建图像文件的图像区域,立即生成阵列,如图 5-15 所示。

图 5-15　设置"油漆桶工具"、填充用户定义的图案

5.2.11　定义画笔预设

预设画笔是一种存储的画笔笔尖。用户可以使用系统预设的各种画笔笔尖,也可将指定图像存储为预设画笔。

1. 定义画笔预设

选择要用作画笔的区域后(该区域可以羽化、可以为不规则形状,但最大长度或宽度不能超过 2500 像素),选择"编辑"|"定义画笔预设"命令,在打开的"画笔名称"对话框中给定画笔名称。

2. 设置画笔

按 F5 功能键,打开"画笔"调板,如图 5-16 所示,选择"画笔笔尖形状"选项,设置其直径与两次落笔的间距;选择"形状动态"选项,设置"大小抖动"(笔尖大小可变的程度)、"最小直径"、"角度抖动"(笔尖形状顺时针、逆时针转动的程度)、"圆度抖动"(笔尖形状绕水平轴转动的程度)和"最小圆度"参数;选择"颜色动态"选项,设置"前景/背景抖动"、"色相抖动"、"饱和度抖动"、"亮度抖动"和"纯度"参数,如图 5-17 所示。

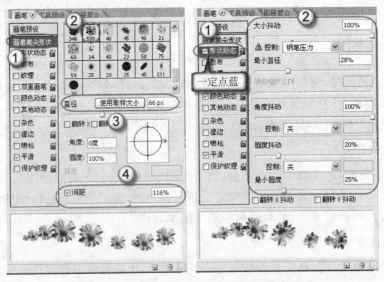

图 5-16　选择"画笔笔尖形状"及"形状动态"参数设置

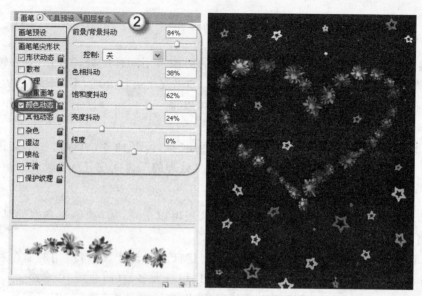

图 5-17　设置画笔"颜色动态"参数、用预设画笔绘制的图像

5.2.12　调整图层和填充图层

调整图层可将颜色和色调调整效果应用于图像而不更改图像的像素值,并能将调整效果应用于它下面的所有图层。填充图层可以用颜色、图案或渐变方案填充所建的图层。填充图层不影响其下的图层。新建的填充图层或调整图层都带有图层蒙版,使工作更为方便、快捷。

单击"图层"调板下方的"创建新的填充或调整图层"按钮 ⊘,可以选择其下拉选项,建立相应的填充图层或调整图层,如图 5-18 所示。

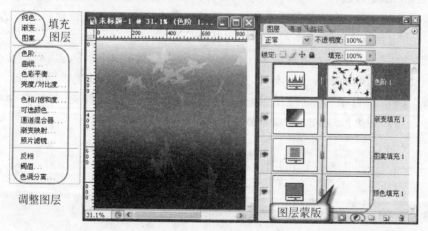

图 5-18　调整图层和填充图层

5.2.13　任务自动化

在编辑处理图像的过程中有时需对大量的图像采用同样的处理操作(如：转换图像的格式、修改图像的色阶、改变图像的大小等)，如果逐个进行处理，不仅耗时费力，而且容易出错，不能发挥计算机的特长。Photoshop 可以将一系列命令记录在单个动作中，通过使用动作，使执行任务自动化。

在 Photoshop 中，动作是批处理的基础，利用"批处理"命令，可以对一个文件夹中的所有文件运行动作，即可对成千上万个需做同样处理的图像实现任务自动化。

1. "动作"命令

动作是一系列命令的集合。使用"动作"调板可以记录、播放、编辑和删除某些动作，并可存储和载入动作文件。

(1) 记录动作：用户可以根据工作需要创建自己的动作，即将所用的命令和工具添加到动作中，直到停止记录为止。在动作中可以记录大多数(而非所有)命令。

(2) 播放动作：在"动作"调板中选择所需动作后，单击"动作"调板下方的"播放"按钮▶，即可自动执行预先记录的所有命令。

(3) 排除或包括命令：可以排除不想作为已记录动作的一部分播放的命令。在 Photoshop 中，要在"动作"调板中排除命令，可单击要处理的动作左侧的三角形▷，展开动作中的命令列表，然后单击要排除的特定命令左侧的选中标记✔(再次单击可以包括该命令)。要排除或包括一个动作中的所有命令，请单击该动作名称左侧的选中标记。当排除某个命令时，其选中标记将消失。另外，父动作的选中标记将变成红色，表示动作中的某些命令已被排除。

2. "批处理"命令

"批处理"命令可以对一个文件夹中的文件运行动作。在"批处理"命令中，可以选择某一处理图像的动作，并可指定要成批处理图像的源文件夹及存放处理后文件的目标文件夹，还可指定目标文件夹内新图像的名称及序号。

尽管"动作"命令已经大大提高了工作效率，但结合"批处理"命令与"动作"命令，可以成批地自动处理文件夹中的所有文件，更加充分发挥了计算机高效工作的能力。

选择"文件"|"自动"|"批处理"命令，指定所选的动作、源文件夹、目标文件夹，单击"确定"按钮后即可执行"批处理"命令。

5.3　Photoshop 导学实验

5.3.1　01——制作证件照(图层、抽出滤镜)

1. 实验素材

实验素材在随书光盘"Photoshop 导学实验\Photoshop 导学实验 01-制作证件照"文件夹中，也可使用自己拍摄的照片文件。

2. 实验目的

了解掌握获取图像、选择图像、编辑图像、图像效果处理、存储图像的工作内容及相关操作方法。

3. 实验要求

(1) 对原始照片调整影调、色调,不修饰人物面部特征,如改变五官形状,去除脸部斑痕等,除去杂乱背景,增加不同颜色背景图层,添加相纸四周的空白边框。

(2) 完成上述工作后,根据需要,按下面的尺寸进行裁切。

- 1 英寸证件照:2.6cm×3.5cm;
- 2 英寸证件照:3.7cm×5.0cm;
- 护照照片:3.3cm×4.8cm(白色背景);
- 美国签证照:5.0cm×5.0cm(白色背景);
- 英国签证照:3.5cm×4.5cm;
- 5 英寸照片:12.7cm×8.9cm(5×3.5 英寸);
- 7 英寸照片:17.8cm×12.7cm(7×5 英寸);
- 8 英寸照片:20.3cm×15.2cm(8×6 英寸);
- 10 英寸照片:25.4cm×20.3cm(10×8 英寸);
- 14 英寸照片:35.6cm×25.4cm(14×10 英寸)。

(3) 证件照要在照片的边缘加 0.2cm 的白色边框。

(4) 输出用于打印的 1 英寸证件照。

4. 解决思路

对于证件照:打开原始照片图像;将原始照片中的人物与背景分离(若已有单一颜色背景则可省略这一步);调整影调、色调;添加若干图层,填充不同颜色作为背景色;扩展照片的边缘;按需要裁切图片;然后保存 psd 格式文件;存储图片文件。

5. 操作步骤

1) 获取图像

在 Photoshop 中打开"证件照原图.jpg"。

2) 选取图像

本实验用"抽出"滤镜将人像部分与背景分离。

(1) 创建背景图层副本。

为备份和避免背景层的限制,往往将背景层复制一份进行处理。可以通过"图层"调板中的菜单复制图层,也可按图 5-19 所示的拖动某图层至"创建新的图层"按钮上的方法复制图层。将"背景 副本"改名为"头发"(双击图名)。再创建一个"背景 副本",改名为"人物"。

(2) 利用"抽出"滤镜选取人物头发图像。

"抽出"命令是 Photoshop 特效滤镜之一,它提供了一种提取前景对象并抹除同图层上背景的高级方法。"抽出"滤镜可按指定的颜色抽取,也可抽取指定的封闭区域,适用于对象边缘细微、复杂或无法确定的情况。对于证件照,人物头发部分的抠图常常用"抽出"滤镜或通道的方法。本实验分两次用"抽出"滤镜提取证件照中的人物图像,首先提取头发部分(抽取指定的颜色),然后提取出发梢外的人物部分(抽取指定的封闭区域),之后将

图 5-19　复制图层

两者拼合。

　　抽取人物头发的操作步骤如下：

　　① 单击"图层"调板中的"头发"图层，使其缩览图外围成为蓝色区域，表示该图层被选中，选择"滤镜"|"抽出"命令，打开"抽出"滤镜对话框，勾选"强制前景"，如图 5-20 所示。

图 5-20　"抽出"滤镜提取人物头发部分

② 选择"吸管工具",单击头发部分(即选择黑色)。

③ 选择"显示:白色杂边"选项(预览时将用白色背景衬托图像)。

④ 选择与头发区域匹配的较大的画笔直径(即高光器工具直径)。

⑤ 选择"高光器工具"。

⑥ 用"高光器工具"涂抹头发区域,包括发丝部分。

⑦ 单击"预览"按钮可以查看抽取效果。

⑧ 常常会因涂抹不均匀出现局部缺失现象,此时按 Ctrl+Z 键回到对话框进行修改;可反复预览、修改,满意后单击"确定"按钮即可。

(3) 利用"抽出"滤镜选取人物主体图像。

抽取人物主体的操作步骤如下:

① 单击"图层"调板中"人物"图层,使其选中。

② 选择"滤镜"|"抽出"命令,打开"抽出"滤镜对话框,勾选"智能高光显示"。

③ 设置"画笔大小"为 20 像素(勾勒图像轮廓时尽量用细高光线,以使抽出的图像精确),如图 5-21 所示。

图 5-21 "抽出"人物主体图像

④ 选择"高光器工具",按下鼠标左键,用圆形靶标套住人物边缘拖移"高光器工具",使其沿边缘外轮廓(头发部分画在实体部分任何位置均可)画出高光线。智能高光有自动贴合图像轮廓的功能,但不如"磁性套索"吸力强劲,故需仔细操作。

⑤ 若不满意某处,可选"橡皮擦工具"擦除后再画,按 Ctrl+Z 键可撤销最近的一次

操作。

⑥ 形成封闭轮廓后(以图像边界为轮廓处可以不画高光线),选择"填充工具",单击要抽出的区域,使该区域变成填充色。若整个图像全部变色,说明高光线未封闭,找出断点,封闭后再填充。

⑦ 为方便操作,可将图像放大并移动,单击"预览"按钮,可看到抽出后的情况,满意后单击"确定"按钮即可。

3) 编辑图像

(1) 新建图层。

单击"图层"调板底部的"创建新的图层"按钮 ▣,新建三个图层,分别命名为"红色"、"蓝色"、"白色"。

(2) 改变前景色及背景色。

单击工具栏中的"设置前景色"选择框,打开"拾色器"对话框,选择红色;单击"设置背景色"选择框,设置淡蓝的背景色。

(3) 填充图层。

选中"红色"图层,按 Alt+Delete 键,填充前景色。选中"蓝色"图层,按 Ctrl+Delete 键,填充背景色。

(4) 调整图层顺序。

可用鼠标左键拖动某图层上下移动,调整图层的顺序。

由上至下布置图层为:"头发"、"人物"、"红色"、"蓝色"、"白色"、"背景"。

(5) 修整"头发"图层。

① 消除杂边:单击"人物"图层左侧的眼睛图标 ◉,隐藏该图层;单击"头发"图层,选择"图层"|"修边"|"移去白色杂边"命令,消除抽出图像周围产生的边缘或晕圈。

② 擦除抽出的耳朵图像。

③ 透明擦除:用不透明度为 20% 的"橡皮擦工具"擦除头发外围(与窗户重叠的部分)多选的一些色块,并将与面部相邻的内圈头发擦成透明,以便与"人物"图层合并时过渡自然。

(6) 修整"人物"图层。

单击"人物"图层左侧的眼睛图标 ◉ 处,显示眼睛图标,打开该图层。

① 擦除残余像素:向上滚动鼠标滚轮,放大图像,可看到抽出的任务周围有一些残余像素,可用橡皮擦工具擦除。可在工具参数栏选取合适的橡皮擦直径以方便操作。

② 恢复抽出缺失的部分:在橡皮擦的工具参数栏中选中"抹到历史记录"复选框,再擦除图像时,可以恢复执行"抽出"命令时多擦掉的有效图像部分。

擦除效果不满意时,只能用 Ctrl+Z 键撤销最近的一次操作,在"历史记录"调板中可以撤销多次操作。

(7) 合并"头发"和"人物"图层。

隐藏除"头发"和"人物"外的所有图层,然后选择"图层"|"合并可见图层"命令,再将合并层改名为"人物图像"。

（8）度量及旋转图像。

由于人像头部略有倾斜，制作证件照时应用"旋转画布"命令进行纠正。但究竟旋转多少角度，可以用"度量工具"自动测量生成。

右击工具箱中的"吸管工具"，选择"度量工具"（如图5-22所示），沿人像对称中心画一条度量线（如图5-23所示），系统会自动测量该线与水平和垂直的夹角，记录值小者对应的是水平线还是垂直线以及角度值。

图 5-22　选择"度量工具"

图 5-23　度量线

选择"图像"|"旋转画布"|"任意角度"命令，在"旋转画布"对话框中直接单击"确定"按钮，图像便按自动测量的角度旋转，人像正立。

（9）裁剪图像。

随着人像正立，四周出现透明区域，如图5-24所示，可选择工具箱中的"裁切工具"，在图像窗口拖动画出一个矩形区域，可以用鼠标调整各控制点尽可能大地包容图像，由于原照片人像左侧空间较小，为使构图尽可能美观，应将左下角部分的空白区域包含在裁切区域内（由于衣服颜色单一，可用修复工具将该空白区域补为黑色），最后按Enter键确认。

4）图像效果处理

本着证件照不修饰人物面部特征（如修改脸型、去除斑痕等）的原则，本实验只对抽出的图像进行色调调整、修补残缺图像、加深衣服这几项处理。

（1）调整色阶。

在"色阶"对话框中调整图像的阴影、中间调和高光的强度级别，达到校正图像的色调范围和色彩平衡的目的。

选中"人物图像"图层，选择"图像"|"调整"|"色阶"命令，在"色阶"对话框中分别调整"阴影"（黑色）、"中间调"（灰色）、"高光"（白色）滑块，如图5-25所示，将黑色和白色滑块移到直方图中像素数量的边缘使图像的阴影部分变暗，高光部分变亮；将灰色滑块移向阴影像素一侧时，图像变亮，将灰色滑块移向高光像素一侧时，图像变暗。

图 5-24　裁切工具

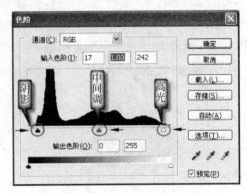

图 5-25　调整色阶

（2）修复图像。

如图 5-26 所示，选择工具箱中的"污点修复画笔工具"，在图像空白区域反复拖动，直至颜色均匀即可。

污点修复画笔的功能非常强大，用它修复人像面部或衣服上的瑕疵极为方便。它可自动从所修饰区域的周围取样，快速移去照片中的污点和其他不理想部分。如果需要修饰大片区域或需要更大程度地控制来源取样，可以使用修复画笔。

（3）加深图像。

图像中黑色衣服洗得有些发白，可用工具箱中"加深工具"改善。

为防止将衣服外的区域同时加深，先用工具箱中的"磁性套索工具"将衣服部分围成选区，磁性套索工具自动对齐图像中所定义区域的边缘，便于获取衣领处的选区，如图 5-27 所示。

图 5-26　污点修复画笔

图 5-27　加深工具

右击工具箱中的"减淡工具",选取隐藏于其后的"加深工具",在工具参数栏中调整合适的直径后,在图中拖动涂抹即可。按 Ctrl+D 键取消选区。

5）存储图像

（1）存储为 PSD 文件。

选择"文件"|"存储为"命令,在"存储为"对话框的"格式"下拉列表中选择 `Photoshop (*.PSD;*.PDD)`,给定文件名"制作证件照.psd",保存即可。

由于原始照片的像素高,尺寸大,输出质量好,故先将其保存为 Photoshop 格式,该格式在已编辑图像中保留 Photoshop 图层、效果、蒙版、样式等所有功能。

因从小尺寸照片改为大尺寸照片必然影响清晰程度,所以最好通过裁剪高质量图像文件得到小尺寸照片。因而,应注意保存好高质量的 PSD 文件,或制作一份副本保存好,若需要指定尺寸的照片,可打开 PSD 文件再次编辑,之后另存为其他文件名。

（2）制作打印用的蓝底 7 寸照片。

印刷或打印的图像分辨率设为 300 像素/英寸。

报纸插图的图像分辨率设为 150 像素/英寸。

屏幕显示的图像分辨率设为 72 或 96 像素/英寸。

打开前面保存的"制作证件照.psd"文件。

① 蓝色背景。单击"图层"调板中的 👁 按钮,隐藏"红色"图层,显示"蓝色"图层即可,如图 5-28 所示。

图 5-28　控制图层可见性、裁切为 7 英寸照片

② 裁切为 7 英寸照片。选择工具箱中的"裁切工具"后,打开"工具预设"调板,选择"剪切 5 英寸×7 英寸 300dpi",观察工具参数栏中的变化（也可直接输入各参数值。右击宽度和高度参数框,可选择参数单位）。

在图像窗口中调整好裁切区域（无论该区域大或小,裁剪出的照片一定会是设置的尺寸）,按 Enter 键确认。

③ 存储为 JPG 格式文件。选择"文件"|"存储为"命令,在"存储为"对话框的"格式"下

拉列表中选择 JPEG (*.JPG;*.JPEG;*.JPE) ,给定文件名"7 寸照片.jpg",保存即可。

（3）制作打印用的红底 1 英寸带边框证件照。

打开前面保存的"制作证件照.psd"文件。

① 改红色背景。

② 裁切为 1 英寸照片。选择工具箱中的"裁切工具"后，在工具参数栏中输入宽度 2.6 厘米，高度 3.5 厘米，分辨率 300 像素/英寸。如图 5-29 所示调整选区后裁切。

③ 增加画布尺寸。选择"图像"|"画布大小"命令，每边加 0.2 厘米（双边加 0.4 厘米）向四周扩展画布，如图 5-30 所示。

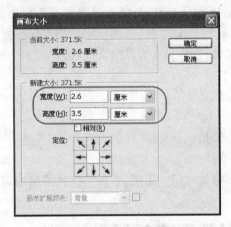

图 5-29　画布原始大小

图 5-30　加边框后画布大小

④ 形成白色边框。在"图层"调板中选择"白色"图层。单击工具箱中的"默认前景色和背景色"按钮 █，观察调色板。按 Ctrl＋Delete 键，为"白色"图层填充背景色（白色），与其他图层叠放形成白色边框。

⑤ 将照片存为 JPG 格式文件（可保存一个"1 寸.psd"文件，以备换不同背景时使用）。

6. 实验小结

本实验涉及了图像处理的主要工作步骤，包括获取图像、选取图像、编辑图像、图像效果处理和存储图像。实验过程中了解了获取已有图像的几种方式，使用了抽出滤镜、磁性套索工具选取图像，尝试了自由裁剪图像和按规定尺寸裁剪图像，体会了新建图层、复制图层、填充图层、移动图层、显示或隐藏图层的方法，了解了背景层的特殊，熟悉了"图层"调板、"历史记录"调板的使用，使用了"色阶"、"污点修复画笔"、"加深"、"橡皮擦"、"度量"等工具，并掌握了"旋转图像"、"扩展画布"等功能的用法，存储了 PSD 格式和 JPG 格式图像。

最重要的是通过本实验，掌握了制作高水准证件照的方法。

7. 实验拓展

制作校内头像。复制若干背景副本图层，依次使用图 5-31 所列滤镜处理，得到不同效果（有关各种滤镜功能，参考随书光盘"Photoshop 导学实验\Photoshop 基本知识.xlt"的"Photoshop 滤镜"工作表，其应用实例极广泛，可参考专门书籍或网络深入学习）。

| 铜版雕刻 | 动感模糊 | 霓虹灯光 | 基底凸现 | 染色玻璃 |

图 5-31 其他滤镜效果

5.3.2 02——在 5 英寸相纸中制作 8 幅 1 英寸证件照（图案）

1. 实验素材

Photoshop 导学实验 01 生成的 JPG 格式的 1 英寸照片文件。

2. 实验目的

了解掌握 Photoshop 中定义及使用图案的方法。

3. 实验要求

在 5 英寸相纸中制作 8 幅 1 英寸证件照，如图 5-32 所示。

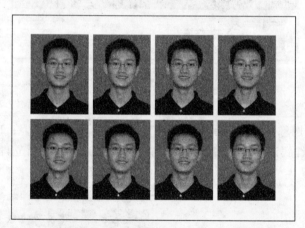

图 5-32 5 英寸相纸中的 8 幅 1 英寸证件照

4. 解决思路

新建一个白色背景，5 英寸相纸大小的文件，将前面实验中制作的红底带框 1 英寸照片定义为 Photoshop 图案，用"油漆桶工具"将图案填充到 5 英寸相纸中，调整位置，然后保存文件。

5. 操作步骤

1）新建图像文件

选择"文件"|"新建"命令，设置"新建"对话框中的各参数，如图 5-33 所示（5 英寸照片：12.7 厘米×8.9 厘米）。

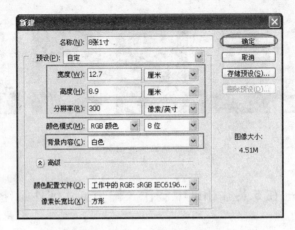

图 5-33 "新建"对话框

2) 编辑图像

(1) 自定义图案。

用 Photoshop 程序打开前面实验中制作的红底带框 1 英寸照片。选择"编辑"|"定义图案"命令，在打开的"图案名称"对话框中给定图案名称，如图 5-34 所示。

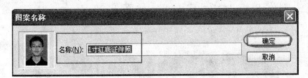

图 5-34 自定义图案

(2) 填充图案。

切换到新建的图像文件，选择"油漆桶工具"，如图 5-35 所示，在工具参数栏中选择"图案"，选择"1 寸红底证件照"，用鼠标单击新建文件的图像区域，立即生成如图 5-36 所示的阵列。

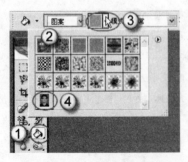

图 5-35 设置"油漆桶工具"

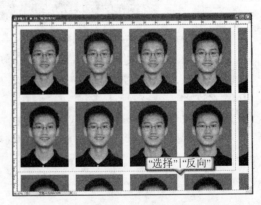

图 5-36 填充图案

（3）删除多余图像。

选择工具箱中的"矩形选框工具"，框选出 8 张完整的照片区域，选择"选择"|"反向"命令，使选区反置，按 Delete 键，选区图像被擦除呈现背景色。应注意，此前应单击工具箱中的"默认前景色和背景色"按钮■将背景色设为白色（因本实验在背景图层中工作，图像被擦除后像素将更改为背景色；若在普通图层中，像素被擦除的区域变为透明）。

（4）居中图像阵列。

选择"选择"|"反向"命令，使选区还原成 8 张完整照片的区域，选择工具箱中的"移动工具"，鼠标左键将选区拖至居中位置，如图 5-37 所示，按 Ctrl+D 键取消选区。

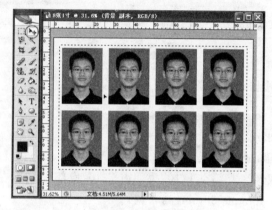

图 5-37　完成效果

3）存储图像

将处理好的图像存为"5 寸相纸中的 8 幅 1 寸证件照.jpg"。

6. 实验小结

本实验主要了解了图案的定义、使用方法，还可选取局部图像定义成图案，此时应注意：只能使用矩形选框工具，并且选择区域时必须将"羽化"值设为 0 像素。移动工具不仅能在一个文件内移动图像（如本实验），还能将图像从一个文件移到另一个打开的图像文件中，并自动建立一个包含该图像的新图层。这个功能对更换图像背景、拼合图像等非常有用。选区反向也是方便、实用的一个功能。本实验新建图像背景为白色，还可设置成黑色和透明色，将透明色背景图像保存为 GIF 格式文件，图像中无像素的区域会保持透明。

7. 实验拓展

试利用已有资源完成图 5-38、图 5-39 所示图像。

5.3.3　03——制作网上报名照片（降低分辨率、裁切）

1. 实验素材

Photoshop 导学实验 01 生成的"制作证件照.psd"文件。

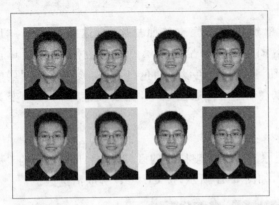

图 5-38　5 英寸相纸多色照片打印

图 5-39　随心所欲

2. 实验目的

掌握制作满足尺寸和文件大小要求的网上报名照片。

3. 实验要求

网上报名照片要求：

(1) 照片：彩色正面近期免冠证件照。

(2) 成像要求：成像区上部空 1/10,头部占 7/10,肩部占 1/5,左右各空 1/10。

(3) 成像区大小：48mm×33mm(高×宽)。

(4) 图像大小：不小于 192×144(高×宽)。

(5) 照片文件格式：JPG 格式。

(6) 照片背景：浅蓝色。

(7) 照片文件大小：大于 30KB,小于 80KB。

4. 解决思路

降低照片分辨率,按规定的尺寸裁剪照片,存储为压缩格式的图像文件。

5. 操作步骤

1) 获取图像

打开前面保存的"制作证件照.psd"文件。

2) 编辑图像

(1) 改为浅蓝色背景。

(2) 满足成像区大小和图像大小要求。

设置裁剪工具宽度 33 毫米,高度 48 毫米,分辨率 150 像素/英寸(分辨率小于 100 像素/英寸时不能满足图像大小要求)。裁切照片。

(3) 检验成像要求。

① 选择"视图"|"标尺"命令,使图像窗口显示水平和垂直标尺。

② 右击水平或垂直标尺,将显示单位改为"百分比"。

③ 单击图像窗口的"还原"按钮,使图像窗口呈浮动状态,滚动鼠标滚轮改变图像大

小,调整窗口与图像匹配,以使水平和垂直标尺比例范围均为 100%,如图 5-40 所示。

④ 选择"移动工具",单击标尺区域向外拖动即可生成参考线,按成像区上部空 1/10,头部占 7/10,肩部占 1/5,左右各空 1/10 布置参考线,若与要求差距太大则重新裁切,如图 5-40 所示。

3)另存为 JPG 文件,检验照片文件大小要求

如图 5-41 所示,存储品质为 10 时,文件大小为 50.9KB;存储品质为 12 时,文件大小为 73.3KB;均满足照片文件大于 30KB,小于 80KB 的要求。

选择"移动工具",单击标尺区域向外拖动即可生成参考线

图 5-40 创建参考线

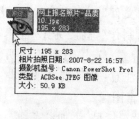

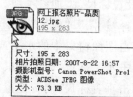

图 5-41 检验照片文件大小

6. 补充说明

若要求文件小于 20KB,可将分辨率设为 72 像素/英寸,并存为 GIF 格式文件(JPG 格式一般大于 20KB)。若要求一定交 JPG 格式文件,将文件扩展名 GIF 改为 JPG 即可(这样处理的图像质量比其他软件直接生成的小尺寸 JPG 文件要高许多)。

还有部门这样要求:照片尺寸宽 115 像素,高 174 像素。此时直接设置裁剪工具宽度 115 毫米,高度 174 毫米,分辨率 72 像素/英寸即可。

另外还有要求:照片尺寸 1∶1.4,大小 20KB 以内。此时设裁剪工具宽度 100 毫米,高度 140 毫米,分辨率 72 像素/英寸即可。

5.3.4　04——光盘盘面制作(路径、文字、图层样式)

1. 实验素材

实验素材在随书光盘"Photoshop 导学实验\Photoshop 导学实验 04-光盘盘面制作"文件夹中,也可使用自己拍摄的照片文件。

2. 实验目的

制作光盘盘面。

3. 实验要求

制作具有立体效果的光盘盘面,并用风景照片作为光盘背景图案,其上书写文字,如图 5-42 所示。

4. 解决思路

以光盘大小新建背景透明的图像文件;添加背景图片;制作圆形盘面;书写文字;制作立体效果;保存文件。

5. 操作步骤

1) 新建图像

选择"文件"|"新建"命令,设置参数——文件名为"光盘盘面制作",高度为 12 厘米,宽度为 12 厘米,分辨率为 300 像素/英寸,背景为透明。系统生成名为"图层1"的图层(注意:若不是透明背景,则生成名为"背景"的图层)。

图 5-42　光盘

2) 编辑图像

(1) 设置标尺、添加参考线。

① 选择"视图"|"标尺"命令(若图像窗口已有标尺,则省略此步)。

② 右击图像窗口中的水平或垂直标尺,选标尺单位为"厘米"。

③ 单击水平标尺,向下拖鼠标左键至垂直标尺 6 厘米处,生成水平参考线。

④ 单击垂直标尺,向右拖鼠标左键至水平标尺 6 厘米处,生成垂直参考线。水平参考线和垂直参考线交点即为光盘中心。

(2) 添加盘面图像。

① 用 Photoshop 打开图像文件"知行亭.jpg"。

② 用"移动工具"▶♣将其拖动复制到"光盘盘面制作.psd"中,并移动调整位置。

③ 双击"图层 2"改名为"盘面图像"。

(3) 生成盘面外圆。

选择"椭圆选框工具",按住 Shift 键,从起点(0,0),拖动到终点(12,12),画正圆选区,如图 5-43 所示。

(4) 保存"外圆"路径。

① 打开"路径"调板,单击调板下方的"从选区生成工作路径"按钮 ⟨⟨⟨⟩。

② 双击调板内路径缩略图,将路径改名为"外圆"。

③ 单击"路径"调板空白处,使绘图区不显示路径,如图 5-44 所示。

(5) 删除外圆外的图像。

① 打开"路径"调板,选路径"外圆",单击调板下方的"将路径作为选区载入"按钮 ⟨⟩(或按 Ctrl+Enter 键),生成外圆选区。

② 选择"选择"|"反向"命令。

图 5-43 正圆选区

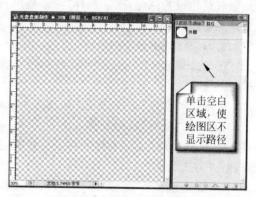

图 5-44 不显示路径

③ 按 Delete 键,删除圆外图像。

④ 按 Ctrl+D 键取消选区,效果如图 5-45 所示。

(6) 删除小圆内图像。

① 选择"椭圆选框工具",将光标对准圆心,同时按住 Shift+Alt 键(从正中心向外绘制正圆),拖动鼠标左键,观察水平及垂直标尺上短虚线均位于 6.75 厘米处时,释放鼠标,即画出直径 1.5 厘米,与外圆同心的小圆。

② 选择"盘面图像"层,按 Delete 键,清除小圆内的图像,如图 5-46 所示。

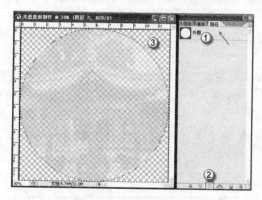

图 5-45 删除圆外图像

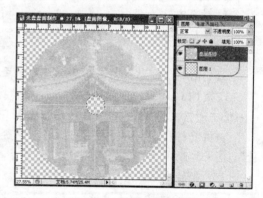

图 5-46 删除小圆内图像

(7) 保存"小圆"路径。

① 打开"路径"调板,单击调板下方的"从选区生成工作路径"按钮 。

② 双击调板内路径名,改名为"小圆"。单击"路径"调板空白处,使绘图区不显示路径。

(8) 绘制中圆。

选择"椭圆选框工具",将光标对准圆心,拖动鼠标左键画圆,同时按住 Shift+Alt 键,观察水平及垂直标尺上短虚线均位于 7.75 厘米处,释放鼠标,即画出直径 3.5 厘米,与外圆同心的中圆。

(9) 中圆填充白色。

前景色设为白色，然后选择"油漆桶工具"，单击小圆与中圆之间的区域，填充白色圆环。注意，不取消选区。

(10) 制作"编号"路径。

① 选择"选择"|"修改"|"收缩"命令，收缩量设为 80 像素（以中圆选区为基准，缩小选区）。

② 打开"路径"调板，单击"从选区生成工作路径"按钮，改名为"编号"。

(11) 在"编号"路径上输入文字。

① 选择"横排文字工具"，在工具参数栏中设置文字大小为 14、颜色为红色、字体为仿宋、对齐方式为居中。

② 将光标移至"编号"路径上，单击路径与垂直参考线交点处，输入文字"Hi-0032"。

(12) 输入横排文字。

选择"横排文字工具"，用光标拖出矩形区域写直排文字"A+级"。

(13) 制作"标题"路径。

① 打开"路径"调板，按住 Ctrl 键，单击"外圆"路径，直接生成外圆选区。

② 选择"选择"|"修改"|"收缩"命令，收缩值 100 像素，做两次共收缩 200 像素（因最大收缩值为 100 像素）。

③ 将生成的缩小的同心圆选区改为路径，并改名为"标题"。

(14) 沿"标题"路径输入标题文字"Premiere Pro 2.0 实训教程"。

① 选择"横排文字工具"，在工具参数栏中设置文字大小为 24、颜色为红色、字体为华文彩云、对齐方式为居中。

② 将光标移至"标题"路径上，单击路径与垂直参考线交点处，输入"Premiere Pro 2.0 实训教程"。

(15) 沿"标题"路径输入标题文字"清华大学出版社"。

① 按住 Ctrl 键，在"路径"调板中单击"标题"路径。

② "横排文字工具"的字体改为华文琥珀。

③ 将光标移至"标题"路径上，单击路径与垂直参考线交点处，输入"清华大学出版社"，如图 5-47 所示。

(16) 翻转文字。

选择"路径选择工具" 或"直接选择工具" ，单击文字一侧，向另一侧拖动，并左右拖动调整文字位置，如图 5-48 所示。

(17) 设置图层样式使盘面立体化。

打开"图层"调板，双击"盘面图像"图层右侧的空白处（蓝色区域），在"图层样式"对话框中勾选"投影"及"斜面和浮雕"复选框，观察图像变化，如图 5-49 所示。

(18) 合并可见图层。

选择"图层"|"合并可见图层"命令，将所有可见图层合为一层。

3) 存储图像

将图像存为 JPG 和 GIF 格式，插入到有颜色背景的 PPT 文稿中观察比较其区别。

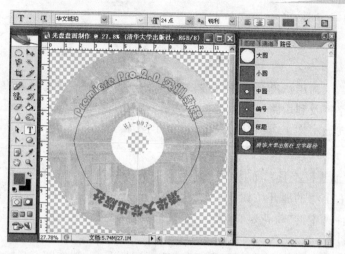

图 5-47 输入文字

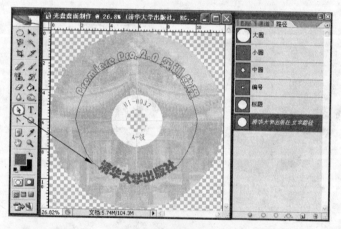

图 5-48 翻转文字

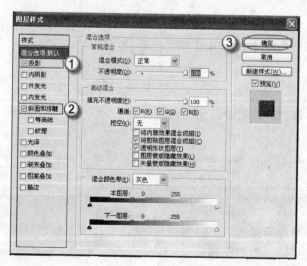

图 5-49 图层样式

GIF 图像：背景透明、需调整大小。

JPG 图像：背景不透明、大小准确。

6. 实验小结

本实验介绍了利用标尺及参考线按精确尺寸绘图，绘制正圆选区的方法；反复训练了利用选区生成路径及利用路径生成选区的功能；掌握了直排文字及沿路径书写文字的方法并沿路径反向显示文字；设置图层样式增加了图像立体效果。

7. 实验拓展

(1) 选择"油漆桶工具"，如图 5-35 所示，在工具参数栏中选择"图案"，打开"图案模式"调板，单击右上角的展开按钮 ▶，在快捷菜单中选择"载入图案"，在"载入"对话框中选择本实验文件夹中的"粉花、向日葵. pat"文件装载，观察"图案模式"调板中新出现的图案 ✳✳✳✳✳✳✳。

(2) 尝试利用图层样式中的"图案叠加"选项添加图案，制作图 5-50。

图 5-50　利用图层样式中的"图案叠加"选项添加的图案

5.3.5　05——选取工具

1. 实验素材

实验素材在随书光盘"Photoshop 导学实验\Photoshop 导学实验 05-选取工具"文件夹中。

2. 实验目的

了解并掌握各选取工具的特点及应用场合。

3. 实验要求

将随书光盘"Photoshop 导学实验\Photoshop 导学实验 05-选取工具"文件夹中各照片主体与背景分离。

4. 解决思路

针对图像特点采用不同选取工具构造选区（也可几个工具联合使用）。可将选区内图像复制到新的图层或新的图像文件中。

(1) 用魔棒工具或魔术橡皮擦工具分离背景颜色较单一的照片。

（2）用磁性套索工具分离与背景对比强烈且边缘复杂的对象。

（3）用磁性套索工具与快速蒙版结合分离与背景对比不明显且边缘复杂的对象。

（4）用钢笔路径对轮廓复杂的主体和背景进行抠图。

5．操作步骤

1）获取图像

打开文件夹中所有图像文件。

2）选取图像

（1）对于"1-魔棒工具-不连续.jpg"图片。

用"魔棒工具"可将颜色较单一的背景选中,增加或降低容差值会使选区面积增加或减少。可设置魔棒工具选区参数为"添加到选区"  ,即可多次点选不同位置,将与它们相包容的颜色区域都加入选区,十分方便。

① 选取工具箱中的"魔棒工具",取消工具参数栏中"连续"复选框的选择,单击图像中蓝天区域,可看到枝叶间的蓝天均加入了选区,再选中"连续"复选框重新做一遍,体会"连续"的作用。

② 选取工具箱中的"矩形选框工具",在其工具参数栏上选择"添加到选区" ,然后按图 5-51 中标号 3~5 的步骤操作。

③ 选择"选择"|"修改"|"扩展"命令,给定合适的扩展量,以除去花瓣及枝叶边缘的杂色为准。

④ 选择"选择"|"反向"命令,新选区中只有玉兰花的主体,按 Ctrl＋J 键,系统自动将选区中的图像复制到新的图层,如图 5-52 所示。

图 5-51　添加到选区

图 5-52　Ctrl＋J 复制选区到新的图层

（2）对于"2-魔术橡皮擦工具.jpg"图片。

用"魔术橡皮擦工具"擦除颜色较单一的选区。虽然本图片的背景颜色不单一,但花朵颜色与其周边颜色反差较大,利于用大容差值擦除,可多次点选剩下的区域,不断擦除。

　　但应注意,擦除本图片时一定要选中魔术橡皮擦工具的"连续"参数,否则将会擦除花心中的与背景同容差范围的部分图像。

　　① 右击工具箱中的"橡皮擦工具"后,选取"魔术橡皮擦工具",在其工具参数栏上设置容差值为 70 ，单击任意背景处,会擦除大部分背景(注意:单击的位置不同,擦除的区域会不同);再次单击与主体相连的区域,会擦除另一些背景图像;对于远离主体的区域,可以用设置了"添加到选区"的框选类工具框选后,按 Delete 键删除。最后只留下图像的主体——花朵,如图 5-53 所示。

图 5-53　容差值为 70 的魔术橡皮擦工具单击一次

　　② 将"2-魔术橡皮擦工具.jpg"图像窗口置为还原状态,与打开的"背景.jpg"图像窗口靠近放置。

　　③ 选择工具箱中的"移动工具",将花朵拖移至背景图像中,如图 5-54 所示。

图 5-54　"移动工具"拖动、复制图像及自由变换

　　④ 选中移到新文件中的花朵所在图层(图层 1),按 Ctrl+T 键,对该层图像进行自由变换。"自由变换"命令可用于在一个连续的操作中应用旋转、缩放、斜切、扭曲和透视等变换。本实验花朵较大,可缩小、移动与背景匹配,按 Enter 键即可确认自由变换命令。

（3）对于"3-磁性套索.jpg"图片。

用磁性套索工具分离与背景对比强烈且边缘复杂的对象。

① 右击工具箱中的"套索工具"后，选取"磁性套索工具"，按图 5-55 中的操作步骤建立位于前面的花朵选区。

图 5-55　磁性套索

② 按 Ctrl+C 键，将选区中的图像复制到剪贴板中。

③ 选择"文件"|"新建"命令，然后直接单击"确定"按钮接受系统给定的文件大小。

④ 按 Ctrl+V 键，将剪贴板中的图像复制到新建的文件中，观察新文件中的绘图区域正好与选区中的图像大小一致，如图 5-56 所示。

图 5-56　将选区图像复制到新建的图像文件中

（4）对于"4-磁性套索+快速蒙版.jpg"图片。

磁性套索工具与快速蒙版结合可较好地分离与背景对比不明显且边缘复杂的对象。

① 对于不易精确选择的图像,先用套索工具选出大概范围,如图 5-57 所示。

② 单击工具箱中的"以快速蒙版模式编辑"按钮 ,非选区部分被透明红色覆盖。

③ 单击工具箱中的"默认前景色和背景色"按钮 ,只用黑白两色调整快速蒙版的选区。

④ 选择工具箱中的"画笔工具",调整合适的画笔直径,沿人物外边缘补画红色,如图 5-58 所示。

⑤ 选择工具箱中的"橡皮擦工具",沿人物内边缘擦除其内的多余红色,最后形成较精确的选区,如图 5-59 所示。

图 5-57　磁性套索工具不能精确地建立选区

⑥ 单击工具箱中的"以标准模式编辑"按钮 ,显示蚂蚁线围成的选区,如图 5-60 所示。

图 5-58　快速蒙版

图 5-59　精确修整选区边缘

图 5-60　以标准模式编辑

⑦ 用"移动工具"将人物拖入"背景.jpg"的图像窗口,按 Ctrl+T 键,放大人像,如图 5-61 所示。

(5) 对于"5-钢笔绘制路径.jpg"图片。

① 选择工具箱中的"钢笔工具" ,在工具选项框内单击"路径"图标 ,单击图像中某点作为起点。

② 单击弧线终点,拖动出现平衡线,不断移动使曲线逼近物体边缘。

③ 拟合好后,按住 Alt 键,单击曲线终点,消除尾部平衡线,再次选下一终点时,该点不会因平衡线而产生弧度,如图 5-62 所示。

图 5-61 更换新的背景

图 5-62 钢笔绘制路径

对于短小直线,可直接选取下一点而不必曲线拟合,完成后双击封闭路径。

④ 单击"路径"调板中的"将路径变为选区"按钮 ⊙,表示路径的实线将变为表示选区的虚线(蚂蚁线)。

6. 实验小结

在前面介绍并使用了构造选区的选取工具,本实验进一步探讨并训练了选取工具的具体使用方法和应用场合。熟练后可以混合使用这些方法获得理想的选区。

5.3.6 06——色彩、色调调整

1. 实验素材

实验素材在随书光盘"Photoshop 导学实验\Photoshop 导学实验 06-色彩、色调调

整"文件夹中。

2. 实验目的

了解并掌握色彩、色调调整的方法和命令。

3. 实验要求

利用多个色彩、色调命令对"饱和度不足.jpg"图片进行调整。

4. 解决思路

用 Photoshop 打开"饱和度不足.jpg"图片,建立多个副本,每个副本用不同的色彩、色调命令调整,比较各自特点及差异。

5. 操作步骤

1) 获取图像

用 Photoshop 打开"饱和度不足.jpg"。

2) 图像效果处理

本实验所用的色彩、色调命令均在"图像"菜单"调整"命令的级联菜单中,如图 5-63 所示。

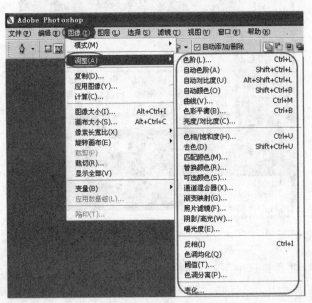

图 5-63 色彩、色调调整命令

(1) 用"色阶"命令调整。

移动"阴影"和"高光"输入色阶滑块至直方图中第一组像素的边缘,调整图像中阴影和高光的强度;移动中间的"输入"滑块来调整灰度系数,即调整中间调。

也可单击"设置黑场"按钮 ✐,单击图像中最暗处,将该处的色阶值改为 0,单击"设置白场"按钮 ✐,单击图像中最亮处,将该处的色阶值改为 255,以改变图像的色调。

在色阶中标识高光和阴影的方法:按住 Alt 键,移动白色或黑色输入色阶滑块,预览图像更改为"阈值"模式的高对比度状态；拖移白色滑块，显示图像的最亮部分的像素分布；拖移黑色滑块，显示图像的最暗部分的像素分布，如图 5-64 所示。

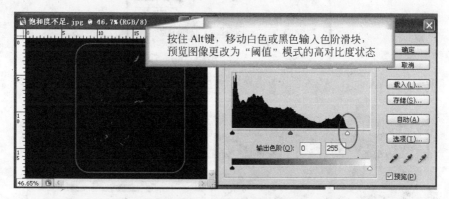

图 5-64　在色阶中标识高光和阴影的方法

（2）用"色相/饱和度"命令调整。

"色相/饱和度"命令，可以调整图像中特定颜色分量的色相、饱和度和亮度，或者同时调整图像中的所有颜色，如图 5-65 所示。

（3）用"曲线"命令调整。

使用"曲线"命令可对图像的整个色调范围（从阴影到高光）及个别颜色通道进行精确的调整。调整曲线向上或向下弯曲将会使图像变亮或变暗，如图 5-66 所示。也可选中"设置黑场"按钮单击图像中最暗处，选中"设置白场"按钮单击图像中最亮处调整图像的色调。

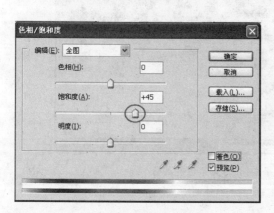

图 5-65　设置"色相/饱和度"

图 5-66　设置"曲线"

（4）用"亮度/对比度"命令调整。

"亮度/对比度"会对每个像素进行相同程度的调整（线性调整），如图 5-67 所示。这种调整方法可能丢失图像细节，故对于高品质输出，可使用"曲线"命令调整。

（5）用"色彩平衡"命令调整。

可分别调整绿叶和红花部分。选用"魔棒工具"，"添加到选区"模式，容差设为 40，选出绿叶部分，如图 5-68 所示；选区反向后，如图 5-69 所示调整红花部分。

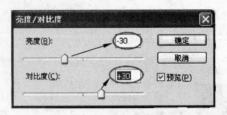

图 5-67　设置"亮度/对比度"

图 5-68　用"色彩平衡"命令调整绿叶部分

图 5-69　用"色彩平衡"命令调整红花部分

(6) 用"通道混合器"命令调整。

拖移各颜色滑块或"常数"滑块即可调整图像色彩,如图 5-70 所示。

"单色"复选框可将"灰色"设置为输出通道,创建仅包含灰色值的图像。

(7) 用"曝光度"命令调整。

"曝光度"滑块:调整色调范围的高光部分,对阴影的影响较弱。

"位移"滑块:使阴影和中间调变暗,对高光的影响较弱。

"灰度系数"滑块:调整图像灰度系数。

吸管工具用于调整图像的亮度值(与影响所有颜色通道的"色阶"吸管工具不同)。

"曝光度"对话框如图 5-71 所示。

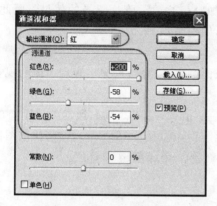

图 5-70 设置"通道混合器"

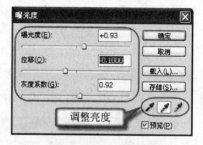

图 5-71 设置"曝光度"

(8) 用"替换颜色"命令调整。

"替换颜色"命令可以创建预览蒙版,替换掉图像中所选的特定颜色。可以使用吸管工具 ✎ 在图像中选择被替换的颜色。使用"添加到取样"吸管工具 ✎ 可将被替换的颜色多次添加到选区;移动"颜色容差"滑块或输入一个值可调整蒙版的容差;单击"结果"色板可打开拾色器选择替换颜色,可移动滑块设置替换颜色的色相、饱和度和亮度,如图 5-72 所示。

(9) 用"阴影/高光"命令调整。

"阴影/高光"命令适于调整逆光照片。在其他方式采光的图像中,可用于使阴影区域变亮。"阴影/高光"命令是基于阴影或高光局部相邻像素的增亮或变暗,因此,阴影和高光有独自的控制选项,如图 5-73 所示。

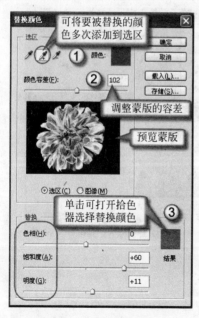

图 5-72 设置"替换颜色"

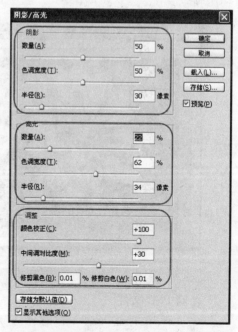

图 5-73 设置"阴影/高光"

（10）用"照片滤镜"命令调整。

"照片滤镜"命令用于模仿在相机镜头前面加彩色滤镜及胶片曝光的效果。因此，可选定预设的颜色或用拾色器选择颜色调整色相，如图 5-74 所示。

（11）用"色调分离"命令调整。

色调分离是使用较少的颜色数简化图像，从而产生奇特的、可突出表现主体的视觉效果，以此增强图像的艺术性。

"色调分离"命令可指定图像中每个通道的色阶值（2～255 之间），通常参数设置在 10以下时，才能产生明显的色调分离效果。默认色阶为 4（如图 5-75 所示），即将构成图像颜色的红、绿、蓝三色，每个颜色分成 4 阶——4 个红色、4 个绿色、4 个蓝色。

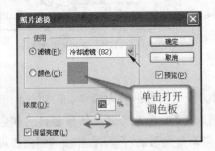

图 5-74　设置"照片滤镜"　　　　　　　图 5-75　设置"色调分离"

（12）用"阈值"命令调整。

"阈值"命令用于将灰度或彩色图像转换为高对比度的黑白图像。可以指定某个色阶作为阈值。所有比阈值亮的像素转换为白色；而所有比阈值暗的像素转换为黑色，如图 5-76 所示。

图 5-76　设置"阈值"

3）存储 PSD 文件

选择"文件"|"存储"命令，在"存储为"对话框中选择＊.PSD 文件并保存。

6. 实验小结

通过本实验,对图像的色彩、色调调整有了初步认识,其中"曲线"命令是最常用的调整工具,理解了曲线就能触类旁通很多其他色彩色调调整命令,由于本书篇幅有限,不能过多展开,实际工作中要处理某类图像效果时,可上网搜索,借鉴其他人在具体工作中的实践心得,会快速提升自己的应用水平。

5.3.7 07——图层蒙版、矢量蒙版

1. 实验素材

实验素材在随书光盘"Photoshop 导学实验\Photoshop 导学实验 07-图层蒙版、矢量蒙版"文件夹中,也可使用自己拍摄的照片文件。

2. 实验目的

理解并掌握图层蒙版和矢量蒙版的应用;掌握调整层的使用方法;掌握阈值的应用方法;使用预设画笔。

3. 实验要求

将"北海.jpg"图片变为黑白,在其上绘制图 5-77 所示的图像效果。

图 5-77 完成图

4. 解决思路

为"背景"层添加一个"阈值"调整层,将其变为黑白效果的图像;新建 1 个图层,置于最上层,填充某彩色,添加图层蒙版和矢量蒙版;利用形状工具在矢量蒙版上生成蝴蝶形状的路径;使用预设画笔在图层蒙版上添加不同透明度的斑点。

5. 操作步骤

1)获取图像

用 Photoshop 打开"北海.jpg"。

2)图像效果处理

(1)创建"阈值"调整层。

如图 5-78 所示,为"背景"层创建"阈值"调整层,设阈值为 106,使图像只为黑白两色。

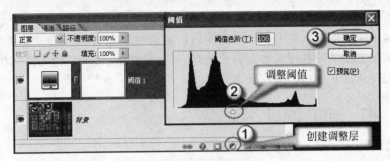

图 5-78 "阈值"调整层

(2) 新建图层、添加图层蒙版和矢量蒙版。

① 新建图层,改名为"图层蒙版+矢量蒙版"。

② 选中该层,选择"图层"|"图层蒙版"|"显示全部"命令,添加白色(即全部显示该层上的图像)的图层蒙版。

③ 选择"图层"|"矢量蒙版"|"隐藏全部"命令,添加灰色(即全部隐藏该层上的图像)的矢量蒙版。

④ 前景色设为浅褐色,按 Alt+Delete 键填充前景色,如图 5-79 所示。

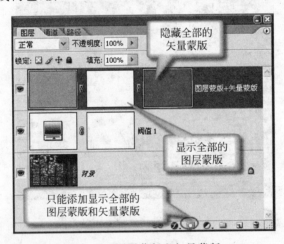

图 5-79 图层蒙版和矢量蒙版

(3) 利用形状工具在矢量蒙版上生成蝴蝶形状的路径。

① 隐藏"背景"层和"阈值"调整层。

② 单击矢量蒙版缩览图,选中矢量蒙版,按图 5-80 所示步骤,绘制蝴蝶形状的路径。

(4) 使用预设画笔在图层蒙版上添加不同透明度的斑点。

① 选择工具箱中的"画笔工具"。

② 按 F5 功能键,打开"画笔"调板。按如图 5-81 所示的步骤选择并设置画笔。

③ 将前景色设为黑色,单击选中图层蒙版,在左下蝴蝶羽翅上单击一次,画出一个椭圆,换个位置再次单击,画出另一个椭圆。将前景色改为红色,画右上羽翅。

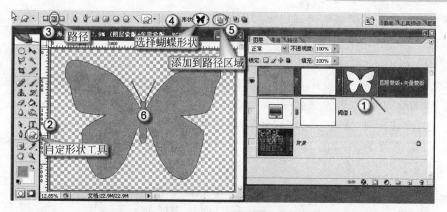

图 5-80　在矢量蒙版上生成蝴蝶形状的路径

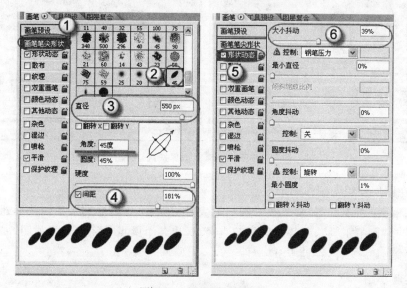

图 5-81　设置"预设画笔"

④ 将画笔笔尖角度改为 135 度。

⑤ 前景色设为紫色，画左上羽翅。前景色设为浅紫色，画右下羽翅，如图 5-82 所示。

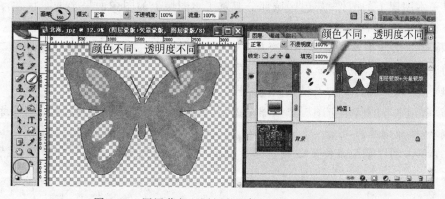

图 5-82　图层蒙版不同颜色区域对本层图像的遮罩

观察图层蒙版不同颜色区域对本层图像的遮罩效果，可看出黑色完全遮罩、灰色部分遮罩、白色完全显示本层图像。

（5）在新图层上制作蝴蝶外框（制作边界选区）。

① 在"图层"调板中，按住 Ctrl 键，单击矢量蒙版缩览图，图中显现蝴蝶外形选区。

② 添加新图层，改名为"蝴蝶外框"。

③ 选择"选择"|"修改"|"边界"命令，将边界选区宽度设为 60 像素。

④ 前景色改为深褐色，用"油漆桶工具"填充边界选区，形成深色蝴蝶外框，如图 5-83 所示。

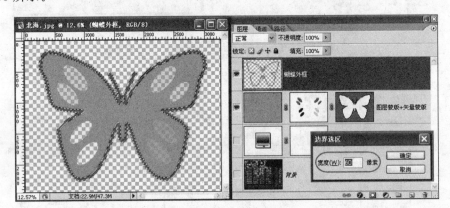

图 5-83   填充边界选区

（6）在图层蒙版上制作圆形斑点。

单击图层蒙版缩览图，画笔改为圆形笔尖，用"吸管工具"分别采集四片羽翅椭圆处的颜色后，选择"画笔工具"，调整不同画笔直径，画出各个圆点。完成效果如图 5-77 所示。

3）存储 JPG 文件，存储 PSD 文件。

6．实验小结

通过本实验，清楚了图层、图层蒙版与矢量蒙版的几个问题：

（1）一个图层只能有 1 个图层蒙版与 1 个矢量蒙版（可只添加其中之一）。

（2）图层蒙版上可以用画笔类工具绘制黑色、白色、不同深浅的灰色。其黑色区域完全遮罩了本图层上的图像，灰色区域部分遮罩了本图层上的图像而呈半透明状态，白色区域完全显示本图层上的图像。

（3）矢量蒙版由路径将其分成深灰色和白色两种区域。深灰色区域完全遮罩了本图层上的图像，白色区域完全显示本图层上的图像。

（4）按住 Ctrl 键，单击矢量蒙版缩览图，其上的路径转换成选区。

（5）按住 Ctrl 键，单击图层蒙版缩览图，其上的白色及浅灰色区域（灰度值小于 50%的区域）转换成选区。

（6）单击图层蒙版或矢量蒙版缩览图，蒙版缩览图的周围将出现一个边框，表示为现用状态。

7. 实验拓展

尝试将一只蝴蝶复制为多只,并改变颜色及飞行姿态("编辑"|"变换"命令),如图 5-84 所示。

图 5-84 实验拓展

5.3.8 08——蓝天白云(图层蒙版、图层混合模式)

1. 实验素材

实验素材在随书光盘"Photoshop 导学实验\Photoshop 导学实验 08-蓝天白云"文件夹中,也可使用自己拍摄的照片文件。

2. 实验目的

掌握两文件间复制图像的方法;掌握图层蒙版的用法;掌握图层混合模式的应用方法。

3. 实验要求

为阴天的图片添加蓝天白云,并利用图像本身的画面制作浮雕字。

4. 解决思路

在阴天图片的 PSD 文件中增加一层蓝天白云的图像(置于阴天图像图层之上),用图层蒙版遮罩住蓝天白云图像的下半部分,并更改图层混合模式为"正片叠底",合并两图层后调整色阶。使用"横排文字蒙版工具"和"图层样式"结合形成浮雕字。

5. 操作步骤

1) 获取图像

用 Photoshop 打开"运动会.jpg"和"蓝天白云.jpg"。

2) 编辑图像

两文件间复制图像的方法如图 5-85 所示:①选择"移动工具";②用鼠标将源图像(蓝天白云)拖移到目标图像(运动会)中;③若两图像大小不一致,可按 Ctrl+T 键,用

"自由变换"命令调整移入的源图像。

图 5-85　两文件间复制图像

选中新生成的图层,改名为"蓝天白云"。

3) 图像效果处理

(1) 添加图层蒙版。

选中"蓝天白云"图层,单击"图层"调板底部的"添加图层蒙版"按钮▢。

(2) 用"渐变工具"填充图层蒙版。

单击"蓝天白云"图层蒙版缩览图,如图 5-86 所示,选择"线性渐变"模式▣,沿栏杆垂直方向以直线从起点渐变到终点,遮罩住天空以下的图像。

图 5-86　用"渐变工具"填充图层蒙版

(3) 改变图层混合模式。

如图 5-87 所示,在"图层"调板中选择混合模式为"正片叠底",可看到栏杆部分的图像得以突出。

(4) 制作浮雕字。

① 选中"蓝天白云"图层,选择工具箱中的"横排文字蒙板工具"▣,在工具参数栏中选择合适的字体、字号,输入文字后按 Enter 键,生成文字外形的选区。

② 按 Ctrl+J 键,系统自动将文字选区内的图像复制到新建图层中。

图 5-87　图层混合模式"正片叠底"

③ 按 Ctrl＋D 键取消选区。

④ 选中"图层 1"，双击图层名右侧空白区域，打开"图层样式"对话框，勾选"投影"和"斜面和浮雕"复选框，如图 5-88 所示。

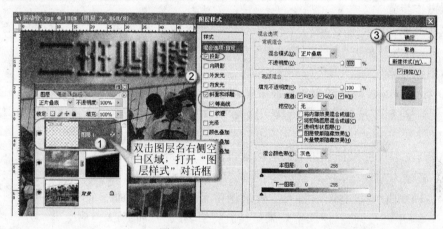

图 5-88　设置"图层样式"

（5）向下合并图层。

按 Ctrl＋E 键，向下合并图层（或选择"图层"｜"向下合并图层"命令）。

（6）调整色阶。

4）存储 JPG 文件

在"历史记录"调板中退至"向下合并图层"前一步的操作步骤，存储 PSD 文件。

6．实验小结

图层蒙版与渐变工具常用于处理无痕迹拼图。渐变工具可以创建多种颜色间的逐渐混合效果，渐变后过渡非常自然，由此可以想象，用黑白两种颜色渐变填充在图层蒙版上，将会有一个由黑变白的渐变过渡区域，该区域会使该层上的图像由完全遮罩到半遮罩逐渐到完全显示的状态，这种状态非常有利于以某一分界线拼合两个图层上各一半的图像，达到无痕迹拼图效果。

5.3.9　09——逆光图像（调整图层/填充图层之图层蒙版、通道）

1. 实验素材

实验素材在随书光盘"Photoshop 导学实验\Photoshop 导学实验 09-逆光图像"文件夹中。

2. 实验目的

掌握用调整图层、图层蒙版及渐变工具调整逆光图像的方法。

3. 实验要求

改善逆光图像。

4. 解决思路

图像添加两个调整图层，一层将下半部图像调整到最佳状态，另一层将上半部图像调整到最佳状态，分别在两个调整图层的图层蒙版上遮罩住效果不好的半幅图像，使两个调整层中效果好的两个半幅图像露出来合成一幅佳作。

5. 操作步骤

1）获取图像

用 Photoshop 打开"逆光图像.jpg"。

2）图像效果处理

（1）添加"曲线"调整图层将草原效果调整至最佳。单击"图层"调板下方的"创建新的填充或调整图层"按钮 ⬤，选择其下拉选项"曲线"，如图 5-89(a)所示进行调整，使草原效果最佳。

双击调整图层可以打开相应的对话框再次调整、修改各参数。

将层名改为"曲线-草原"，单击 👁 图标，隐藏该层（以免干扰下面要做的调整层）。

（2）添加"曲线"调整图层将天空效果调整至最佳。再添加一个"曲线"调整图层，如图 5-89(b)所示进行调整，使天空效果最佳。将层名改为"曲线-天空"。

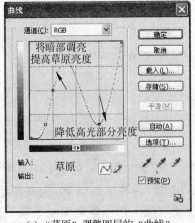

(a)　"草原"调整图层的"曲线"
　　对话框设置

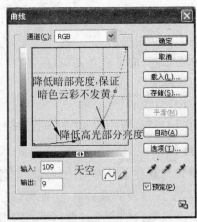

(b)　"天空"调整图层的"曲线"
　　对话框设置

图 5-89　"草原"及"天空"调整图层的"曲线"调整图

调整图层将调整效果应用于它下面的所有图层。

（3）用"渐变工具"填充调整图层的图层蒙版，遮罩"曲线-草原"的上半部图像。单击 图标，使"曲线-草原"调整图层可见，此时，图像色彩很混乱，这是由于调整图层将调整效果应用于它下面的所有图层，故可先隐藏"曲线-天空"。

用"渐变工具"填充图层蒙版步骤如下：

① 单击"曲线-草原"图层蒙版缩览图；

② 选择"线性渐变工具"；

③ 选择线性渐变模式；

④ 如图 5-90 所示，从山脚到山顶拖动直线从起点渐变到终点，遮罩草原以上的图像。

图 5-90　利用"渐变工具"填充图层蒙版

（4）用"渐变工具"填充调整图层的图层蒙版，遮罩"曲线-天空"的下半部图像方法同上，故不多述。

（5）添加填充图层，改善色调。单击"图层"调板下方的"创建新的填充或调整图层"按钮 ，选择其下拉选项"纯色"，如图 5-91 所示选择橙色。

双击填充图层可以打开相应的对话框再次调整、修改各参数。

（6）制作灰色图层蒙版减弱橙色。如图 5-92 所示，为减弱山峰和草原部位的橙色调，用最大直径（2500 像素）、不透明度为 37% 的橡皮擦工具在图层蒙版上擦除，至视觉效果良好时即可。此时填充图层的图层蒙版为半透明的灰色蒙版。

为减弱天空的橙色调，用最大直径（2500 像素）、不透明度为 10% 的橡皮擦工具在图层蒙版上擦除一次即可。

注意：要一次拖动橡皮擦工具擦除所有部位后再松开鼠标，以免产生不均匀色块。用橡皮擦工具时背景色设为黑色；若用画笔则前景色为黑色。

（7）采用通道制作云朵选区。图像左上角的云朵阴暗，感觉压抑，因此想提高其局部亮度，但云层有薄厚分布，其选区应有针对性，故采用通道制作选区才能获得最佳效果。

① 打开"通道"调板，选择明暗反差大的"蓝"通道，右击选择"复制通道"，生成"蓝 副

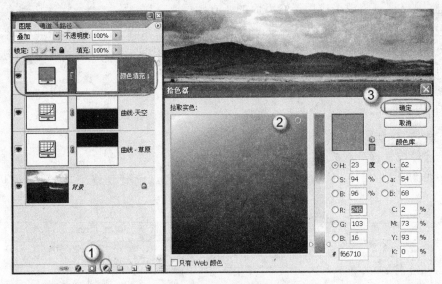

图 5-91　添加填充图层

图 5-92　减弱山峰和草原的橙色

本"通道,如图 5-93 所示,单击选中"蓝 副本"通道(在副本通道中调整图像不会破坏原有图像)。

② 背景设为白色。

③ 选择"橡皮擦工具",不透明度设为 100%。

④ 将图像窗口中云朵外的区域擦成纯白色。

⑤ 选择"图像"|"调整"|"反相"命令,"蓝 副本"通道中黑白色颠倒。

⑥ 按住 Ctrl 键,单击"蓝 副本"通道,建立云朵选区,如图 5-94 所示。

⑦ 单击"RGB"通道,图像呈现彩色。

⑧ 回到"图层"调板,选中"背景"层,按 Ctrl+J 键,复制云朵选区至"图层 1"中。

⑨ 将"图层 1"的图层混合模式改为"滤色",可以看到云朵处的效果得到了大大改善。

图 5-93　复制通道

图 5-94　采用通道制作选区

（8）合并可见图层。按 Ctrl＋Shift＋E 键，或选择"图层"|"合并可见图层"命令。

3）存储 JPG 文件

在"历史记录"调板中退至"合并可见图层"前的操作步骤，存储 PSD 文件。

6. 实验小结

逆光图像的色阶图形很有特点——形似"U"字，对这种色阶的图像也可用"阴影/高光"命令调整，但由于该命令要兼顾阴影及高光两个极端部分，因此很难达到极佳的效果。对于本实验这种恰好可以分为上下两部分（或斜向分割）的图像，用图层蒙版加渐变工具处理的方法可以得到更为理想的效果。

通过本实验体会了使用调整图层和填充图层最大的好处是不破坏原有图像、修改方便以及作用于其下所有层;了解了采用通道制作奇妙选区的方法,利用图像本身的通道可以制作十分精确的选区,对于像云朵这样多层次的画面,使用通道选区制作出的图像,其颜色过渡非常自然、和谐。

5.3.10　10——用通道替换背景

1. 实验素材

实验素材在随书光盘"Photoshop 导学实验\Photoshop 导学实验 10-用通道替换背景"文件夹中,也可使用自己拍摄的照片文件。

2. 实验目的

掌握用通道制作选区的方法;了解在通道中仍能使用部分调整命令;了解用阈值制作选区的方法。

3. 实验要求

替换窗外风景,如图 5-95 所示。

图 5-95　替换窗外风景

4. 解决思路

用通道制作出窗户选区,在"背景副本"层中删除窗户选区的图像,添加漂亮的风景图层置于"背景副本"层下面。

5. 操作步骤

1)获取图像

用 Photoshop 打开"替换背景.jpg"和"彩链飞舞.jpg"。

2)图像特效处理

(1)复制通道。

进入"通道"调板,选择反差最大的"红"通道,复制生成"红 副本"通道。

(2)增大"红 副本"通道的反差。

选择"图像"|"调整"|"曲线"命令,增大"红 副本"通道的反差,从图 5-96 左图可看出,随着亮度提高,大部分窗外图像已消失。

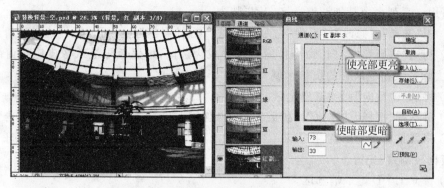

图 5-96　利用"曲线"命令调整通道明暗度

（3）建立墙体选区，并涂黑。

如图 5-97 所示，用"多边形套索工具"建立墙体选区，选择黑色画笔或橡皮擦工具将选区内全部涂黑后，按 Ctrl＋D 键取消选区。

图 5-97　建立墙体选区，并涂黑

（4）利用"阈值"命令将图像分为黑白两色。

如图 5-98 左图所示，利用"阈值"命令将图像分为黑白两色。

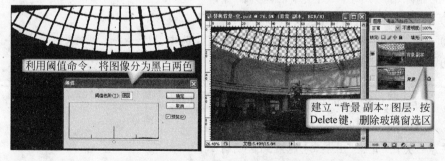

图 5-98　利用"阈值"命令将图像分为黑白两色

（5）精细调整选区。

按 Ctrl 键，单击"红 副本"通道，显示窗户选区，但可以看到窗框部分有一些细小区域也成为了选区，若手工修改将十分耗时、耗力。

可用一系列命令精细调整选区,其步骤为:

① 用"选择"|"修改"|"平滑"命令(8 或 10 像素)修整选区(可使选区边界平滑)。

② 利用"选择"|"反向"命令使窗框部分成为选区,用黑色画笔或橡皮擦将窗框全部涂黑(去除造成窗框缺失的白色区域)。

③ 将选区"反向"回到窗户选区。

④ 可选择"选择"|"修改"|"扩展"命令(2 像素)扩展窗户选区,使窗框变细、秀气。

⑤ 将背景色设为白色,按 Delete 键清除选区内的黑色残余图像,使选区内为白色,此时的窗框较细致、光滑。

⑥ 按 Ctrl+D 键取消选区。

⑦ 用"画笔工具"将个别断开的窗框连接上。

图 5-99 示意了各步骤效果。

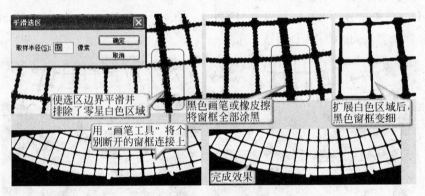

图 5-99　精细调整选区

(6) 保存"窗户"选区。

按 Ctrl 键,单击"红 副本"通道,显示窗户选区(白色部分),利用"选择"|"存储选区"命令保存名为"窗户"的选区,以备后用。按 Ctrl+D 键取消选区。

(7) 删除"背景 副本"图层中的窗外图像。

① 单击"RGB"通道,图像改回彩色。

② 打开"图层"调板,建立"背景 副本"图层并选中。

③ 关闭"背景"图层。

④ 选择"选择"|"载入选区"命令,选择"窗户"选区。

⑤ 按 Delete 键,窗户选区中的图像被删除成为透明。

⑥ 按 Ctrl+D 键取消选区。

注意:关闭"背景"图层,才能看到透明区域。

(8) 添加新背景。

① 选中"移动工具",将"彩链飞舞"图像拖入到"替换背景"中(自动建立"图层 1")。

② 调整图层顺序,使"背景 副本"图层在上。

③ 选中"图层 1",按 Ctrl+T 键,调整新背景的大小、位置后按 Enter 键确认,如图 5-100 所示。

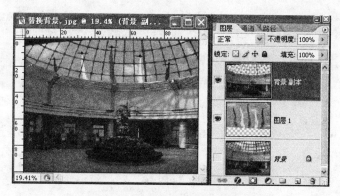

图 5-100　添加并调整新背景

（9）合并可见图层,利用"曲线"命令调整全图色调。

3）存储 JPG 文件

在"历史记录"调板中退至"合并可见图层"前的操作步骤,存储 PSD 文件。

6. 实验小结

本导学实验重点在于利用通道制作选区,建立起对于通道的概念。用通道制作选区时应注意 3 点:①选择明暗反差大的通道制作通道副本;②调整通道副本的色调,增加反差使其成为黑白两色,必要时可用画笔或橡皮擦工具帮助分区;③按 Ctrl 键单击通道缩略图时,通道上白色部分成为选区,可用"图像"|"调整"|"反相"命令颠倒黑、白区域,满足实际应用要求。

7. 实验拓展

试用本实验的方法,对证件照进行抠图,将人物从背景中分离出来。

5.3.11　11——消除文字图片中的水印(分离通道)

1. 实验素材

实验素材在随书光盘"Photoshop 导学实验\Photoshop 导学实验 11-消除文字图片中的水印"文件夹中。

2. 实验目的

掌握用"分离通道"命令消除文字图片中水印的方法。

3. 实验要求

将带有水印的文字图片还原成单纯文字的图片,如图 5-101 所示。

4. 解决思路

制作反差较大通道的副本,对其作"曲线"调整,增大其明暗反差,只留黑白像素,去除灰像素,即可使水印消失。

5. 操作步骤

1）获取图像

用 Photoshop 打开"水印图片.jpg"。

图 5-101　消除文字图片中的水印

2）图像特效处理

（1）复制反差较大的通道。

进入"通道"调板，选择反差较大的通道（本实验为"红"通道），制作通道副本。

（2）在通道中作"曲线"调整。

对"红 副本"通道的灰度图像作"曲线"调整，如图 5-102 所示，将曲线暗部端点向右移，亮部端点向左移，曲线变为大斜率直线，增加了色调的对比，在文字清晰且水印消失位置确认即可。

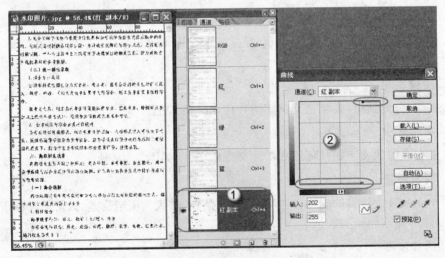

图 5-102　在通道中作"曲线"调整

（3）分离通道。

如图 5-103 左部所示，单击"通道"调板右上角展开按钮，在快捷菜单中选择"分离通道"命令，系统立刻按单色通道生成四个独立的文件，察看由"红 副本"通道生成的图像（"水印图_4.jpg"），视其文字清晰度决定是否再进行"曲线"调整。

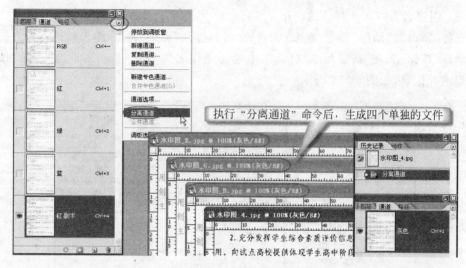

图 5-103 将各通道分离成单独的文件

3）存储 JPG 文件

选择"文件"|"另存为"命令，保存除去水印后的文字图片。

6. 实验小结

在考试网上常常将一些试卷加上水印，用本实验分离通道的方法可以轻松获得清晰的试卷。

5.3.12 12——动作和批处理

1. 实验素材

实验素材在随书光盘"Photoshop 导学实验\Photoshop 导学实验 12-动作和批处理"文件夹中，也可使用自己拍摄的照片文件。

2. 实验目的

掌握动作和批处理的方法。

3. 实验要求

改变某文件夹中所有图片尺寸为 720×576，分辨率为 300 像素/英寸。

4. 解决思路

对于一批照片，有可能存在相同的处理要求，可利用 Photoshop 中的"动作"和"批处理"的功能，一次性地对这一批照片进行处理。

5. 操作步骤

1）获取图像

用 Photoshop 打开任意一个图片文件（如素材文件夹中的"素材图片.jpg"）。

2）录制动作

（1）创建名为"720 * 576"的动作。

选择"窗口"|"动作"命令（或按 Alt＋F9 键），打开"动作"调板，单击调板右下方的"创建新动作"按钮 ，在"新建动作"对话框中给定动作名为"720 * 576"，单击"记录"按钮，开始创建并记录，如图 5-104 所示。

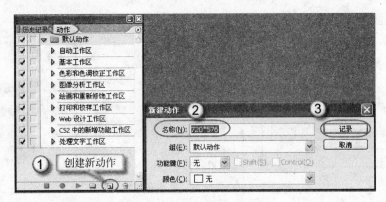

图 5-104　创建新动作

（2）记录裁切图像过程。

选择"裁切工具"，设置参数如图 5-105 所示。设置尽可能大的裁切区域，然后按 Enter 键确认裁切。

图 5-105　裁切

（3）记录保存文件过程。

选择"文件"|"另存为"命令（Ctrl＋Shift＋S），设置"JPEG 选项"对话框后单击"确定"按钮，给定文件名，保存文件。

（4）记录关闭当前图像文件。

按 Ctrl＋W 键，关闭当前图像文件。

（5）停止记录。

如图 5-106 所示，单击"动作"调板左下角的"停止记录"按钮，即已将一系列操作记录到了"720＊576"动作中。

3）使用动作

如图 5-107 所示，打开某一图像文件，进入"动作"调板，选定动作名"720＊576"，单击"播放选定的动作"按钮 ▶，则会对该图像记录该动作的一系列操作。

图 5-106　停止记录

图 5-107　播放选定的动作

4）使用批处理命令

"批处理"命令可以对一个文件夹中的所有文件运行动作。

在批处理命令中，可以选择某一处理图像的动作，并可指定要成批处理图像的源文件夹及存放处理后文件的目标文件夹，还可指定目标文件夹内新图像的名称及序号。

尽管"动作"命令已经大大提高了工作效率，但利用"批处理"命令与"动作"命令的结合，可以成批地自动处理文件夹中所有文件，更加充分发挥了计算机高效工作的能力。

选择"文件"|"自动"|"批处理"命令，按图 5-108 进行设置。单击"确定"按钮后，按指定文件夹、文件名生成新的图像文件，如图 5-109 所示。

6. 实验小结

由于本实验记录的动作中包含"存储为"命令，所以应选取"覆盖动作中的'存储为'命令"选项，确保将文件存储在指定的文件夹中，否则将会用处理过的文件覆盖原始文件夹中的原始图像文件。

7. 实验拓展

（1）将随书光盘"Photoshop 导学实验\Photoshop 导学实验 12-动作和批处理"文件

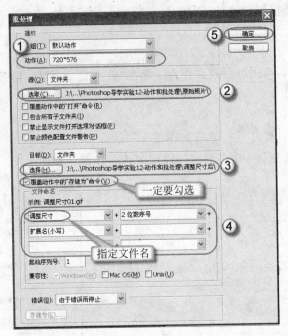

图 5-108　批处理

图 5-109　按指定文件夹、文件名生成的新文件

夹下"西藏"及"西藏色阶后"文件夹复制到硬盘,创建新动作记录调整"西藏"文件夹中某一图片的自动色阶、另存为并关闭文件的一系列命令;使用"批处理"命令对"西藏"文件夹中的所有图片进行色阶处理并存于"西藏色阶后"文件夹中。

（2）Photoshop 的图像处理器也可以转换和处理多个文件,如调整图像大小。与"批处理"命令不同,使用图像处理器处理文件时不必先创建动作。但在图像处理器中执行的操作具有局限,并不能代替"动作"所记录的很多命令。具体内容请查阅 Photoshop 的帮助。

选择"文件"菜单中的"脚本"命令,设置图 5-110 所示的"图像处理器"对话框以调整图像大小,请将本实验的"原始照片"文件夹和"调整尺寸后"空文件夹复制到桌面,完成用图像处理器批量调整图片尺寸的实验。

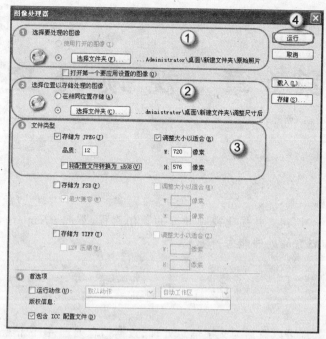

图 5-110　用图像处理器批量调整图片尺寸

5.4　本章总结

　　以上 Photoshop 导学实验，概括了图像处理的主要工作流程、处理技术和具体操作。其中，图像编辑和特效是图像处理的核心所在，活学活用并能灵活掌握以上技术，将一定胜任图像处理工作。

第 6 章 视 频 处 理

本章学习目标:

通过本章的学习,建立并强化视频处理的工作流程,掌握 Premiere 软件的重要知识点及主要操作,具备视频处理能力。

6.1 概 述

计算机信息处理可以概括为文字信息处理、数据信息处理、图像信息处理、音频/视频信息处理。

1. 视频与动画

视频是连续显示每秒超过 24 帧以上的图像变化。此状态下人眼无法辨别单幅画面,形成平滑连续的视觉效果。连续图像变化低于每秒 24 帧则为动画。随着数码产品的蓬勃发展,工作和生活中的视频作品越来越多,因而具备视频处理能力已成为人们在计算机应用领域里的一种基本素质。

2. 视频处理软件 Adobe Premiere Pro

Adobe Premiere Pro 是一个创新的、功能强大的视/音频编辑软件,可以在各种平台下和硬件配合使用,被广泛地应用于电视台、广告制作、电影剪辑等领域。本课程以 Premiere 软件为依托引导大家进入视/音频处理领域。

Premiere 的界面由若干窗口组成。图 6-1 是启动 Adobe Premiere Pro 2.0 后显示的界面——特效模式界面。该界面显示了以下 5 个窗口。

(1) 时间线窗口:可在视频轨道中编辑视频和图片素材,在音频轨道中编辑声音素材。它是视频编辑的核心窗口。

(2) 项目窗口(也称素材窗口):其基本功能为导入素材。

(3) 节目监视窗口:主要用来预览和编辑时间线窗口中的视频节目。

(4) 特效窗口:Premiere 在特效窗口中提供了"音频特效(Audio Effects)"、"音频转场(Audio Transitions)"、"视频特效(Video Effects)"、"视频转场(Video Transitions)"等,它们可以为视频、图像或音频素材添加特效和转场效果。(为准确表达,这些特效在软件中均显示为英文,可参阅随书光盘"Premiere 导学实验"文件夹中的"Premiere Pro 2.0 音频、视频特效及转场-英、中文对照表.xlt"以方便学习。)

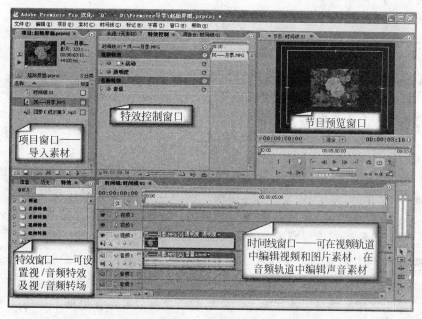

图 6-1　Adobe Premiere Pro 2.0 的起始界面

（5）特效控制窗口：设置所选特效的各项参数。

3. Premiere 的 4 个工作模式

在"窗口"主菜单中列出了 Premiere 全部窗口，用户可根据需要打开或关闭某窗口。

请单击各窗口标签右侧的 ✖ 按钮，关闭所有窗口，观察 Premiere 界面，之后选择"窗口"主菜单"工作窗口"下的 4 个工作模式：Editing（编辑）、Effects（特效）、Audio（音频）和 Color Correction（色彩修正），体会 Premiere 独到的界面设计。

4. 视频处理工作流程

图 6-2 为视频处理的工作流程，即：新建项目、导入素材、添加素材、编辑素材、输出视频、保存项目。本章通过 9 个 Premiere 导学实验帮助读者建立并强化视频处理的工作流程，并通过实验过程了解、掌握 Premiere 软件中重要的知识点及相关的操作。

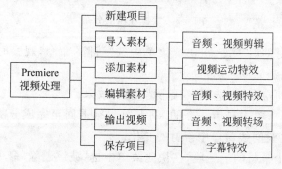

图 6-2　视频处理的工作流程

6.2　基　本　知　识

视频处理的核心部分是编辑素材，包括音频、视频剪辑，视频运动特效，音频、视频特效，音频、视频转场及字幕特效。

6.2.1　音频、视频剪辑

音频、视频剪辑主要包括素材的分割、清除与波纹删除；素材的剪切、复制、粘贴、移动；调整素材的持续时间（包括确定静止图像素材的长度；改变视频与音频素材的速率）；入点与出点的设定及四点、三点编辑；素材的插入、覆盖、提升和析出剪辑；在素材或时间标尺上进行标记；音频与视频同步及解除同步；设定工作区域等。

1. 素材的分割、清除与波纹删除

制作电影时，往往只需要源素材的某一部分，因而经常要对源素材进行分割，保留需要的部分，除去不用的部分。根据除去部分后面的素材段是留在原处不动还是前移与前面的素材段相接，Premiere 提供了"清除"与"波纹删除"两个命令。

素材的分割、清除与波纹删除验证型实验：

① 打开随书光盘"Premiere 导学实验\素材"文件夹中 Premiere 项目文件"1-素材的分割、清除与波纹删除. prproj"，用"剃刀工具" 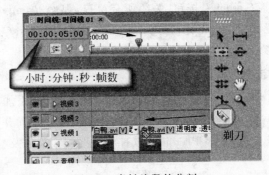（位于时间线窗口右侧的工具箱内）在时间线中各素材 5 秒钟的时间长度处单击，将各素材分割为两部分（如图 6-3 所示）。

图 6-3　素材片段的分割

② 右击各个素材的后一段，在快捷菜单中选"清除"命令，观察时间线窗口中素材并播放查看节目监视效果。

③ 右击两素材间空白处，选"波纹删除"，观看效果。

④ 打开历史窗口，单击最后一个的"剃刀"记录（退回至完成分割的状态，按 Ctrl＋Z 键可逐步退回），观察时间线窗口中素材的变化。

⑤ 再次右击各个素材的后一段，在快捷菜单中选"波纹删除"命令，观察并播放。

请通过本实验内容，总结"清除"与"波纹删除"命令的区别。

2. 素材的裁剪、复制、粘贴、移动

与其他应用软件类似,无论裁剪(Ctrl＋X)或复制(Ctrl＋C)都会将选中的素材信息复制到剪贴板中,而粘贴(Ctrl＋V)时,剪贴板中的素材将显示于指定轨道中时间指示线右侧。

1) 确定粘贴位置

移动时间线窗口中的时间指示线到粘贴内容的起点。若要与某素材精确相接,可单击节目监视窗口中的"转到下一编辑点"按钮，时间线窗口中的时间指示线向右跳至素材端点(快速、准确)。同理,单击"转到上一编辑点"按钮，时间线窗口中的时间指示线向左跳至素材端点。

2) 素材的裁剪、复制、粘贴、移动验证型实验

打开随书光盘"Premiere 导学实验\素材"文件夹中 Premiere 项目文件"2-素材的裁剪、复制、粘贴、移动. prproj",将"视频 1"轨道中的素材"群鸭. avi"复制到"视频 2"轨道中,其起点与"黑鸭. avi"结束点对齐。如图 6-4 步骤进行操作,①确定粘贴位置在"黑鸭. avi"结束点(将时间指示线置于该点)。②选中被复制的素材,按 Ctrl＋C 键。③指定轨道(单击"视频 2"轨道标题空白处)后,按 Ctrl＋V 键。

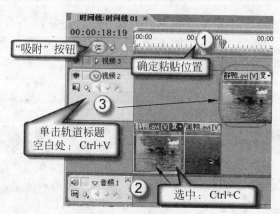

图 6-4　素材的复制、粘贴

3) 素材的移动

用鼠标左键拖动素材片段,可将其放置于同类轨道中的任意一处。单击"吸附"按钮，移动一个素材接近另一个素材,当两者间隔很小时,将自动吸附在一起,紧密相接。

3. 调整图片素材的持续时间

如图 6-5 所示,可以通过设置"速度/持续时间"对话框精确调整图片素材的持续时间,也可将鼠标移到素材入点或出点,变为或形状时左右拖动直观调整素材的持续时间。

4. 改变音频、视频素材的速率(调整音频与视频素材的持续时间)

可以通过设置"速度/持续时间"对话框精确调整音频、视频素材的速率,也可使用工具箱中的"比例缩放工具"改变素材速率,制作出快放、慢放效果。

改变音频速率验证型实验: 打开随书光盘"Premiere 导学实验\素材"文件夹中Premiere 项目文件"3-改变音频速率. prproj",复制"音频 1"轨道中的音频素材至"音频

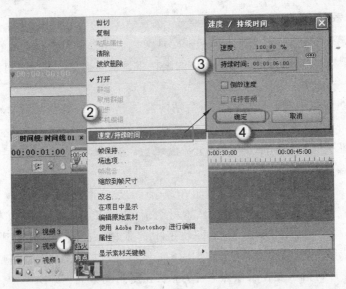

图 6-5　调整图片素材的持续时间

2"、"音频 3"轨道各一份,改变各副本速率并如图 6-6 所示移动至首尾相接。①将"音频 2"轨道中的音频速率改为 150%。②将"音频 3"轨道中的音频速率改为 65%。③将 3 个音频轨道中的素材移动至首尾相接。

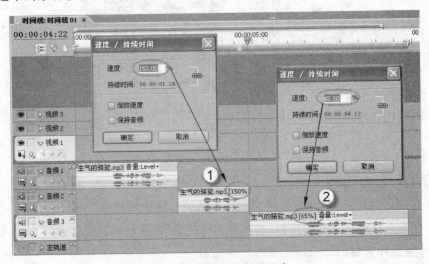

图 6-6　改变音频素材的速率

改变视频速率验证型实验:打开随书光盘"Premiere 导学实验\素材"文件夹中 Premiere 项目文件"4-改变视频速率. prproj",复制"视频 1"轨道中的视频素材至"视频 2"、"视频 3"轨道各一份。

① 将"视频 2"轨道中的视频速率改为 25%。

② 将"视频 3"轨道中的视频速率改为 300%。

③ 将 3 个视频轨道中的素材移动至首尾相接,观看播放效果。

对比音频速率和视频速率改变的幅度,可看出音频速率的变化较为明显。

5. 入点与出点的设定及四点、三点编辑

一般情况下,制作影片只需要用到视频素材或音频素材的某些特定部分,Premiere 提供的入点与出点工具可以通过设置入点和出点来截取素材中所需的部分,入点和出点之间的部分称为素材片段。

定义入点与出点后可做四点编辑或三点编辑。

所谓四点编辑就是为时间线窗口中的目标素材定义入点与出点(2 个点),为素材监视窗口中的源素材定义入点与出点(2 个点),之后单击"覆盖"按钮 ,此时系统会根据源素材片段和目标素材片段时间长度不一致提供选项,如图 6-7 和图 6-8 所示。

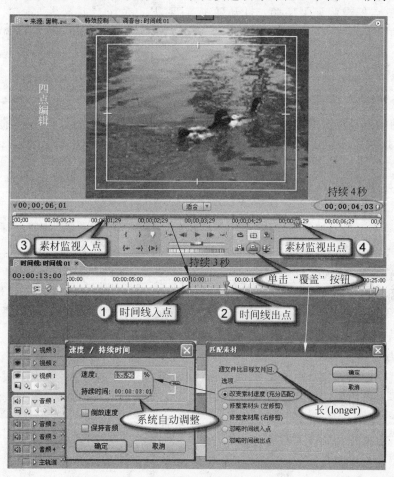

图 6-7 四点编辑

三点编辑是为时间线窗口中的目标素材定义入点与出点(2 个点),为素材监视窗口中的源素材定义入点(1 个点),单击"覆盖"按钮 后,若源素材片段比目标素材片段长,则按目标素材片段的持续时间将源素材片段截短替换目标素材片段;若源素材片段比目标素材片段短,则弹出如图 6-8 所示的对话框,让用户选择。

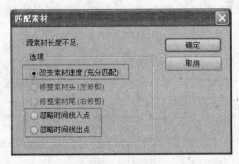

图 6-8　源素材片段长度不足

四点、三点编辑验证型实验：打开随书光盘"Premiere 导学实验\素材"文件夹中 Premiere 项目文件"5-四点、三点编辑.prproj"，双击项目窗口中"黑鸭.avi"素材，打开素材监视器窗口，如图 6-7 所示，试定义目标素材入点、出点及源素材入点、出点，体会四点编辑和三点编辑。

6. 素材的插入、覆盖、提升和析出剪辑

素材的插入、覆盖、提升和析出剪辑验证型实验：打开随书光盘"Premiere 导学实验\素材"文件夹中 Premiere 项目文件"6-素材的插入、覆盖、提升和析出剪辑.prproj"，双击项目窗口中的"白鸭.avi"素材，打开素材监视器窗口。

1）插入剪辑方式

在素材监视器窗口确定源素材的入点与出点，在时间线窗口中目标素材上确定插入点的位置，单击素材监视器窗口中的"插入"按钮 ![图标]，源素材片段自动插入到目标素材插入点处，插入点后的目标素材自动向后移动源素材片段的长度。

2）覆盖剪辑方式

在素材监视器窗口确定源素材的入点与出点，在时间线窗口中目标素材上确定插入点的位置，单击素材监视器窗口中的"覆盖"按钮 ![图标]，源素材片段在插入点处替换目标素材，插入点后的目标素材被覆盖掉源素材片段的长度。

3）提升剪辑方式

单击节目监视器窗口中的 ![图标] 和 ![图标] 按钮，设置时间线窗口中素材的入点与出点，单击节目监视器窗口中的"提升"按钮 ![图标]，入点、出点之间的内容将被清除，留下空白区域。

4）析出剪辑方式

单击节目监视器窗口中的 ![图标] 和 ![图标] 按钮，设置时间线窗口中素材的入点与出点，单击节目监视器窗口中的"析出"按钮 ![图标]，入点、出点之间的内容将被波纹删除，后边的素材自动向前移至入点处。

7. 在素材或时间标尺上进行标记

在时间线窗口中编辑素材时，往往需要记住一些关键画面或音频的位置，Premiere 提供的标记功能满足了这种需求。

设定标记：选择"标记"菜单中的"设定素材标记"或"设定时间线标记"命令（如图 6-9 所示），在素材或时间标尺上进行标记，可设带 0～99 编号的标记或设无编号标记。单击时间线窗口中的"设定未编号标记"按钮 （或小键盘上的"＊"）可快速在时间标尺上进行无编号标记。

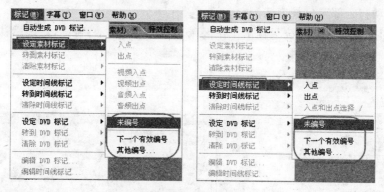

图 6-9 设定标记

定位到标记：加入标记之后，选择"标记"菜单中的"转到素材标记"或"转到时间线标记"命令，对于编号标记，可以跳转到指定的标号位置；对于无编号标记，可以转到"上一个"或"下一个"标记所在的位置。右击时间标尺，其快捷菜单中也有"转到时间线标记"命令。

清除标记：选择"标记"菜单中的"清除素材标记"或"清除时间线标记"命令，可以清除"当前标记"（光标正好位于标记点上此命令才可用）或"所有标记"。

8. 音频与视频同步及解除同步等

制作影片时，往往会根据新的创意重新配乐。有声视频素材添加到时间线窗口时，其视频与音频是同步的，即处于链接状态，若要去除原音频，须将视、音频间的链接断开，其方法是：右击素材，在快捷菜单中选中"取消链接"命令，右击音频素材选"清除"。若要将新的音频与视频链接，需同时选中音频与视频，右击其中一个素材，选择"链接"命令即可。

9. 设定工作区域

编辑很长的影片时，在一段时间内，往往只关注其中的一小部分，因此，若能只输出所关心的这部分影片，将节省大量的影片合成时间，提高工作效率。

Premiere 时间标尺上有一个称为"工作区域"的淡紫色滑动条，如图 6-10 所示。其作

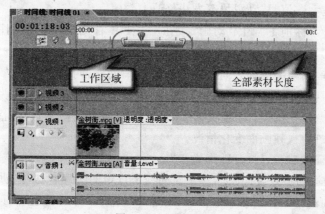

图 6-10 工作区域

用就是控制输出的影片可为全部素材中的一部分。用鼠标拖动工作区域两端的角形标记 ![] 和 ![] 可改变其长度，拖动滑动条中点 ![] 可改变工作区域位置。双击时间标尺深色部分，工作区域自动与全部素材长度匹配。

输出影片时，要通知系统只输出工作区域，如图 6-11 所示；否则，系统默认为"全部时间线"。

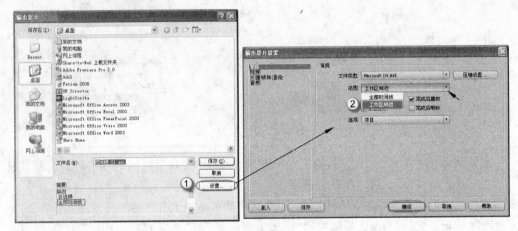

图 6-11　输出工作区域

6.2.2　视频的固定特效（运动特效、透明度特效）

单击时间线窗口中图片或视频素材，在特效控制窗口即可看到"运动"和"透明度"这两个固定特效。而其他的视频特效要添加到选中的视频素材上后，才能显示于特效控制窗口中。

视频运动特效参数有位置、缩放、旋转和锚点（即旋转中心）。通过改变这些参数，视频将具有更丰富的变化。

Premiere 参数设置的通用方法（仅以图 6-12 中所示步骤说明 Premiere 参数设置的通用方法）：单击特效名称前的 ![] 按钮，可展开所属的各参数，单击参数前的 ![] 按钮，可通过输入数值、左右拖动数值、移动滑块等方法修改参数值。

① 单击参数名称前的"固定动画"按钮 ![]，使其右侧的"添加/删除 关键帧"按钮 ![] 可用；②单击 ![] 按钮，在时间指示线处添加关键帧（关键帧为关键画面所处的那一帧。关键帧与关键帧之间的画面由软件来创建，叫做过渡帧或者中间帧。制作关键帧可使视频具有更丰富的变化）；③设置"显示/隐藏时间线"按钮为显示状态 ![]，使右侧窗口显示参数变化折线；④根据需要，依次设置各关键帧参数，可拖动时间指示线，观察节目监视窗口中视频画面变化情况。

运动特效验证型实验：打开随书光盘"Premiere 导学实验\素材"文件夹中 Premiere 项目文件"7-视频运动特效.prproj"，单击时间线窗口中的图片素材，拖动特效控制窗口右侧时间指示线，观察特效控制窗口中位置、缩放、旋转数值与节目监视窗口中视频画面变化的关系。其中位置参数值为素材中心坐标（注：屏幕左上角为坐标原点，向右为 X 正

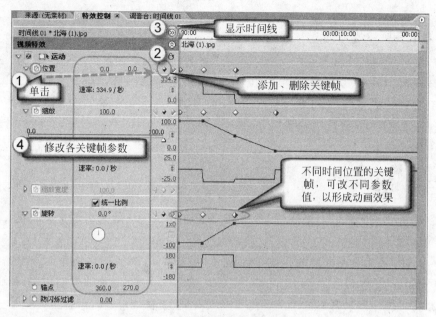

图 6-12　设置"运动"特效参数

向,向下为 Y 正向);缩放值 100% 时为原始大小,0 值时素材缩至消失;旋转 360°确认后,
系统显示为 1×0,表示旋转一周。

透明度验证型实验:打开随书光盘"Premiere 导学实验\素材"文件夹中 Premiere 项
目文件"8-透明度特效. prproj",单击时间线窗口中的图片素材,拖动特效控制窗口右侧时
间指示线,观察特效控制窗口中透明度数值与节目监视窗口中视频画面变化的关系。透
明度为 0 时,画面消失,透明度为 100 时,画面正常。

右击特效控制窗口中"运动"和"透明度"这两个固定特效名称,其快捷菜单中的"清
除"项是不可用的(灰色),说明固定特效不能被删除。

6.2.3　音频特效、视频特效

音频特效对音频素材的音量、音调、声道、降噪、延迟等进行处理。"音量"是音频素材
的固定特效。

视频特效指在原有的视频画面或图片上添加特殊效果,如马赛克、扭曲、模糊、透视
等。可以对一段素材添加多个视频特效,其最终效果是由多个特效按由先到后的顺序,在
前面特效基础上再产生效果,不同顺序会产生不同的效果。

1. 添加音频特效(视频特效)

选中时间线窗口中的素材后,选择特效窗口中"音频特效(视频特效)"文件夹下的某
类特效中的一种,拖到时间线窗口中被选中的素材上即可。

2. 取消音频特效(视频特效)

选中时间线窗口中的素材后,右击特效控制窗口中某特效名称,选择"清除"命令

即可。

3. 复制音频特效（视频特效）

选中时间线窗口中的素材后，右击特效控制窗口中某特效名称，选择"复制"命令；单击时间线窗口中另一素材，右击特效控制窗口空白处，选择"粘贴"命令即可。

复制视频特效验证型实验：打开随书光盘"Premiere 导学实验\素材"文件夹中Premiere 项目文件"9-复制视频特效.prproj"，将第 1 段素材的"透明度"视频特效复制到其后的 4 段素材上。

6.2.4　音频转场

音频转场是对同轨道上相邻两个音频素材通过添加转场效果实现交叉淡化。

音频转场有 Constant Gain（持续增益）和 Constant Power（恒定放大）两种。Constant Gain 将两段素材的淡化线线性交叉。Constant Power 将淡化线按抛物线方式交叉。Constant Power 更符合人耳的听觉规律，Constant Gain 则缺乏变化，显得机械。

音频转场位于素材开始处时声音由小变大，位于素材结束处时声音由大变小。

音频转场也可应用于单个音频素材，用作渐强或渐弱效果。

6.2.5　视频转场

视频转场是指在两段素材间（也可在单一素材的入点或出点），用一些特别的效果（如黑色过渡、页面翻转、辐射擦除等）实现场景或情节之间的平滑过渡，以避免生硬的感觉。（简单地说，音频、视频转场应用于素材的入点或出点位置，音频、视频特效应用于某段素材全程。）

1. 添加及设置视频转场持续时间

在特效窗口中选择某一视频转场后拖至时间线窗口中某两个素材的连接处，并在特效控制窗口中调整视频转场的持续时间、排列方式等。

2. 视频转场的排列方式

视频转场的排列方式有三个预选择项："居中在切口"——在两视频相接处，视频转换正好进行了一半；"开始在切口"——视频转换在两视频相接处开始，经过"持续时间"后结束；"结束在切口"——视频转换在两视频相接处结束。（请选择不同项，观察特效控制窗口右侧预览区）。

也可以单击选中视频转场区域，用鼠标左键拖动视频转场区域左右移动，自己定义视频转场的开始位置。

3. 视频转场的其他参数设置

改变"开始"或"结束"项的数值，可以在预定义的视频转场整个效果中截取一部分。

选中"显示真实来源"复选框，可以看到正在编辑的两段视频画面。

选中"反转"复选框，反向应用预定义的视频转场效果。

6.2.6 字幕特效

在影片开始或结束时,常常会出现显示相关信息的字幕。Premiere 提供了静态、水平滚动和垂直滚动三种字幕特效。字幕可以包括各种文字、图片、线条和几何图形。利用视频特效和视频转场可以为静态的字幕制作出丰富、漂亮的动画效果。

有几种方式可以启动字幕窗口:

(1) 选择"文件"|"新建"|"字幕"命令。

(2) 单击项目窗口底部的"新建分类"图标 ⬚,选择"字幕"命令。

(3) 右击项目窗口空白处,选择快捷菜单中的"新建分类"|"字幕"命令。

(4) 按 F9 键。

字幕编辑包括:输入文字;选择字幕风格;设置字幕属性(字体、字号、字间距、行间距、阴影、填充颜色等);设置滚动字幕的滚动方向和滚动速度;添加图片和绘制图形。字幕编辑完成后,单击"退出"按钮 ❌,项目窗口自动出现该字幕图标,将字幕图标拖到时间线窗口即可在视频中看到字幕。

为增强字幕的表现力,可在时间线窗口中为字幕添加视频转场和视频特效。

若要修改字幕,双击项目窗口字幕文件或双击时间线窗口中的字幕素材均可重新开启字幕窗口。修改编辑后,单击"退出"按钮即可。

6.3 Premiere 导学实验

6.3.1 01——素材的导入、编辑、输出(音频特效、音频转场)

1. 实验素材

在随书光盘"Premiere 导学实验\Premiere 导学实验 01——素材的导入、编辑、输出(音频特效、音频转场)"文件夹中,也可使用自己拍摄的视频文件。

2. 实验目的

了解并掌握在 Premiere 软件中导入素材、添加素材、编辑素材及输出保存视频文件及项目文件的工作过程及相关操作方法。

3. 实验要求

连接几段视频,更换新的背景音乐,制作成 avi 格式的影片。

4. 解决思路

新建一个项目。导入视频文件和音频文件。将视频文件添加到时间线窗口的视频轨道中。编辑素材:调整视频为满屏显示,依次取消各视频与音频之间的链接,清除原有音频,将导入的音频文件添加到时间线的音频轨道中,裁切其长度与视频长度一致,调节音量,添加淡入淡出效果。输出 avi 格式的影片。保存项目。

5. 操作步骤

1) 新建项目

启动 Premiere Pro 2.0 后,选择"新建项目",如图 6-13 所示。设置"新建项目"对话框。选择"DV-PAL"、"Standard 48kHz"(我国电视用 PAL 制式,25 帧/秒),输入文件名及存放路径,如图 6-14 所示。

图 6-13　新建项目

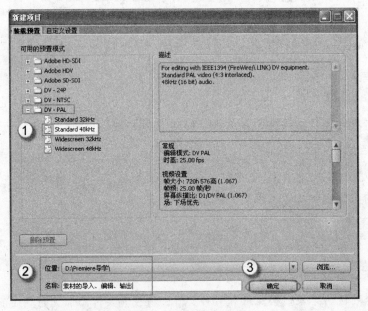

图 6-14　设置新建项目

2) 导入素材

有 4 种导入素材文件的方式:

（1）选择"文件"|"输入"命令。

（2）双击项目窗口空白处。

（3）右击项目窗口空白处，选快捷菜单中的"输入"命令。

（4）从 Windows 资源管理器将素材文件直接拖入项目窗口中。

当选择的素材文件为 Premiere 不能处理的格式，系统会弹出"文件输入失败"对话框。

以前三种方式导入素材时，会打开"输入"对话框选择文件，可选择多个文件一次导入，也可从不同文件夹中多次导入。Premiere 可以导入多种格式的音频、视频、图片素材，如图 6-15 所示。

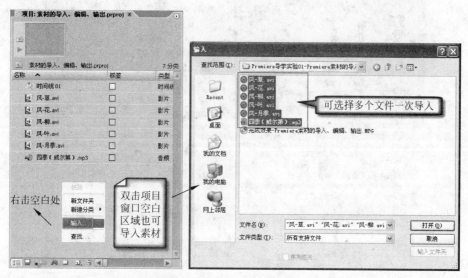

图 6-15　导入素材文件

3）添加素材

添加素材即将素材文件放到时间线窗口中等待编辑。添加素材非常简单，可选中项目窗口中的单个素材文件，按住鼠标左键拖动到时间线窗口中的视频轨道或音频轨道（如图 6-16 所示），也可按住 Ctrl 键，按放映顺序依次选中项目窗口中的多个同类文件（如本

图 6-16　添加素材

例中的视频素材),一起拖至时间线窗口轨道中。

4)编辑素材

(1)全屏显示视频。

由于原视频素材尺寸为320×240,若想全屏显示视频,需依次扩大视频显示范围为帧尺寸。用鼠标拖动选中全部素材,右击素材,选择"缩放到帧尺寸"命令即可,如图6-17所示。

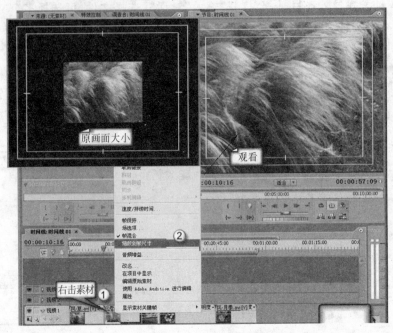

图6-17　全屏显示视频画面

(2)去除素材原始声音。

首先,依次右击素材,选择"取消链接"命令(如图6-18所示),取消视频与音频之间的链接,单击时间线窗口空白处,解除音频、视频同时被选中的状态;之后选中全部音频,右

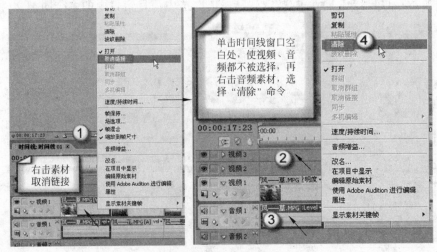

图6-18　清除原音频

击任一音频,选择"清除"命令即可同时去除全部音频。

(3)为视频添加新的音频并调整其长度。

将项目窗口中的音频文件拖到时间线窗口的音频轨道中,移动时间指示线,使其对准视频结束处,选时间线窗口右侧工具栏中的"剃刀"工具 ,在音频轨道中对齐时间指示线单击,即可将音频文件截断为两部分(如图 6-19 所示),右击后面的部分,选择"清除"命令,这样保证了音频和视频同时结束(注:按住 Shift 键可同时截断所有轨道中的素材,无论它们之间是否有链接关系)。

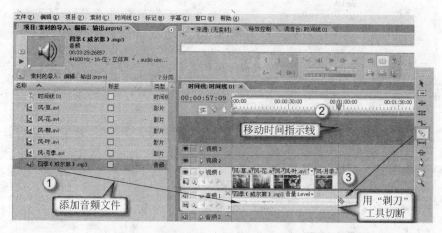

图 6-19 添加新的音频素材,并调整其长度

(4)增加音频音量。

如图 6-20 所示,单击音频素材,在特效控制窗口中改变音量分贝值(因为音量是音频素材的固定特效,因此不必添加)。

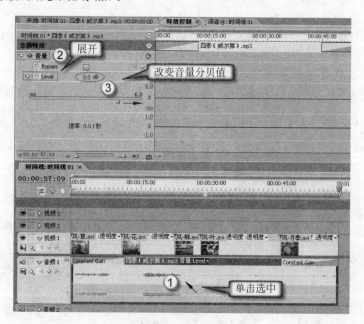

图 6-20 增加音量

（5）为音频添加"淡入淡出"转场。

选中时间线窗口中的音频素材，在特效窗口选择"音频转场"的"淡入淡出"，将"Constant Gain"（持续增益）（音频素材的增益指的是音频信号的声调高低）选项拖动添加至时间线窗口中的音频素材开始处和结束处；单击音频转场区域将会打开特效控制窗口（如图 6-21 所示），在"持续时间"右侧的蓝色时间数字上横向拖动鼠标（也可单击后输入数值），可以调整淡入淡出段的时间长度。

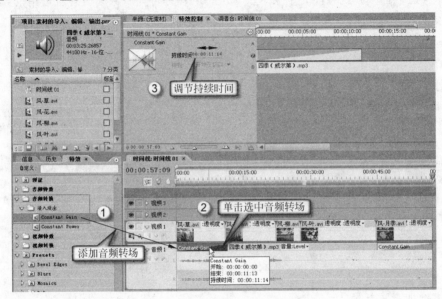

图 6-21　为音频添加"淡入淡出"转场

5）预览编辑的节目

有三种方式预览节目：

（1）单击节目监视窗口中的 Play 按钮（如图 6-22 所示）。

图 6-22　预览编辑的节目

（2）按空格键。

（3）按 Enter 键（注：首次按 Enter 键先渲染之后预演。渲染就是将所有链接的图像、音频和视频重新编码后合为一体的过程）。

6）输出影片

选择"文件"|"输出"|"影片"命令，给定文件名（切记，一定要有扩展名 avi，如图 6-23 所示），系统自动渲染，在保存文件的同时，系统将该文件自动添加到当前项目的项目窗口中。

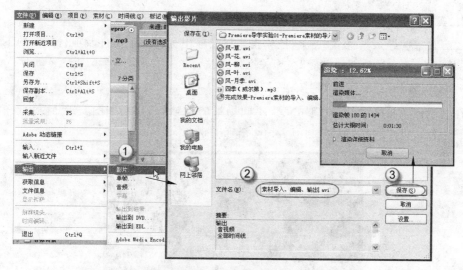

图 6-23 输出影片

7）保存项目

项目保存后，在项目所在的文件夹下自动生成了以下几个文件夹：Adobe Premiere Pro Preview Files（预览文件），Encoded Files（编码文件），Media Cache Files（匹配音频和视频同步文件），Adobe Premiere Pro Auto-Save（自动保存项目文件）。这些文件夹可能占很大空间，可以删除它们，当再次打开项目时会重新生成。

6. 实验小结

本实验详细介绍了视频处理的工作流程，即新建项目、导入素材、添加素材、编辑素材、输出影片、保存项目六大部分。其中工作重心在于编辑素材。

编辑素材包含三大步骤：

① 根据需要剪辑素材，如确定视频画面大小、位置、角度，视频、音频内容的截取、衔接，配备背景音乐等。

② 为增加观赏性和感染力，为素材添加特效和转场。

③ 配合影片的需要，添加字幕。

7. 实验拓展

（1）利用时间指示线，均按 5 秒钟时间截取各段视频素材长度，使用"波纹删除"命令，将截切后的视频片段首尾相接。

（2）选择"文件"菜单中的"输出"命令，试以不同形式输出，如影片、单帧图片、音频、mpg 格式视频（在 Adobe Media Encoder（媒体编码器）中）。

6.3.2 02——多画面视频（运动特效）

1. 实验素材

在随书光盘"Premiere 导学实验\Premiere 导学实验 02——多画面视频（运动特效）"文件夹中，也可使用自己拍摄的视频文件。

2. 实验目的

了解并掌握导入素材、添加素材、编辑素材及输出保存视频文件及项目文件的工作过程；了解 Premiere 运动特效，并掌握相关操作方法。

3. 实验要求

在一个视频画面中，同时演示几个不同场景的视频（其布局如图 6-24 所示），并增加原视频的色彩艳丽程度，最后制作成 mpg 格式的视频文件。

图 6-24　素材布局

4. 解决思路

新建一个项目。导入视频文件，将视频文件添加到时间线窗口的不同视频轨道中。编辑素材：将各轨道中视频截为同长；选中某视频素材，调整其"运动"特效以确定该素材位置、大小、角度和旋转中心（锚点）；为素材添加视频特效中的"ProcAmp"（综合）特效以提高视频画面的艳丽度。利用 Adobe Media Encoder（媒体编码器）输出 mpg 格式的视频文件。保存项目。

5. 操作步骤

1）新建项目、导入素材、添加素材

建立一个新项目（选择"DV-PAL"、"Standard 48kHz"），导入视频素材，并将项目窗口中的 4 个视频素材逐个拖至时间线窗口中的不同视频轨道，Premiere 新建项目提供 3 个视频轨道（视频 1～视频 3），当将第 4 个视频素材拖至时间线窗口时，系统自动增加一个新的视频轨道——视频 4，如图 6-25 所示。

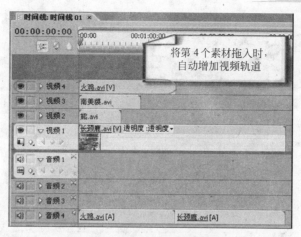

图 6-25 系统自动增加视频轨道

2）编辑素材

（1）设置视频运动特效（素材布局）。

单击节目监视窗口中的视频画面，将光标置于视频画面外为旋转箭头，如图 6-26 所示，按住鼠标左键拖动即可旋转视频画面（对相机竖拍视频的后期处理非常必要）。将光标置于视频画面各控制点处，可调整视频画面大小，按住 Shift 键再拖动鼠标，可保持画面原有比例，如图 6-27 所示。将光标置于视频画面内，鼠标左键拖动可改变视频画面的位置，如图 6-28 所示。单击特效控制窗口"视频特效"下"运动"选项左侧的 ▷ 图标，展开其内容后可精确设置"旋转"、"缩放"和"位置"数值，图 6-29 为调整某一视频素材前后其运动特效参数值的对比。

图 6-26 旋转视频画面

（2）将所有视频截为同长。

按住 Shift 键，选择工具栏中的"剃刀"工具，选择合适的位置，截断全部视频，再逐一清除后半段视频，如图 6-30 所示。

图 6-27　调整视频画面大小

图 6-28　调整视频画面位置

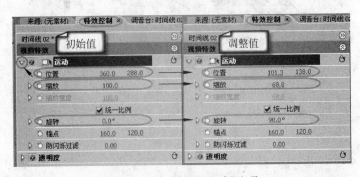

图 6-29　精确设置"运动"选项

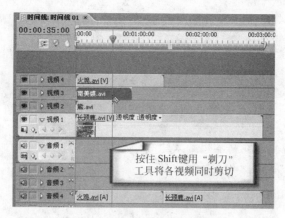

图 6-30　将所有视频截为同长

（3）添加综合特效，改善视频色彩。

为使视频画面色彩更为艳丽，可选择特效窗口中"视频特效"下 Adjust 中的 ProcAmp（综合）特效。ProcAmp 特效具有亮度（Brightness）、对比度（Contrast）、色彩饱和度（Saturation）和色调（Hue）控制。如图 6-31 所示，调整数值或滑块位置即可。

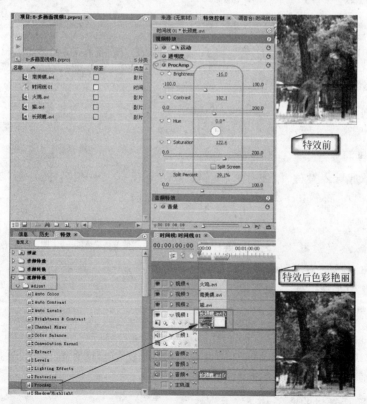

图 6-31　ProcAmp 特效

3）设置 mpg 输出格式

选择"文件"|"输出"|Adobe Media Encoder 命令，在打开的 Export Settings 对话框

中,可保持默认设置,也可根据用户要求设置,系统渲染后即可生成 mpg 格式的视频文件。

4) 保存项目

6. 实验小结

Premiere 提供了上百个视频特效,除此之外,还可通过外挂插件获得更多的视频特效。

设置不同的视频特效参数会得到不同的视觉效果,可以参考专业书籍提供的众多案例,开阔视野,获得更多的经验和灵感。

7. 实验拓展

(1) 参照随书光盘"Premiere 导学实验"文件夹"Premiere Pro 2.0 音频、视频特效及转场-英、中文对照表.xlt"文件中的"Premiere Pro 2.0 中英文对照表"工作表,找到"马赛克"、"照相机模糊"、"放大"、"黑白"等特效的位置,添加到视频素材上,观看效果。

(2) 在一段视频素材上添加两个视频效果,如"镜头扭曲变形"和"快速模糊",改变其先后顺序,观察效果。

(3) 右击"熊"素材,选择"速度/持续时间"命令,在对话框中勾选"倒放速度"复选框,观看效果。

6.3.3 03——彩色照片变黑白(视频特效、视频转场)

1. 实验素材

在随书光盘"Premiere 导学实验\Premiere 导学实验 03——彩色照片变黑白(视频特效、视频转场)"文件夹中,也可使用自己拍摄的照片。

2. 实验目的

了解并掌握导入素材、添加素材、编辑素材及输出保存视频文件及项目文件的工作过程;了解并掌握在 Premiere 软件中如何设置视频转场。

3. 实验要求

用若干张(本实验用 5 张)数码照片组成一个视频,要求每张照片浏览 8 秒,在第 4 秒结束时完全由彩色变为黑白照片(即此刻色彩饱和度(Saturation)降低为 0),各照片切换时添加转场效果。

4. 解决思路

新建项目。导入照片素材。将 5 张图片按顺序添加到某一视频轨道中。编辑素材:修改系统"默认静帧图像持续时间";添加关键帧,设置色彩饱和度;在每两张照片相接处添加视频转场。输出.mpg 格式的文件。保存项目。

5. 数码照片素材的准备

用数码相机拍摄的照片,照片很清晰,但常常做出的视频不够清晰,这是因为大尺寸照片在 Premiere 编辑中强行缩为屏幕大小,照片挤压后清晰度下降。一般数码照片如果不是做画面的推、拉、摇、移动画或虚拟三维效果,尽量将其大小调整为与 Premiere 节目窗口匹配的 720×576 像素,这样可以保证输出视频的清晰度,也可以减少图片文件过度占用的系统资源。

6. 操作步骤

(1) 图片预处理。

在 Photoshop 中打开图片,选择"图像"|"图像大小"命令,设置图像大小为 720×576 像素。本实验提供的照片也为此大小。

(2) 建立新项目,导入、添加图片素材。

(3) 编辑素材。

① 修改系统"默认静帧图像持续时间"。

Premiere 默认的静态图片持续时间为 6 秒,当需大量导入以其他相同持续时间添加至时间线的图片时,可选择"编辑"|"参数选择"|"综合"命令,修改"常规"中"默认静帧图像持续时间"项的帧数值为 200(项目帧频默认为:25 帧/秒),如图 6-32 所示,下次导入的图片会具有新的持续时间。

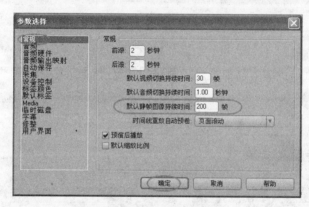

图 6-32 默认静帧图像持续时间

② 展开素材。

如图 6-33 所示,调整素材显示范围适合窗口宽度,以方便其后的编辑工作。

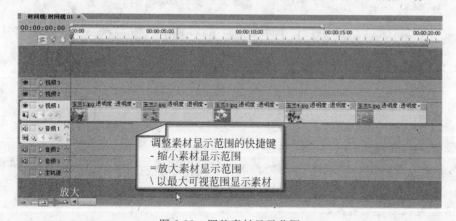

图 6-33 调整素材显示范围

③ 添加视频特效。

选中时间线窗口中第 1 张照片,选择特效窗口中"视频特效"下"Adjust"中的"ProcAmp(综合)"特效。如图 6-34 所示,在特效控制窗口设置色彩饱和度(Saturation)。分别在 0 秒、4 秒及素材结束处添加 3 个关键帧,色彩饱和度值分别为 100,0,0。

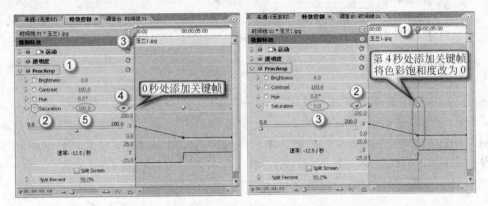

图 6-34 设置色彩饱和度

④ 复制视频特效。

可按图 6-35 所示步骤为其他素材复制视频特效,从而提高工作效率。

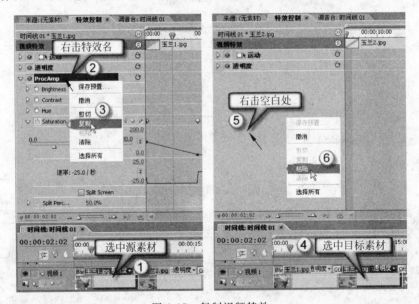

图 6-35 复制视频特效

⑤ 添加视频转场。

可在特效窗口中选择某视频转场,拖动添加到时间线窗口中两图片相接处,观察该处变化,出现一个标有名称的视频转场区。

⑥ 设置视频转场各参数。

单击视频上的转场区域,在特效控制窗口中查看该转场的相关信息,如图 6-36 所示,勾选"显示真实来源"复选框,改变视频转场的排列方式和持续时间。

图 6-36　查看、调整转场的相关信息

⑦ 观察转场效果。

单击特效控制窗口中的"预演转换"按钮▶️或拖动时间窗口中的时间指示线或单击节目监视窗口中的 Play 按钮可观察转场效果,若不满意,可选择新的视频转场覆盖原有的转场;若不再需要,右击视频转场区,选择"清除"命令可除去视频转场。

(4) 输出影片并保存项目。

7. 实验小结

在本实验中,通过添加关键帧,使素材上的视频特效增加更多的变化。

8. 实验拓展

(1) 选择时间线窗口中某一转场效果后,在特效控制窗口中勾选"反转"复选框,比较改变前后的效果。

(2) 选择时间线窗口中某一转场效果后,在特效控制窗口中选择"边框宽"和"边框色",观察效果。

6.3.4　04——角点变形(视频特效)

1. 实验素材

在随书光盘"Premiere 导学实验\Premiere 导学实验 04——角点变形(视频特效)"文件夹中。

2. 实验目的

了解并掌握在 Premiere 软件中导入素材、添加素材、编辑素材及输出保存视频文件及项目文件的工作过程及相关操作;了解并掌握在 Premiere 软件中如何设置视频转场。

3. 实验要求

用一张含有计算机或电视外形的数码照片和一段视频合成一个"画中画"新视频。

4. 解决思路

新建项目。导入素材。将含有计算机或电视外形的数码照片添加到下面的轨道,视频素材添加到上面的轨道。编辑素材:调整图片素材与视频素材长度一致,为视频素材添加"角点变形"特效,调整其角点与计算机或电视屏幕的角点匹配。输出新的视频。保存项目。

5. 操作步骤

1) 建立新项目,导入、添加视频和图片素材

2) 编辑素材

(1) 调整图片素材与视频素材的持续时间一致。

如图 6-37 所示,为了使图片素材和视频素材同时结束演示,可用拖动图片端点方式增加图片演示时间。也可利用对话框,改变图片持续时间的数值。

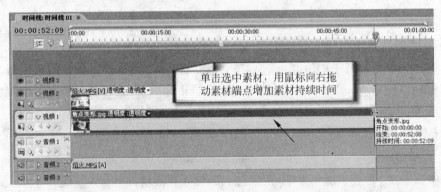

图 6-37　调整图片素材与视频素材的持续时间一致

(2) 添加"角点变形"特效。

单击特效窗口,选择"视频特效"|Distort|Corner Pin(角点变形)添加到时间线窗口中的视频素材上,单击特效控制窗口中 Corner Pin 或节目监视窗口中的视频画面,预览窗口中视频画面角点处出现 4 个靶标,用鼠标拖动到与图片中计算机屏幕角点重叠。单击 Play 按钮预览,如图 6-38 所示。

3) 输出影片并保存项目

6. 实验小结

对 Premiere 不同的视频轨道中的素材,可以通过各种特效,如调整大小、位置、透明度、遮罩等,叠加组合出不同的视觉效果。

7. 实验拓展

(1) 选中时间线中"焰火. mpg"素材,调整其透明度,观察效果,将时间指示线放置在视频素材的不同位置,在每个位置上均改变其透明度值。观察特效控制窗口右侧预览区

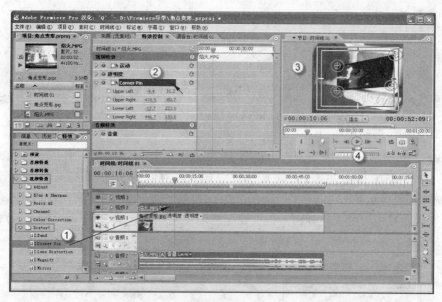

图 6-38　设置 Corner Pin 特效

域,可看到在每个位置上出现一个菱形点,各点间连接成折线。预览整个素材可以发现透明度在播放过程中每到一个菱形点处即发生变化。这个菱形点称为"关键帧"。

(2)选中时间线中音频轨道中的音频素材,为其音量特效添加关键帧,调整音量分贝值,制作淡入淡出效果。体会关键帧的用法和作用。

6.3.5　05——永远的记忆(分离颜色)

1. 实验素材

在随书光盘"Premiere 导学实验\Premiere 导学实验 05——永远的记忆(分离颜色)"文件夹中。

2. 实验目的

了解并掌握导入素材、添加素材、编辑素材及输出保存视频文件和项目文件的工作过程;了解并掌握过滤颜色的方法。

3. 实验要求

保留视频中的橙黄色,周围其他颜色改为黑白色。

4. 解决思路

新建项目。导入素材。添加素材。编辑素材:添加综合及去色特效,设置综合及去色特效各参数。输出新视频。保存项目。

5. 操作步骤

1) 建立 Premiere 新项目

建立 Premiere 新项目,导入、添加素材"永远的记忆.mpg"。

2）编辑素材

（1）展开素材。

右击时间线中的素材，选择"缩放到帧尺寸"命令，调整素材显示范围适合窗口宽度。

（2）添加综合及去色特效。

单击特效窗口，依次选择"视频特效"|Adjust|ProcAmp（综合）和"视频特效"|Stylize|Leave Color（分离颜色）添加到时间线窗口中视频素材上。

（3）设置 ProcAmp 及 Leave Color 特效各参数。

如图 6-39 所示，在特效控制窗口中设置 ProcAmp 特效的亮度（Brightness）、对比度（Contrast）、色彩饱和度（Saturation）、色调（Hue）控制和 Split（分屏）参数；设置 Leave Color 特效的脱色数量（Amount to Decolor）、保留色彩（Color To Leave）（用其右侧吸管工具在节目监视窗口的视频画面中选取要保留的颜色）、颜色容差（Tolerance）、边缘柔化（Edge Softness）和匹配颜色空间（Match Colors）参数。

图 6-39　设置 ProcAmp 及 Leave Color 特效各参数

3）输出影片

输出影片并保存项目

6. 实验小结

对本实验素材添加的两个视频特效，其添加顺序对最终效果有影响。

分离颜色处理后，色彩受损，可将输出后的视频文件再次导入 Premiere，添加"综合"特效，增加色彩饱和度。

7. 实验拓展

可将处理前后的两个视频文件合成一个新的视频,作为效果比较。

6.3.6 06——欢乐谷(字幕特效)

1. 实验素材

在随书光盘"Premiere 导学实验\Premiere 导学实验 06——欢乐谷(字幕特效)"文件夹中,也可使用自己拍摄的照片或视频。

2. 实验目的

了解并掌握导入素材、添加素材、编辑素材及输出保存视频文件及项目文件的工作过程;了解并掌握 Premiere 字幕特效。

3. 实验要求

添加字幕特效。

4. 解决思路

新建项目。导入素材。添加视频或图片素材。编辑素材:制作字幕,将字幕添加到位于素材轨道上面的视频轨道中。输出新视频。保存项目。

5. 操作步骤

1)建立 Premiere 新项目

建立 Premiere 新项目,导入、添加素材。

2)编辑素材

(1)制作字幕。

打开一个新的字幕窗口,如图 6-40 所示。①利用"文本工具"在字幕上添加文字。②选择位于字幕窗口底部的"字幕风格"。③选择汉字字体。④单击"退出"按钮,结束字幕编辑,项目窗口自动出现该字幕图标。

在字幕上添加图片:右击字幕区域,选快捷菜单中"标志"|"插入标志"命令,指定图片名即可。在右击图片出现的快捷菜单中可改变图片大小、角度、位置、透明度、与其他对象的叠放顺序、在窗口中居中等。

(2)添加字幕。

将项目窗口中的字幕拖到时间线窗口位于素材轨道上面的视频轨道中,预览效果,若不满意,双击项目窗口或时间线窗口中的字幕均可回到字幕窗口修改。

(3)为字幕添加视频转场。

为了增强字幕的感染力,可在其开始或结尾处添加视频转场。如图 6-41 所示,本例在字幕开始处添加了 3D Motion(三维运动转场类型)|Tumble Away(翻页)转场并在特效控制窗口中勾选了"反转"复选框,在结尾处添加了 Stretch(伸展转场类型)|Cross Stretch(交叉伸展)转场。

(4)为字幕添加视频特效。

视频特效也可增强字幕的感染力。本例为字幕添加了 Distort(扭曲类型)|Wave Warp(波浪波纹)特效,如图 6-42 所示。

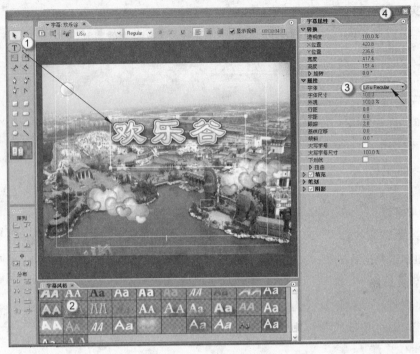

图 6-40　字幕窗口

图 6-41　为字幕添加视频转场

图 6-42　为字幕添加视频特效

3）输出影片

输出影片并保存项目

6．实验小结

制作字幕的基础是文字，除了本实验中用到的"文本工具"，Premiere 还提供了"垂直文本"、"文本框"、"垂直文本框"、"平行路径"、"垂直路径"工具，可以制作不同效果的文字。

Premiere 还可以利用外挂插件提供的视频转场和视频特效。外挂插件可以从网上下载后，复制到 Adobe | Adobe Premiere Pro 2.0 | Plug-ins | en_US 文件夹中，即可从 Premiere 特效窗口中找到并使用。

7．实验拓展

（1）请尝试在字幕文件中添加图片和绘制图形。

（2）请尝试为字幕添加不同的视频转场和视频特效。

6.3.7　07——纵向滚动字幕

1．实验素材

在随书光盘"Premiere 导学实验\Premiere 导学实验 07-纵向滚动字幕"文件夹中，也可使用自己拍摄的照片或视频。

2．实验目的

了解并掌握导入素材、添加素材、编辑素材及输出保存视频文件和项目文件的工作过程；了解并掌握制作纵向滚动字幕的方法。

3. 实验要求

为视频或图片素材制作从画面底部外向上滚动文字直至从画面上方全部退出的字幕。

4. 解决思路

新建项目。导入素材。添加素材。编辑素材：制作纵向滚动字幕，将字幕添加到位于素材轨道上面的视频轨道中。输出新视频。保存项目。

5. 操作步骤

1）建立 Premiere 新项目

建立 Premiere 新项目，导入、添加素材。

2）编辑素材

（1）缩减素材显示画面宽度。

选中时间线窗口中的素材，打开特效控制窗口中的运动特效，不勾选"统一比例"复选框，调整素材上水平控制点，缩减素材宽度，如图 6-43 所示。

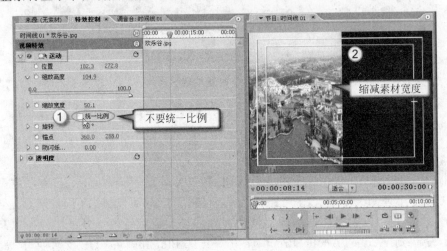

图 6-43　缩减素材宽度

（2）制作纵向滚动字幕。

① 启动字幕窗口，输入、调整文字。

选择"水平文本框"工具，鼠标拖动确定文字区域（后面仍需调整），粘贴文字，选择字幕风格，按 Ctrl＋A 键全部选中文字，调整字号、字体、行距等参数，使其美观。

② 设置"滚动/爬行选项"对话框。

单击字幕窗口左上角处的"滚动/爬行"按钮☰，在打开的"滚动/爬行选项"对话框中勾选"滚动"及"结束屏幕"复选框，如图 6-44 所示。如勾选"开始屏幕"或"结束屏幕"复选框，则可改变滚动速度，如"向前滚"、"缓慢入"、"缓慢出"、"向后滚"选项均为零帧，则字幕匀速滚动。

③ 调整文本框长度及初始位置。

选中"选择工具"，单击文本框，向下拉伸其底部中间控制点，使文本框变长，显示出全部文字，如图 6-45 所示。将字幕窗口的垂直滚动条移至窗体顶部，使字幕区域与视频区

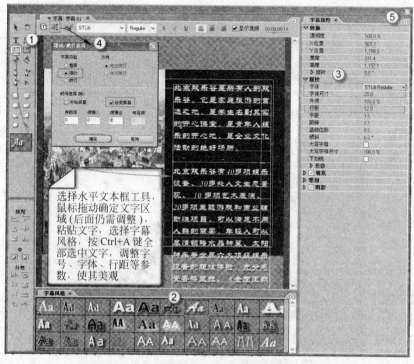

图 6-44　调整文字

图 6-45　调整文本框长度

域保持同步。将文本框移至屏幕下方，以保证刚开始时看不到文字，达到文字从画面外向上滚动的效果，如图 6-46 所示。

　　单击"退出"按钮，结束字幕编辑，项目窗口出现该字幕图标。

图 6-46   调整文本框初始位置

3）添加字幕

将项目窗口中的字幕拖到视频轨道中。预览，若字幕滚动速度太快，则可增加字幕的持续时间。为看到字幕全部显示过程，可如图 6-47 所示，单击视频轨道中"设置显示风格"图标，选择"显示全部帧"。

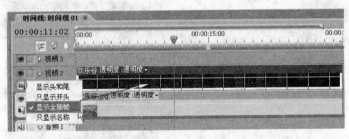

图 6-47   显示全部帧

最后，输出影片并保存项目。

6. 实验小结

制作滚动字幕的关键有两点：一是文本框的长度要与文字长度匹配，若文本框的长度不够，则不能看到全部文字；二是要注意文本框的初始位置与垂直滚动条的位置关系，它决定了文字出现的时间，这点很容易被忽略。

7. 实验拓展

尝试修改"滚动/爬行选项"对话框，使本实验中的文字由上向下移动。

6.3.8 08——横向滚动字幕

1. 实验素材

在随书光盘"Premiere 导学实验\Premiere 导学实验 08-横向滚动字幕"文件夹中,也可使用自己拍摄的照片。

2. 实验目的

了解并掌握导入素材、添加素材、编辑素材和输出保存视频文件及项目文件的工作过程;了解并掌握制作横向滚动字幕的方法。

3. 实验要求

为视频或图片制作在画面底部从右向左飞入文字直至从画面左侧全部飞出的字幕。

4. 解决思路

新建项目。导入素材。添加素材。编辑素材:制作横向滚动字幕,将字幕添加到位于素材轨道上面的视频轨道中。输出新视频。保存项目。

5. 操作步骤

1) 建立 Premiere 新项目

建立 Premiere 新项目,导入、添加素材。

2) 编辑素材

(1) 建立一个 Color Matte(颜色蒙版)文件。

如图 6-45 所示,单击项目窗口底部的"新建分类"按钮,选择 Color Matte 项,选择颜色后(本实验选了蓝颜色),给定文件名,该文件便自动存入项目窗口。

(2) 添加 Color Matte 文件。

将 Color Matte 文件拖到视频轨道中,并调整该文件持续时间与视频素材一致;在特效控制窗口中取消其运动特效的"统一比例"选项;在节目监视窗口中选中 Color Matte 画面,调整其高度和位置,如图 6-48 所示。

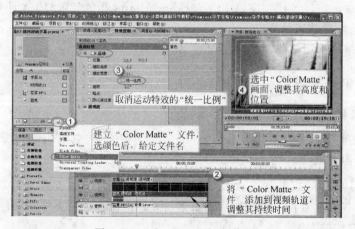

图 6-48 Color Matte(颜色蒙版)

(3) 制作横向滚动字幕。

① 制作字幕文本。启动字幕窗口,选择"文本"工具,鼠标拖动确定文字区域(后面仍需调整);粘贴文字,选择字幕风格;按 Ctrl+A 键选中全部文字,调整字号、字体、行距等参数,使其美观。

图 6-49 设置水平滚动

② 设置字幕。单击字幕窗口左上角处的"滚动/爬行"按钮![按钮],在打开的"滚动/爬行选项"对话框中选中"爬行"及"向左爬行"项,如图 6-49 所示。

③ 调整文本框宽度及初始位置。选中"选择工具",单击文本框,向右拉伸其右侧中间控制点,使文本框宽度与全部文字长度相等。将字幕窗口的水平滚动条移至窗体左侧,使字幕区域与视频区域保证同步。将文本框移至右方,以保证刚开始时看不到文字,达到从画面外向左滚动的效果。

④ 单击"退出"按钮,结束字幕编辑,项目窗口出现该字幕图标。

(4) 添加字幕。

将项目窗口中的字幕拖到最上面的视频轨道中。预览,若字幕滚动速度太快,可增加字幕的持续时间。

3)输出影片

输出影片并保存项目。

6. 实验小结

横向滚动字幕是最常见的字幕方式,通过本实验不仅了解了横向滚动字幕的制作方法,还学会了应用 Color Matte(颜色蒙版)文件为字幕添加背景以突出文字的效果,并又一次体会了以不同的比例调整画面的方法。

7. 实验拓展

(1) 可以试试在特效控制窗口中改变 Color Matte(颜色蒙版)的透明度,观察视频效果,进一步体会颜色蒙版的意义。

(2) 让字幕中的图形或图片由左向右飞出屏幕。

6.3.9 09——歌唱祖国

1. 实验素材

在随书光盘"Premiere 导学实验\Premiere 导学实验 09-歌唱祖国"文件夹中,也可使用自己拍摄的照片。

2. 实验目的

了解并掌握导入素材、添加素材、编辑素材及输出保存视频文件及项目文件的工作过程;了解音画对位的方法。

3. 实验要求

为每句歌词配上不同图片或视频;为每句歌词配上文字字幕并应用视频转场达到边

播放边擦除的效果。

4. 解决思路

新建项目。导入素材。添加素材。编辑素材：按音频内容对时间标尺进行无编号标记，之后调整各图片素材的持续时间(可移至新轨道中逐段调整)，使其长度与音频标记对位。输出新视频。保存项目。

5. 操作步骤

1) 建立 Premiere 新项目，导入、添加素材

由于本实验图片较多，直接加入项目窗口会感觉很乱，因此，可单击项目窗口下方"文件夹"按钮▇，改名进入后，双击打开"输入"对话框，导入图片。

单击项目窗口下方的"图标"按钮▇，可以显示各类素材缩略图，如图 6-50 所示。

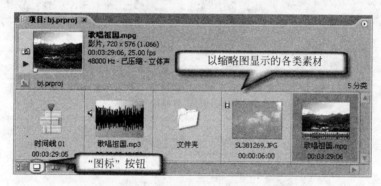

图 6-50 以缩略图显示各类素材文件

可以直接将文件夹拖动到时间线窗口的轨道中，系统自动将各类素材顺序添加至不同轨道，之后可根据实际需要进行调整。

2) 编辑素材

(1) 按音频内容对时间标尺进行无编号标记。

单击节目监视窗口中的"播放"按钮▇，在每句歌词结束处按小键盘中的" * "，时间标尺上会出现无编号标记▇。

(2) 调整各图片素材的持续时间。

将标尺指示线定位在下一个标记帧处，将新素材与上一素材衔接，调整长度，如图 6-51 所示。

(3) 制作歌词字幕。

在项目窗口中新建一文件夹，改名为"字幕"，进入该文件夹，为每句歌词建立一个字幕文件，如图 6-52 所示。

由于整首歌的歌词位置、字体、字号、颜色等应统一风格，因此，设计制作好第一句歌词的字幕文件后，可在项目窗口中复制出该句的字幕文件副本，之后修改歌词内容即可。歌词内容重复句只需制作一个字幕文件。

(4) 添加歌词字幕。

将歌词字幕文件添加到时间线窗口的空视频轨道中，按所在句的音频时间调整其长

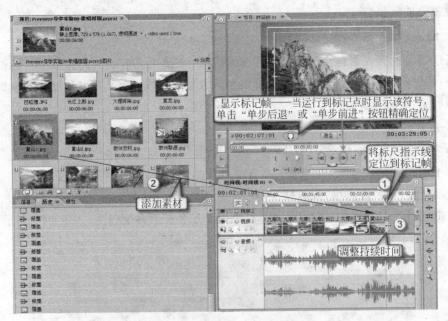

图 6-51　调整各图片素材的持续时间

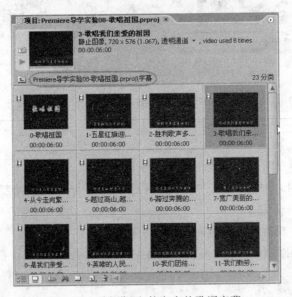

图 6-52　"字幕"文件夹中的歌词字幕

度。因前四句歌词在后面会重复,待做好视频转场后可复制到后面,故先只添加这四句。

(5) 为歌词字幕添加视频转场。

如图 6-53 所示,单击时间线窗口中某句歌词,在特效窗口中选"视频转场"中 3D Motion 的 Swing Out 转场,拖至素材出点,单击选中该转场,待光标接近转场左端点变为形状时,拖动左端点至素材入点(即转场持续时间与素材持续时间一致)。将前四句歌词均添加该视频转场,播放观察擦除歌词的效果。

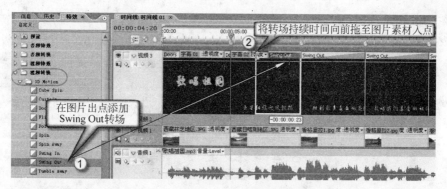

图 6-53 为歌词字幕添加视频转场

（6）复制歌词字幕。

由于 5、6 句歌词与 3、4 句一样，故将标尺指示线置于第四句歌词字幕出点，按住 Shift 键，依次选中时间线窗口中第 3、4 句歌词字幕，然后先后按 Ctrl＋C、Ctrl＋V 键，可看到第 5、6 句歌词的字幕文件上已具有 Swing Out 视频转场，调整其长度与标记帧一致即可。

（7）制作歌名字幕效果。

为了制作文字由无到有、由小变大的效果，选中时间线窗口的歌名字幕，在特效控制窗口歌名字幕入点与出点处添加关键帧，分别将其缩放参数值设为 0 与 150，如图 6-54 所示。

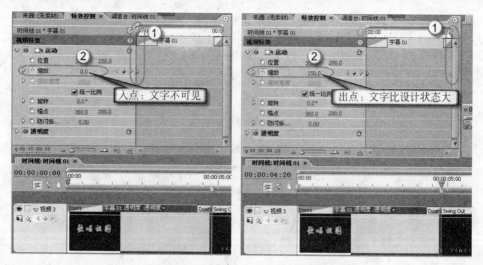

图 6-54 歌名字幕入点与出点的运动特效参数值

为了制作文字动态效果，在特效窗口中选"视频转场"中 3D Motion 的 Doors 转场，添加至字幕入点与出点，调整它们的持续时间，获得良好视觉效果。

3）输出影片

输出影片并保存项目。

6. 实验小结

本实验应用 Premiere 的标记功能,方便、快捷地实现了音画对位,并利用字幕特效、视频特效、视频转场等技术,为制作出音、画、字完美结合的视频作品提供了思路。

7. 实验拓展

搜集、拍摄照片或视频,进行校歌或自己喜欢作品的二次创作。

6.4　本章总结

以上 9 个 Premiere 导学实验,高度概括了视频处理的主要思路和工作流程,即新建项目、导入素材、添加素材、编辑素材、输出视频、保存项目六大部分。其中,编辑素材占的比重最大,它包括素材的剪辑,运动特效的修改,音频、视频特效的设置,音频、视频转场的设置以及字幕的制作。任何复杂的大制作均基于这几部分工作。

第7章　数　据　库

本章学习目标：

通过 Access 2003 建立一个学生信息管理系统，掌握数据库的基本知识及 Access 2003 的主要知识点及基本操作。

7.1　数据库系统概述

7.1.1　数据库和数据库管理系统

在应用计算机进行数据处理的技术发展过程中经历了程序数据处理技术、文件数据处理技术、数据库处理技术三个阶段。采用数据库处理技术实现数据处理的应用系统称为数据库应用系统，而相关的技术为数据库应用技术。

数据库是存储在计算机内、有组织、可共享的数据集合。数据库中的数据按一定的数据模型组织、描述和存储，数据库中的数据可为各种用户共享。

数据库管理系统（Database Management System，DBMS）是一个软件系统，主要用来定义和管理数据库，处理数据库与应用程序之间的联系。数据库管理系统是数据库系统的核心组成，它建立在操作系统之上，对数据库进行统一的管理和控制。其主要功能如下：

1. 描述数据库

提供数据描述语言（Data Define Language，DDL），描述数据操作逻辑结构、存储结构、保密要求等。使用者可以方便地建立数据库，定义、维护数据库的结构。

2. 操作数据库

提供了数据操作语言（Data Manipulation Language，DML），使用者能方便地对数据库进行查询、插入、删除和修改等操作。

3. 管理数据库

具有对数据库的管理运行和管理功能，保证数据的安全性和完整性，控制用户对数据库数据的访问，管理大量数据的存储。

4. 维护数据库

提供了数据维护功能，管理数据初始导入、数据转换、备份、故障恢复和性能监视等。

7.1.2　常见的数据库管理系统

目前有许多数据库产品，如 Oracle、Sybase、Informix、Microsoft SQL Server、Microsoft Access、Visual FoxPro 等产品各以自己特有的功能，在数据库市场上占有一席之地。下面简要介绍几种常用的数据库管理系统。

1. Oracle

Oracle 是一个最早商品化的关系型数据库管理系统，也是应用广泛、功能强大的数据库管理系统。Oracle 作为一个通用的数据库管理系统，不仅具有完整的数据管理功能，还是一个分布式数据库系统，支持各种分布式功能，特别是支持 Internet 应用。作为一个应用开发环境，Oracle 提供了一套界面友好、功能齐全的数据库开发工具。Oracle 使用 PL/SQL 语言执行各种操作，具有可开放性、可移植性、可伸缩性等功能。特别是在 Oracle 8i 中，支持面向对象的功能，如支持类、方法、属性等，使得 Oracle 产品成为一种对象/关系型数据库管理系统。

2. Microsoft SQL Server

Microsoft SQL Server 是一种典型的关系型数据库管理系统，可以在许多操作系统上运行，它使用 Transact-SQL 语言完成数据操作。由于 Microsoft SQL Server 是开放式的系统，其他系统可以与它进行完好的交互操作。目前最新版本的产品为 Microsoft SQL Server 2008，它具有可靠性、可伸缩性、可用性、可管理性等特点，为用户提供完整的数据库解决方案。

3. Microsoft Office Access

作为 Microsoft Office 组件之一的 Microsoft Access 是在 Windows 环境下非常流行的桌面型数据库管理系统。使用 Microsoft Access 无须编写任何代码，只需通过直观的可视化操作就可以完成大部分数据管理任务。在 Microsoft Access 数据库中，包括许多组成数据库的基本要素。这些要素是存储信息的表、显示人机交互界面的窗体、有效检索数据的查询、信息输出载体的报表、提高应用效率的宏、功能强大的模块工具等。它不仅可以通过 ODBC 与其他数据库相连，实现数据交换和共享，还可以与 Word、Excel 等办公软件进行数据交换和共享，并且通过对象链接与嵌入技术在数据库中嵌入和链接声音、图像等多媒体数据。

7.2　Access 2003 导学实验

Access 2003 是微软公司的 Microsoft Office 2003 系列软件的一个重要组成部分，是一种小型关系数据库管理系统。

Access 一般是作为 Office 应用程序套件中的一个组成部分，分为标准版、小型商务版、专业版、Premium。前两种为应用型版本，支持一个开发完毕的 Access 数据库应用系统的运行，后两种支持 Access 数据库应用系统的开发。

Access 不仅包括各种传统的数据库管理工具，而且增加了与 Web 的集成，这样可以很方便地在不同的平台和用户级上实现数据共享。为了使学生更好地学习和应用 Access,特设计了 8 个导学实验,以供读者学习和练习。完成 8 个导学实验后,学生可以建立一个简单的学生成绩管理系统数据库。

7.2.1 01——创建数据库

1. 实验目的

熟悉 Access 的运行启动、学会创建空数据库、掌握利用数据库向导建立数据库的方法。

2. 实验要求

* 启动 Access 2003;
* 创建一个空数据库;
* 利用数据库向导建立数据库。

3. 操作步骤

1) 创建空 Access 数据库

(1) 选择"开始"|"程序"|Microsoft Office|Microsoft Access 2003 即可启动 Access,如图 7-1 所示。图 7-2 所示为 Access 的启动窗口。

图 7-1 启动 Access

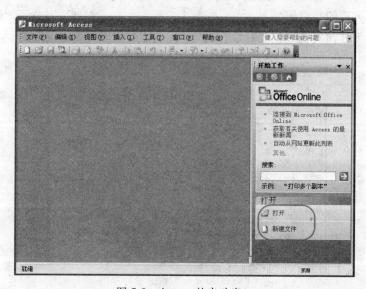

图 7-2 Access 的启动窗口

在 Access 启动窗口有一个"开始工作"任务窗格，下部显示"打开"和"新建文件"两个选项。

（2）单击"新建文件"则任务窗格改为"新建文件"，如图 7-3 所示。

（3）选择"空数据库"，出现"文件新建数据库"对话框，如图 7-4 所示。正确选择"保存位置"，它指定的是新建数据库文件所在的磁盘以及文件夹。接着在"文件名"列表框中输入"学生成绩管理系统"，并在"保存类型"列表框中，应选择"Microsoft Office Access 数据库"，一般情况下，这就是默认类型，可以不加修改。

图 7-3 "新建文件"任务窗格

图 7-4 "文件新建数据库"对话框

（4）单击"创建"按钮，即出现空 Access 数据库的设计视图窗口。在这个窗口中显示的是上面指定名称的数据库容器对象，如图 7-5 所示。注意：此时这个新创建的数据库容器对象中尚无任何其他数据库对象存在，是一个空的数据库容器。

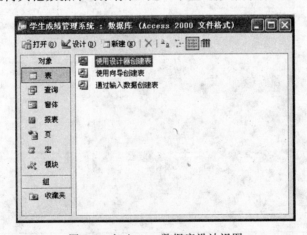

图 7-5 空 Access 数据库设计视图

2) 利用 Access 数据库向导创建一个 Access 数据库

利用设计向导可以快速地完成一个 Access 对象的初步设计操作。

（1）在图 7-3 所示的"新建文件"任务窗格中，选中"本机上的模板"，出现"模板"对话框，有"常用"和"数据库"两个选项卡，"数据库"选项卡默认情况下显示有 10 个图标，如图 7-6 所示。

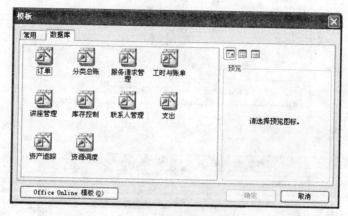

图 7-6 "模板"对话框

（2）可以从 Access 提供的这些数据库模板中选择一个与即将创建的数据库形式相近的数据库模板。例如"订单"，然后单击"确定"按钮，即进入如图 7-4 所示的"文件新建数据库"对话框。

（3）选择好保存位置和文件名，单击"创建"按钮进入 Access 数据库对象的设计向导过程。如图 7-7 和图 7-8 所示，在图 7-8 中显示新建数据库中的表以及各个表的字段，其字段可选。

图 7-7 数据库向导 1

（4）单击"下一步"按钮进入"请确定屏幕的显示样式"对话框，如图 7-9 所示，再单击"下一步"按钮进入"请确定打印报表所用的样式"对话框，如图 7-10 所示，在这两个对话框中选择喜欢的样式，也可以不选择直接单击"完成"按钮，则完成的数据库是默认的样式。

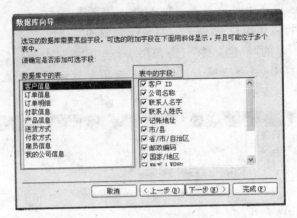

图 7-8　数据库向导 2

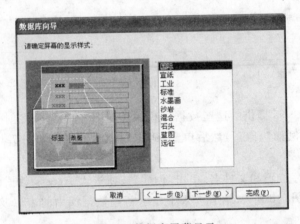

图 7-9　数据库屏幕显示

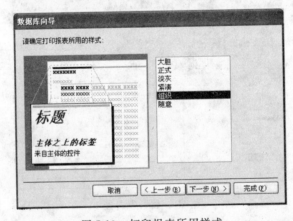

图 7-10　打印报表所用样式

　　(5) 单击"下一步"按钮进入"请指定数据库的标题"对话框,在此对话框中输入数据库的标题,单击"下一步"按钮,选择是否启动创建的数据库,单击"完成"按钮,完成数据库的创建,如图 7-11 和图 7-12 所示。

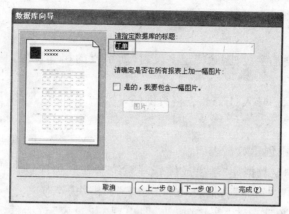

图 7-11 设置数据库标题

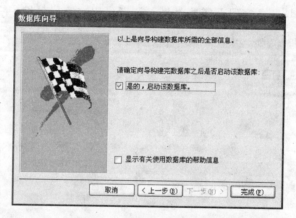

图 7-12 数据库启动对话框

利用数据库设计向导创建的数据库对象，其容器中就会包含一些其他 Access 对象，而不再是一个空的数据库容器，所包含的 Access 对象将有表对象、查询对象、窗体对象、报表对象、宏对象和模块对象等，但不会包含数据页对象。用户可以通过修改这些 Access 对象使其符合需要，从而减少数据库开发的工作量。

7.2.2 02——数据表设计

数据表对象是数据库中最基本的对象，是数据库中所有数据的载体。换句话说，数据库中的数据都是存储在数据表中，并在数据表中接受各种操作与维护。数据库中其他对象对数据库中数据的任何操作都是基于数据表对象进行的。

1. 实验素材

学生新建的学生成绩管理系统及随书光盘"Access 导学实验"文件夹中的"学生表.xls"、"课程表.xls"、"学生成绩表.xls"。

2. 实验目的

学会在设计视图中创建数据表、学会在数据表视图中创建新的数据表对象、学会从外部获取数据。

3. 实验要求

练习在指定行增加字段、删除特定字段、移动字段的相互位置；利用帮助功能熟悉字段的各项属性。

其他数据库数据的导入；Excel 表格数据的导入。

4. 操作步骤

1）在设计视图中创建数据表

（1）打开新建的空数据库"学生成绩管理系统"，在数据库设计视图中（如图 7-13 所示）具有"表"、"查询"、"窗体"、"报表"、"页"、"宏"、"模块"等对象。

（2）选择"表对象"，单击"新建"按钮，即出现"新建表"对话框，如图 7-14 所示。在"新建表"对话框中，选择"设计视图"，然后单击"确定"按钮，进入"数据表对象的操作窗口"，如图 7-15 所示填写各字段及字段类型。读者可以在字段属性中更改字段属性。

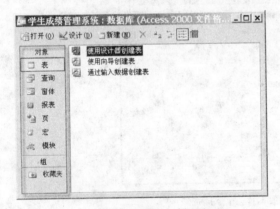

图 7-13　数据库设计视图

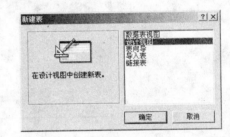

图 7-14　"新建表"对话框

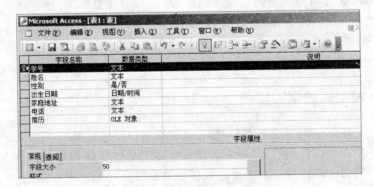

图 7-15　数据表设计视图

完成表结构设计后，选中"学号"，单击 🔑 按钮，设定"学号"为学生表的主关键字段。

对于任意一个数据表对象，Access 一般都要求定义唯一的一个主关键字段。根据关系数据库的基本概念，这是必要的。

主关键字段的含义是在一个数据表中不允许任意两条记录的主关键字段值相同。若未定义主关键字段,则在退出表结构设计并要求保存本次设计操作时,Access 会询问并在得到认可的情况下自行增加一个取名为 ID 的、数据类型为"长整型"的自动编号字段。

(3) 单击视图上的"关闭"按钮,即弹出"另存为"对话框,如图 7-16 所示。输入新建表的名称"学生表",单击"确定"按钮,则在设计视图中出现学生表,如图 7-17 所示。

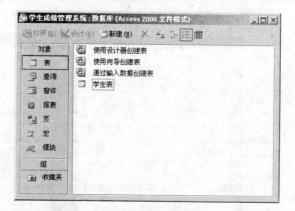

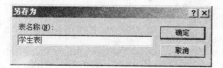

图 7-16 "另存为"对话框　　　　　　图 7-17 新建库中的学生表

(4) 选中学生表并打开,可以添加如图 7-18 所示的数据库。该数据见"数据库导学实验\学生表.xls"。

学号	姓名	性别	出生日期	家庭地址	电话	简历
03063318	王红	☐	1986-5-18	石景山大院	84456677	Microsoft Word 文档
030633201	孙丽	☐	1986-3-10	望京路115号	63642459	.ft Office Word 图片
030633202	郭龙	☑	1985-1-5	房山西路苑113号	86871365	
030633203	赵明明	☐	1986-5-15	学院路337	65341258	
030633204	孙星	☐	1985-3-9	东城东交民巷8号	65432345	
030633205	陈龙	☑	1986-5-18	知春路110号	83510077	
030633206	张庆生	☑	1985-7-7	宣武门大街2号	80351179	
030633207	宋晨	☐	1985-8-1	西城月坛6号	62783468	
030633208	张雅丽	☐	1986-9-10	惠新东路128号	65673215	
030633209	王鹏	☐	1986-1-21	广顺街5号	84729988	
030633214	张强	☑	1986-5-21	西直门外大街7号	53071188	

图 7-18 学生表中添加数据

2) 在数据表视图中创建新的数据表对象

(1) 在"新建表"对话框(如图 7-14 所示)中选择"数据表视图",单击"确定"按钮,进入创建新表的数据表视图,如图 7-19 所示。

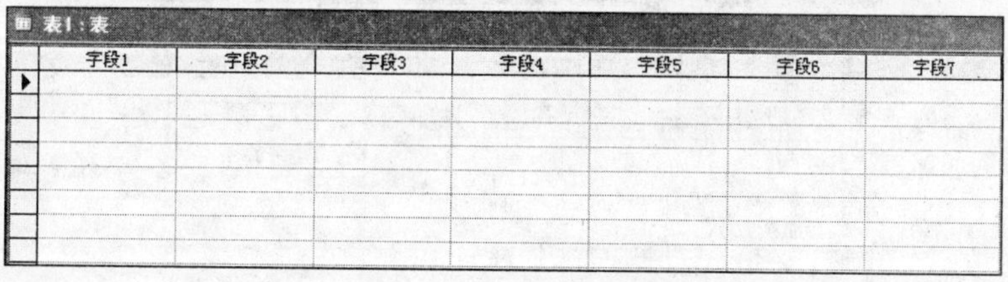

字段1	字段2	字段3	字段4	字段5	字段6	字段7

图 7-19 数据表视图

(2) 直接在数据表视图中输入数据,输入了多少列的数据,所创建的表就有多少个字段,各字段名称分别为"字段 1"、"字段 2"等;各字段的数据类型则由 Access 根据所输入的数据做出判断。如若某列输入的是字符,则被认为"文本";如若某列输入的是数值,则被认为"数字"等。

(3) 按"数据库导学实验\课程表.xls"中的内容,输入数据。

(4) 更改字段名的操作步骤,选中要修改的列,单击鼠标右键,出现如图 7-20 所示的下拉菜单,选择"重命名列"命令,更改字段名。

图 7-20　重命名列命令

(5) 保存数据表为课程表,完成表的建立。

5. 从外部获取数据

从外部导入数据分为导入表和链接表两种,导入数据从外部获取数据后形成自己数据库中的数据表对象,并与外部数据源断绝链接。这意味着当导入操作完成以后,即使外部数据源的数据发生了变化,也不会再影响已经导入的数据。链接表只是与外部数据建立了链接,数据源的数据和位置发生了变化,会再影响已经链接的数据。

(1) 在数据库视图中,选择"文件"|"获取外部数据"|"导入"命令(如图 7-21 所示),在弹出的"导入"对话框中,选定导入数据文件的查找位置、选定导入数据文件类型、选定需导入的文件名,然后单击"导入"按钮。

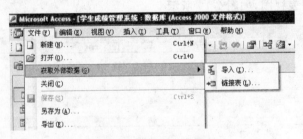

图 7-21　从外部导入数据

(2) 在"导入"对话框中,可以选择数据库中的表格,也可以选择 Excel 表格。在此选择"数据库导学实验\学生成绩表.xls",然后单击"导入"按钮,如图 7-22 所示。

图 7-22 "导入"对话框

(3)按照导入数据表向导 1 中"第一行包含列标题"、向导 2 中数据保存在"新表中"、向导 3 中选择导入的字段、向导 4 中选择"编号"、向导 5 中导入到"学生成绩表"进行设置（见图 7-23～图 7-27）。

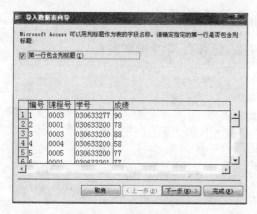

图 7-23 导入数据表向导 1

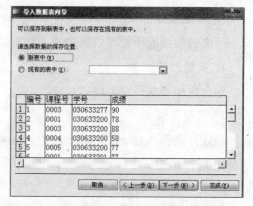

图 7-24 导入数据表向导 2

图 7-25 导入数据表向导 3

图 7-26 导入数据表向导 4

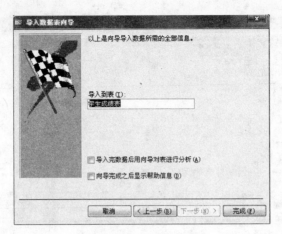

图 7-27　导入数据表向导 5

也可以按照向导提示导入"数据库中表"。

7.2.3　03——设置数据表视图格式

1. 实验素材

新建的学生成绩管理系统中的表对象(学生表、课程表、学生成绩表)。

2. 实验目的

学会数据表视图中的格式设定。

3. 实验要求

设置行高和列宽、设定字体、设定表格样式。

4. 操作步骤

1) 设置行高/列宽

有两种不同的方式设定数据表行高/列宽。

(1) 将鼠标移至表中两个记录的交界处,鼠标就会变成"⬍"或"↔"形式,按住鼠标左键不放上下或左右拖曳,即可改变表的行高/列宽。

(2) 将鼠标点停留在表中任一行处,选择"格式"|"行高"命令,即弹出"行高"对话框,如图 7-28 所示。输入一个期望的行高值。

图 7-28　"行高"对话框

2) 数据字体的设定

在数据表视图中单击"格式"工具栏上的"字体"列表框选择其他字体;也可以选择"格式"|"字体"命令,在随后弹出的"字体"对话框中进行设置,如图 7-29 所示。

选择希望的字体、字型、字号及其特殊效果和颜色,然后单击"确定"按钮。

3) 数据表样式的设定

可以根据实际需要来修改设定自己所喜好或实际需要的表格样式。在需要修改格式的数据表视图中,选择"格式"|"数据表"命令,在随后弹出的"设置数据表格式"对话框,如

图 7-30 所示,有多个选项可供选择。

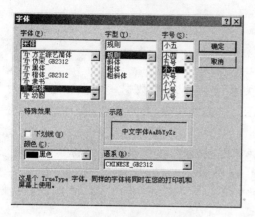

图 7-29 "字体"对话框

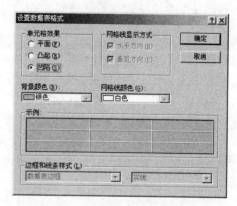

图 7-30 "设置数据表格式"对话框

根据需要做好选择,即可得到所需的表格样式。

7.2.4　04——表对象间的关联设定

一个数据库中常常包含若干个数据表,用以存放不同类别的数据集合。而这些数据集合存放于同一个数据库中,是由于它们之间存在着相互联接。这种数据集合间的相互联接称之为关联。

在关系数据库的实现中,主要存在两种关联:一对一的关联和一对多的关联。上述两种关联是通过设定数据库中表对象的关联来实现的。

数据表关联的目的是为了实现关系联接运算,即将两个数据表中的相关记录联接形成一个新关系中的一条记录,这个新关系称为关联数据表。

(1)一对一关联:是指两个关联数据表中的联接关键字段分别是这两个数据表的主关键字段。

现以学生成绩管理系统为例讨论关联的意义。在"学生表"中,"学号"字段中的数据必须互不相同,用以表示不同的学生。"学生成绩表"中学号必须与"学生表"中的学号相同,才能保证各种查询和统计数据的正确性。这就表明"学生表"中的记录和"学生成绩表"中的记录必须是一对一的关联,两个数据表间的联接关键字是"学号"字段。

(2)一对多关联:一门课程可以同时有多名学生选修,同样一个学生可以选修多门课程,因此课程和学生之间就是一对多的关系,一对多关联不要求两个关联数据表中的联接关键字段分别是这两个数据表的主关键字段。

1. 实验素材

新建的学生成绩管理系统中的表对象(学生表、课程表、学生成绩表)。

2. 实验目的

熟悉创建表与表之间的关系方法;学会设置表之间的联接设置;学会编辑和删除关系。

3. 实验要求

建立学生成绩管理系统表间关系。

4. 操作步骤

(1) 打开"学生成绩管理系统"。

单击工具栏上的"关系"按钮 ，打开"关系"窗口。如果数据库中没有定义任何关系，将会打开"显示表"对话框，如图 7-31 所示。选择相关表，然后单击"添加"按钮，将要建立关系的表添加到"关系"窗口。

(2) 用鼠标指向主表"学生表"中的关联字段"学号"，按住鼠标左键将其拖曳至"成绩表"的关联字段"学号"后释放鼠标左键，就会弹出"编辑关系"对话框，如图 7-32 所示。

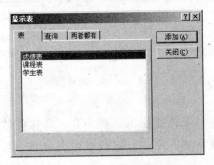

图 7-31 "显示表"对话框

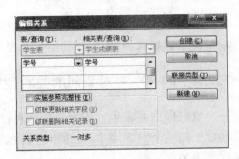

图 7-32 "编辑关系"对话框

如果选中"实施参照完整性"复选框，就会出现如图 7-33 所示的成绩表-课程表之间的一对多关联，不选则显示学生表-成绩表之间的一对一的联系。

(3) 鼠标右击选中的连线，弹出关系编辑菜单，如图 7-34 所示，可以编辑关系、删除关系，以及"在编辑关系"对话框中进行联接类型的选择。

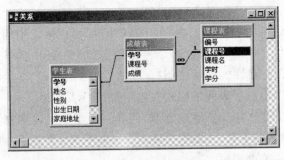

图 7-33 "关系"窗口

图 7-34 关系编辑菜单

7.2.5 05——查询对象设计

查询是关系数据库中的一个重要概念，查询是针对数据源的操作命令，相当于程序，是数据库的核心操作。

Access 2003 提供了非常强大的查询工具,借助于 Access 为查询对象提供的可视化工具,可以很方便地进行 Access 查询对象的创建、修改和运行。在 Access 数据库中,可以使用下列五种类型的查询。

(1) 选择查询:是最常见的查询类型,是从一个或多个数据表中检索符合条件的数据,并以结果集的形式显示查询结果。同时也可以使用查询来对记录进行分组,并对分组做总计、计数、求平均值等统计计算。

(2) 参数查询:就是在选择查询中增加了可变化的条件,即参数。参数查询增加了产生踪迹的功能,它在执行时显示自己的对话框以提示用户输入信息。

(3) 动作查询:是一种可以更改记录的查询。动作查询有四种:

① 删除查询:从一个或多个数据表删除一组记录。

② 更新查询:对一个或多个数据表中的一组记录作全局修改,例如某科分数提高5分。

③ 追加查询:从一个或多个数据表将一组记录追加到另一个或多个表的尾部,例如新增人员名单。

④ 生成表查询:从一个或多个表中创建一张新表。

(4) 交叉表查询:用于显示来源于表中某个字段的统计值,并将它们分组,一组列在数据表的左侧,一组列在数据表的上部。

(5) SQL 查询:用户使用 SQL 语言查询创建的查询。

1. 实验素材

新建的学生成绩管理系统中的表对象(学生表、课程表、学生成绩表)。

2. 实验目的

熟悉查询的基本操作(使用向导建立查询;学会在设计视图中创建查询)、学会选择查询、学习参数查询、学习交叉表查询。

3. 实验要求

创建学生成绩查询;创建补考学生查询;创建学生学号参数查询;创建学生各科成绩交叉表查询。

4. 操作步骤

1) 使用查询的设计视图创建查询

只有学会并理解了"查询设计视图"的操作使用,才可能很好地使用其他方法来加快新建查询对象的操作。

(1) 在数据库设计视图中,单击"查询"标签按钮即进入"查询对象"选项。

单击数据库设计视图上的"新建"按钮,即弹出"新建查询"对话框,如图 7-35 所示。在"新建查询"对话框中,Access 提供了五种新建查询的方法,分别是:设计视图、简单查询向导、交叉表查询向导、

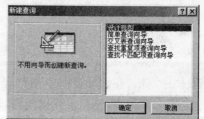

图 7-35 "新建查询"对话框

查找重复项查询向导、查找不匹配项查询向导。用户可以根据需要选择适当的查询向导创建查询。

（2）在"新建查询"对话框中选择"设计视图"，单击"确定"按钮，即进入"查询设计视图"，在弹出的"显示表"对话框中逐个地指定数据源，并单击"添加"按钮将指定的数据源逐个添加到查询设计视图上半部的数据源显示区域内。单击"关闭"按钮，如图 7-36 所示。

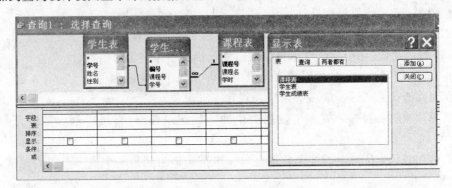

图 7-36　添加表对象或查询对象

（3）定义查询字段，从选定的数据源中选择需要在查询中显示的数据字段。既可以选择数据源中的全部字段，也可以仅选择数据源中的部分字段，且各个查询字段的排列顺序可以与数据源中的字段排列顺序相同，也可以与数据源中的字段排列顺序不同（此实验的查询字段为"学号"、"姓名"、"课程号"、"课程名"、"成绩"、"学分"），如图 7-37 所示。

字段	学号	姓名	课程号	课程名	成绩	学分
表	学生表	学生表	学生成绩表	课程表	学生成绩表	课程表
排序						
显示	☑	☑	☑	☑	☑	☑
条件						
或						

图 7-37　定义查询字段

（4）查询完成后，单击窗体中的"关闭"按钮，在弹出的"另存为"对话框中设置"查询名称"为"学生成绩查询"，单击"确定"按钮，完成查询（见图 7-38）。

（5）在数据库设计视图中的查询对象中多了一个学生成绩查询，双击该查询可见其查询结果，如图 7-39 所示。

图 7-38　"另存为"对话框

2）创建补考学生查询

（1）在学生成绩管理系统的数据库设计窗口，单击"对象"栏中的"查询"，然后在对象列表框中双击"在设计视图中创建查询"，打开查询的设计视图，通过"显示表"对话框将"学生成绩查询"添加到设计视图窗口中。

（2）从字段列表中选择与图 7-37 显示内容一致的选项，并在成绩的条件位置输入"<60"，如图 7-40 所示。

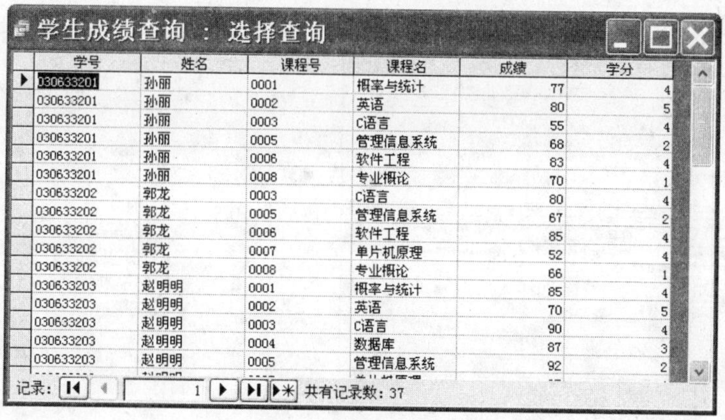

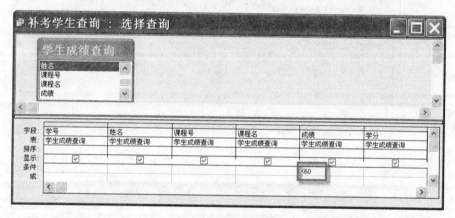

图 7-39　学生成绩查询结果

图 7-40　查询条件

（3）保存并观察查询结果。

同时做成绩＞80分的查询，观察结果。

3）创建英语成绩查询

如果要查询"英语"成绩，则在"课程名"下的条件栏中输入"英语"，读者可以试一试。

4）创建学生学号参数查询

（1）打开查询的设计视图，将学生成绩查询添加到查询的设计窗口。

按图 7-40 指定查询显示项，并在"学号"字段的条件单元格输入提示信息：［请输入学生的学号］，如图 7-41 所示，保存创建的查询为"学生学号参数查询"。

（2）运行学生参数查询，则会弹出"输入参数值"对话框，要求输入学号，如图 7-42 所示，并根据提示输入正确的学号，观察运行结果如图 7-43 所示。

5）创建学生各科成绩交叉表查询

交叉表查询是一种特殊类型的总计查询，利用该查询可以查询学生的总学分等项。

（1）在数据库设计窗口，单击"对象"列表中的查询选项。

（2）单击"新建"按钮，在弹出的窗口中选择"交叉表查询向导"，并单击"确定"按钮。

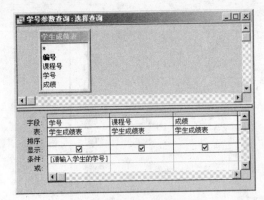

图 7-41 学生参数查询

图 7-42 "输入参数值"对话框

学号	姓名	课程号	课程名	成绩	学分
030633201	孙丽	0001	概率与统计	77	4
030633201	孙丽	0002	英语	80	5
030633201	孙丽	0003	C语言	55	4
030633201	孙丽	0005	管理信息系统	68	2
030633201	孙丽	0006	软件工程	83	4
030633201	孙丽	0008	专业概论	70	1
030633201	孙丽	0002	英语	78	5
030633201	孙丽	0003	C语言	80	4
030633201	孙丽	0005	管理信息系统	66	2

图 7-43 输入参数后查询结果

（3）在出现的"交叉表查询向导"窗口的视图框中选中"两者"，如图 7-44 所示。

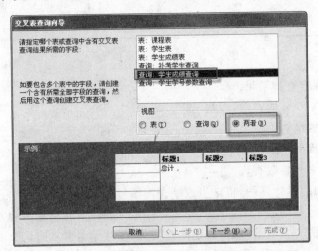

图 7-44 "交叉表查询向导"对话框

（4）选择"查询：学生成绩查询"，单击"下一步"按钮，出现如图 7-45 所示的选择行标题对话框，选择"姓名"，单击" ＞ "按钮进行选定。

（5）单击"下一步"按钮，选择列标题，如图 7-46 所示。

（6）单击"下一步"按钮，进入每列和行的交叉点计算的数据："学分"，"求和"，如图 7-47 所示。

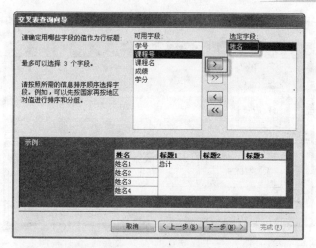

图 7-45　选择行标题

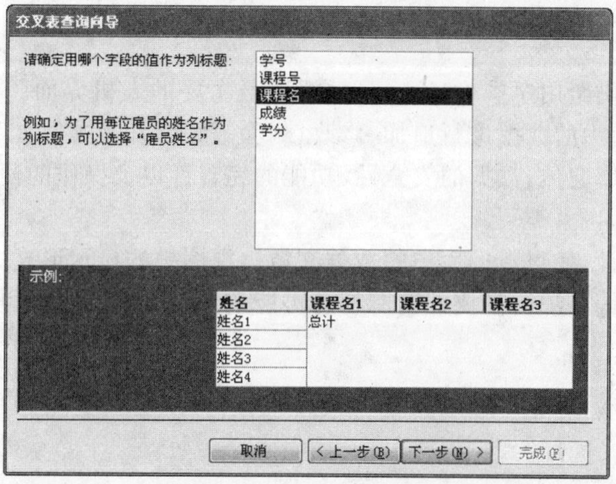

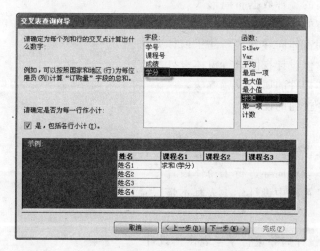

图 7-46　选择列标题

图 7-47　交叉表的交叉项选择

（7）单击"下一步"按钮，为新建的查询取名，并单击"完成"按钮，如图 7-48 所示。

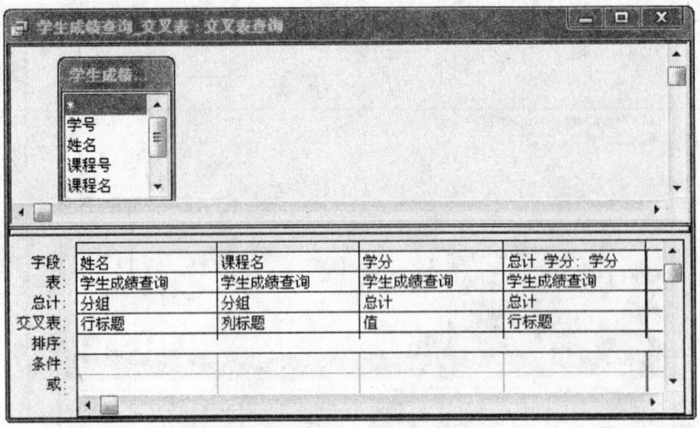

图 7-48　"学生成绩查询-交叉表查询"设计视图

7.2.6　06——窗体对象设计

窗体对象是提供给用户操作 Access 数据库最主要的人机界面。使用窗体可以进行数据查看，对数据库中的数据进行追加、修改、删除等编辑打印操作。

只有使用数据库窗体，数据的安全性、功能的完善性以及操作的便捷性等一系列指标才能真正得以实现。

通过合理地设计，使得数据库中的数据在窗体视图中的显示形式、所受到的保护以及对非法操作的限制等各项所需要的功能都有可能按照设计者的意图得以实现。

1. 实验素材

新建的学生成绩管理系统中表对象、查询对象。

2. 实验目的

（1）学习利用窗体向导方式新建窗体。

（2）认识窗体的各种数据布局形式。

（3）认识窗体的各种显示样式。

（4）学习使用窗体向导方式新建子窗体方法。

（5）学习在窗体设计视图进行窗体设计的方法。

（6）熟悉窗体控件的属性设置方法。

（7）学习命令按钮的使用。

3. 实验要求

（1）利用窗体设计向导进行学生表窗体设计。

（2）利用窗体设计向导进行子窗体设计。

（3）窗体设计视图中设计学生表基本情况录入窗体。

4. 操作步骤

1）利用窗体设计向导进行学生表窗体设计

（1）在数据库设计窗口，打开"窗体"对象，如图 7-49 所示，双击"使用向导创建窗体"

进入"窗体向导"数据源选择对话框，如图7-50所示。选择学生表中的所有字段。

图7-49　"窗体"对象窗口

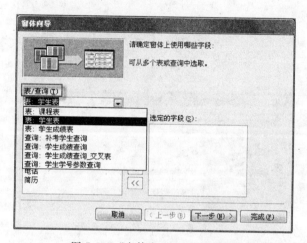

图7-50　"窗体向导"选择数据源

（2）单击"下一步"按钮进入"窗体向导"数据布置形式选择对话框，在此对话框中可以选择窗体的布局形式，如选择"纵栏表"，如图7-51所示。

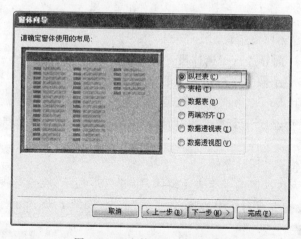

图7-51　"窗体向导"窗体布局

（3）单击"下一步"按钮，进入"窗体向导"显示样式选择对话框，如图7-52所示。选择合适的形式，单击"下一步"按钮为窗体指定标题，完成设计，如图7-53所示。

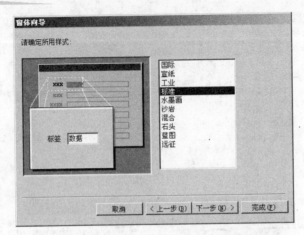

图 7-52 "窗体向导"样式选择对话框

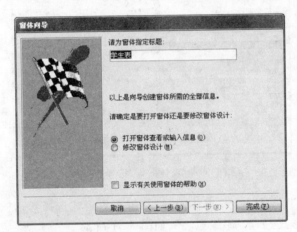

图 7-53 为窗体指定标题

观察不同的布置和样式组合。

2) 利用窗体设计向导进行子窗体设计

在很多情况下,一个数据库应用系统的窗体数据源都不是基于一个数据表对象或一个查询对象的。利用 Access 窗体对象处理来自多个数据源的数据,需要在主窗体对象中开设子窗体,即主窗体基于一个数据源,而任一其他数据源的数据处理则必须为其开设对应的子窗体。

(1) 创建主窗体。

创建以学生表为数据源的学生表 1 窗体,如图 7-54 所示,在设计视图中打开学生表 1 窗体,并将全部字段拖曳至窗体中的"窗体页眉"节中,如图 7-55 所示。

(2) 创建子窗体。

① 将窗体的主体节拉大至合适的尺寸。

② 在窗体主体中设置一个"子窗体"控件。方法是在窗体设计视图工具栏上单击"子窗体/子报表"按钮，并在窗体主体中拖曳出所希望的子窗体区域,即弹出"子窗体向导"对话框,如图 7-56 所示。选择"使用现有的表和查询"单选按钮。

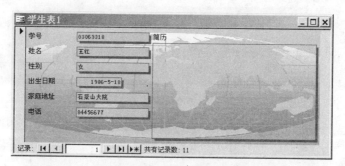

图 7-54 学生表 1 窗体视图

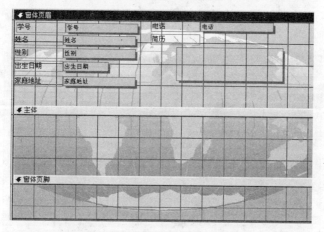

图 7-55 学生表 1 主窗体设计视图

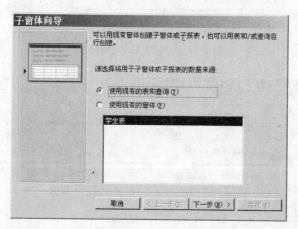

图 7-56 "子窗体向导"对话框

③ 在对话框中选择数据源"学生成绩查询"进入字段选择对话框选择字段后,单击"下一步"按钮,如图 7-57 所示。选择"学号"、"课程名"、"成绩"、"学分"字段。

④ 在向导指引下将子窗体命名为"课程表",单击"完成"按钮。其"设计视图"如图 7-58 所示,窗体视图如图 7-59 所示。

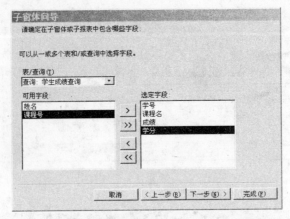

图 7-57　"子窗体向导"选择字段

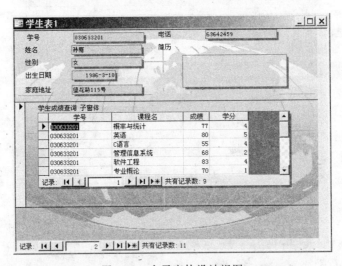

图 7-58　含子窗体设计视图

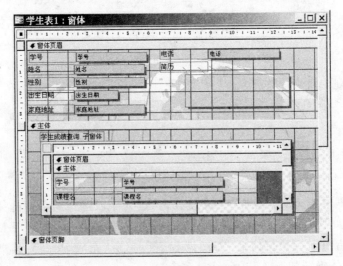

图 7-59　含子窗体窗体视图

3）在窗体设计视图中设计学生表基本情况录入窗体

（1）利用窗体向导创建基本窗体。

利用窗体向导、学生表为数据源，创建一个学生基本情况录入窗体的基本形式，数据布置形式为数据表。

（2）改变基本窗体中字段布置。

打开上述窗体的设计视图，单击窗体下边的灰色区域，然后用鼠标右击，在弹出菜单中选择"属性"命令，将窗体的默认视图属性定义成连续窗体。

（3）添加7个文本框。

拉大窗体页眉节，在图7-60所示的工具箱中，选中文本框控件，在窗体页眉节中添加7个文本框。如果窗体中没有工具箱，可单击工具栏中的 ✖ 按钮，调出工具箱。添加的文本框为未绑定状态，用鼠标右击文本框，在弹出的菜单中选择"属性"命令，弹出"属性"窗口进行文本框的属性设定，如图7-61所示，在数据的控件来源中选中要显示的字段"学号"、"姓名"等。

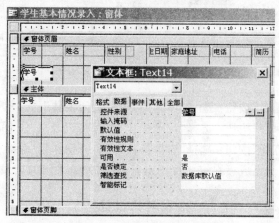

图7-60 工具箱　　　　　　　　图7-61 文本框属性设定

（4）添加一个标签框。

在窗体页眉节添加一个标签框，并按图7-62所示设定标题属性"学生基本情况录入"，以及标签的各种属性，添加直线并设定属性。

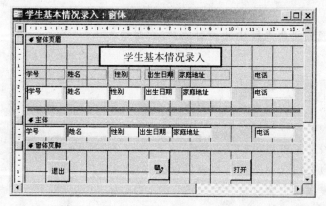

图7-62 "学生基本情况录入"设计窗体

（5）添加三个命令按钮。

拉开窗体页脚节，分别添加三个命令按钮。

当放置控制按钮在设计视图上时，会弹出"命令按钮向导"（如图 7-63 所示），供设计者选择。

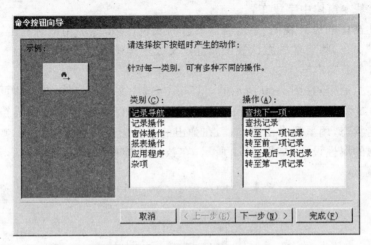

图 7-63   "命令按钮向导"对话框

"退出"按钮：选择"窗体操作"|"关闭窗体"|"文本"|"退出"；

"保存"按钮：选择"记录操作"|"保存记录"|"图片"|"保存记录"；

"打开"按钮：选择"窗体操作"|"打开窗体"|"学生表"|"文本"|"打开窗体"。

设计完成后在窗体视图运行、观察并输入新的记录，保存，关闭和打开学生表观察。

7.2.7   07——报表对象设计

报表对象的主要作用是用于打印数据和对数据进行汇总，在报表中，不仅可以控制每个对象的大小和显示方式，同时可以按照需要的方式输出。

报表设计的方法和窗体设计的方法相似，可以使用向导设计，也可以在报表设计视图中设计。

1. 实验素材

新建的学生成绩管理系统中的表对象、查询对象。

2. 实验目的

（1）学会使用报表向导设计不同类型的报表。

（2）学习利用报表向导方式新建窗体。

（3）认识报表的各种数据布局形式。

（4）认识报表的各种显示样式。

（5）学习在报表设计视图进行报表设计的方法。

（6）熟悉报表属性设置方法。

（7）在报表中计算总值和平均值。

3. 实验要求

（1）使用报表向导设计不同类型的报表。

（2）在报表设计视图进行学生成绩查询报表设计。

（3）在学生报表中创建"成绩子报表"。

4. 操作步骤

1）使用报表向导设计不同类型的报表

（1）在数据库设计窗口，打开"报表"对象，双击"使用向导创建报表"，进入"报表向导"对话框，如图 7-64 所示。在"表/查询"下拉列表中选择数据源"学生表"，在字段选择区选择可用字段。单击"下一步"按钮，进入"报表向导"分组对话框，如图 7-65 所示。

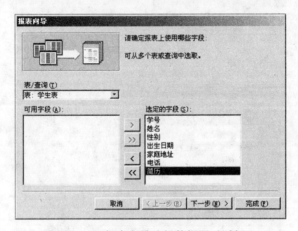

图 7-64　报表向导选择数据源对话框

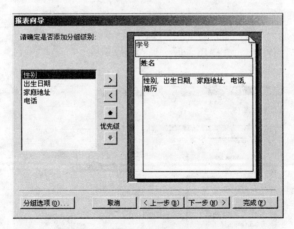

图 7-65　报表向导分组级别对话框

（2）单击"下一步"按钮，进入"报表向导"排序对话框，如图 7-66 所示，选择后单击"下一步"按钮进入"报表向导"布局对话框，如图 7-67 所示。

（3）选择合适的布局方式，单击"下一步"按钮，进入"报表向导"样式对话框，如图 7-68 所示。完成选择，单击"下一步"按钮，为报表指定标题"学生表"，单击"完成"按钮，预览报表。进行各种选项的选择,观察效果。

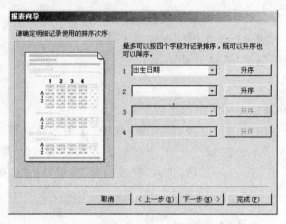

图 7-66　报表向导排序

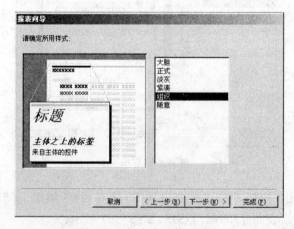

图 7-67　报表向导布局

图 7-68　报表向导使用样式

2）在设计视图进行学生成绩查询报表设计

（1）利用报表向导、学生表成绩查询为数据源创建一个学生成绩查询总览表。

在数据库设计视图选中"学生成绩查询报表"对象，单击"设计"按钮进入设计视图，如图 7-69 所示。

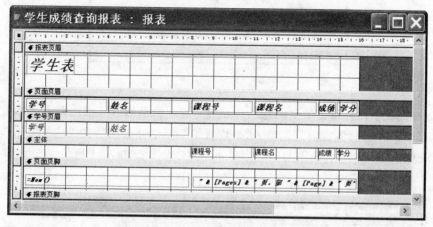

图 7-69　"学生成绩查询报表"设计视图

（2）选择"文件"｜"页面设置"命令，可以在"页面设置"对话框中设置纸张大小、纸张来源、打印方向、纸张四周的页边距和每页列数等参数。这些参数的设置，完全与 Windows 环境下的其他应用软件的页面设置方法相同。此处设定的各项页面参数，仅仅只对本报表有效，并不会影响其他对象的页面设置数据。

（3）修改报表格式布局。

设定报表页眉格式：将报表标题拖至报表上部居中位置，并将其设置为 24 号，黑体。

调整报表"页面页眉"和"主体"中各个数据字段的格式：为了调整一个字段在报表中的尺寸，需要选中这个字段文本框控件或字段标签控件，对于选中状态控件，可以改变其尺寸，方法是用鼠标指向控件左右两侧的黑点，左右拖曳；用鼠标指向控件上下两端的黑点，上下拖曳即可改变控件的高度。也可以改变其位置，方法是用鼠标指向选中控件并在其变成为"手形"时按下鼠标左键，拖曳鼠标。

设置其各项属性：在相应的属性栏中设置所需要的属性值。

为了保证正确性，应该逐个控件地进行上述调整操作，直至每个控件尺寸、相互位置及其相关属性值的设置均满足实际需求为止。

添加或删除报表页眉和报表页脚、添加或删除页面页眉和页面页脚需在 Access 主窗口菜单栏上选择"视图"下拉菜单，进行更改。

（4）在菜单栏上选择"插入"｜"日期和时间"命令，在报表中插入时间、日期。

（5）在菜单栏上选择"插入"｜"页码"命令，进行页码方式选择、设置。

（6）设置报表中数据的分组和排序。单击"报表设计"工具栏中的"排序分组"按钮，打开"排序与分组"对话框，如图 7-70 所示。当"组页眉"和"组页脚"为"是"时创建组页眉和组页脚。

图 7-70   "排序与分组"对话框

(7) 在报表中计算每位学生的总学分和所有成绩的平均值。添加两个文本控件到组页眉或组页脚中,在标签框内分别输入"平均成绩"和"学分总计",在相应的文本框中分别输入计算表达式"＝Avg([成绩])"和"＝Sum([学分])",如图 7-71 所示。Avg 和 Sum 分别为求平均和求和函数。

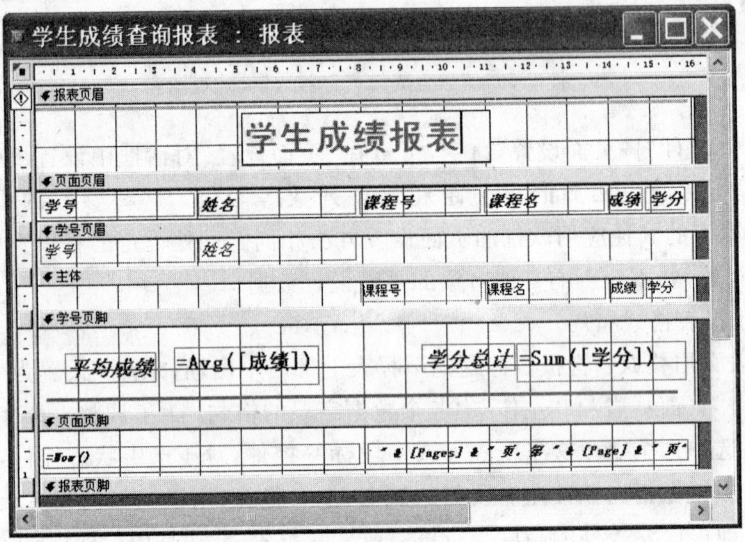

图 7-71   "学生成绩报表"设计视图

如果要计算报表中所有记录的总计值或平均值,需将文本框添加到报表页眉或报表页脚。

其中"平均成绩"文本框的数据属性为固定保留一位小数。完成后打印预览效果如图 7-72 所示。

3) 在学生报表中创建"成绩子报表"

子报表是插在其他报表中的报表,用户既可以通过子报表向导在一个已有的报表中插入子报表,也可以将一个已有报表作为子报表插入到另一个已有报表中。

(1) 设计主报表:通过报表设计向导,创建以学生表为数据源的主报表"学生表1",在报表的设计视图中打开"学生表1",并按图 7-73 布置字段。

(2) 添加子报表:将报表的主体节拉大至合适的尺寸。在报表主体中设置一个"子

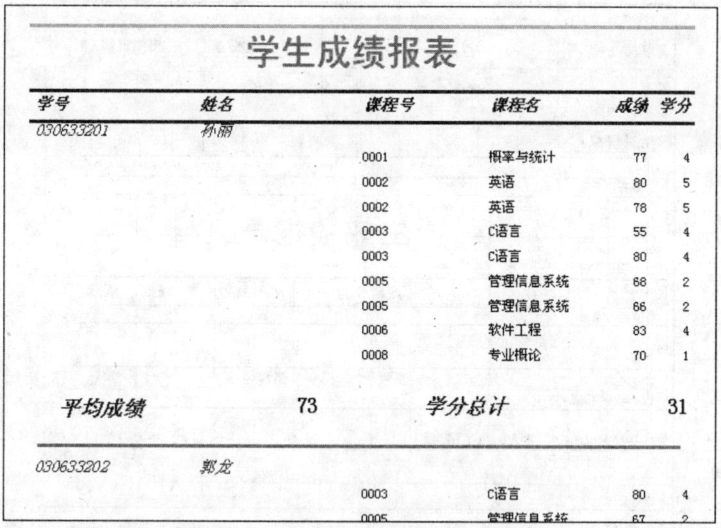

图 7-72 "学生成绩报表"打印预览视图

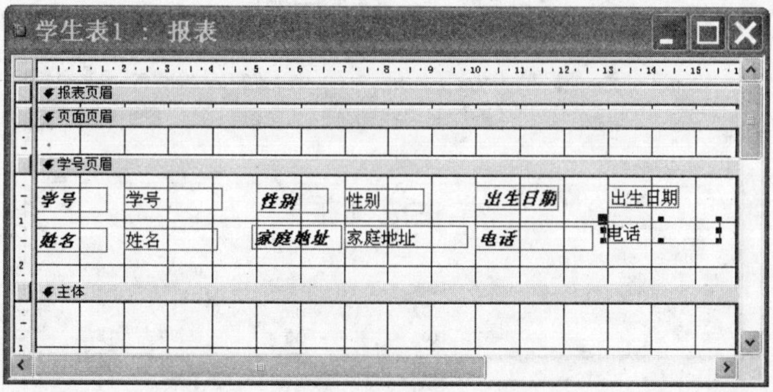

图 7-73 主报表字段布置

窗体/子报表"控件,方法是在窗体设计视图工具栏上单击"子窗体/子报表"按钮 。

在窗体主体中拖曳出所希望的子报表区域,即弹出"子报表向导"对话框。在该对话框中选择数据源"学生成绩报表",然后单击"下一步"按钮,进入"字段选择"对话框选择字段后,单击"下一步"按钮,为子报表命名为"学生成绩报表",单击"完成"按钮。其设计视图如图 7-74 所示。

(3) 删除报表页眉节中的报表名,调整各字段位置,使两个学生显示在一页中,完成后"打印预览",结果如图 7-75 所示。

7.2.8 08——数据库的安全操作

1. 实验素材

新建的学生成绩管理系统。

图 7-74 "子报表"设计视图

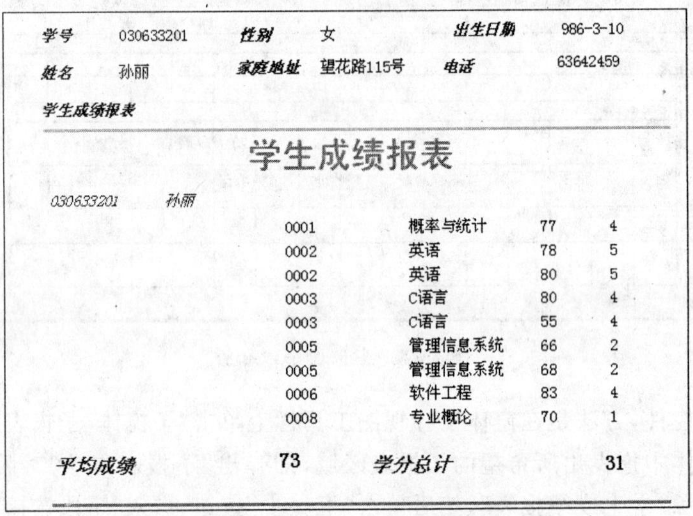

图 7-75 "打印预览"视图

2. 实验目的

熟悉数据库的密码、账号、用户与组的权限设置方法。

3. 实验要求

设置数据库密码、账号、用户与组的权限。

4. 操作步骤

1）设置数据库密码

（1）关闭需要设置密码的数据库，在菜单栏上选择"文件"|"打开"命令，在"打开"对

话框中选择所需文件的位置、名称和文件类型,单击"打开"按钮的右侧向下箭头,选择"以
独占方式打开"所选的数据库,如图 7-76 所示。

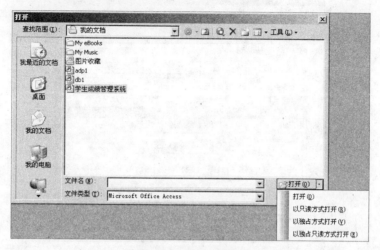

图 7-76 打开对话框

(2) 在菜单栏上选择"工具"|"安全"|"设置数据库密码"命令,进行设置,如图 7-77
所示。

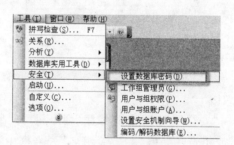

图 7-77 设置数据库密码

2) 删除数据的密码

关闭需要设置密码的数据库,在菜单栏上选择"文件"|"打开"命令,在"打开"对话框
中选择所需文件的位置、名称和文件类型,单击"打开"按钮的右侧向下箭头,选择"以独占
方式打开",如图 7-76 所示。在菜单栏上选择"工具"|"安全"|"撤销数据库密码"命令进
行设置。

3) 设置用户级安全机制

打开需要设置用户级安全机制的数据库,在菜单栏上选择"工具"|"安全"|"设置安全
机制向导"命令,打开"设置安全机制向导"对话框,根据向导对话框提示完成设置。

4) 设置账号

在打开的数据库的菜单栏上选择"工具"|"安全"|"用户与组账户"命令,打开"用户与
组账户向导"对话框,如图 7-78 所示。选择"用户"选项卡,单击"新建"按钮,打开"新建
用户/组"对话框,填写用户名的个人 ID 号,如图 7-79 所示。单击"确定"完成设置。同样

也可设置用户账号和安全组账号。

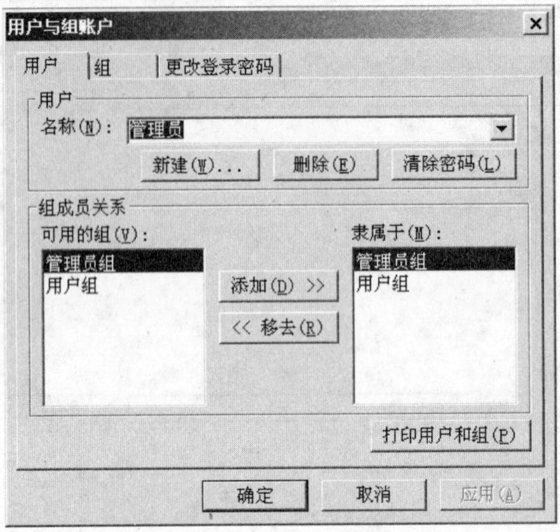

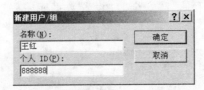

图 7-78　"用户与组账户"对话框

图 7-79　"新建用户/组"对话框

5) 设置用户与组的权限

在菜单栏选择"工具"|"安全"|"用户与组权限"命令,打开"用户与组权限"对话框,如图 7-80 所示,选择"用户"或组选项,在"用户名/组名"列表框中选择指定的用户或组名,在"对象类型"下拉列表中选择要设置的对象,进行设置。

图 7-80　"用户与组权限"对话框

7.3 本章总结

数据库技术博大精深,不同的数据库管理系统,具有不同的开发方法。本章通过提供的 8 个导学实验,只是使学生可以基本了解数据库的原理,学习 Access 的核心内容和常用技术,掌握使用 Access 创建数据库的方法和步骤。

习 题

(1) 数据处理经过了哪几个阶段?

(2) 什么是数据库管理系统? 列出几个常用的数据库管理系统。

(3) 列出 Access 数据库所包含的基本对象。

(4) 利用数据库向导、选用合适的数据库模板,建立一个库存管理的数据库。

(5) 什么是主键? 显示建立的库存管理数据库表的主键,改变主键。

(6) 表间关系的种类有哪些? 显示库存管理数据库表间关系。改变表间一对多和一对一之间的关系。

(7) 利用已有数据表导入到数据库中。

(8) 将数据库中的数据导出。

(9) 利用学生成绩管理系统建立查询,查询成绩大于 90 分的学生。

(10) 利用学生成绩管理系统建立学生姓名查询。

(11) 利用窗体向导、学生成绩管理系统中的数据源,建立窗体。

(12) 在设计视图中为窗体添加图片。

(13) 通过改变窗体各控件的属性改变窗体。

(14) 利用报表向导、学生成绩管理系统中的学生基本情况为数据源,创建学生标签报表。

(15) 在设计视图中修改学生标签报表的字体、颜色、添加时间。

(16) 对你的数据库设置密码,设置管理员、用户账号,设置权限。

第8章 设计与开发型实验和
研究与创新型实验

8.1 设计与开发型实验

8.1.1 01——邮件合并（考试成绩通知单）

1. 问题描述

在日常的办公过程中,学生成绩可能有很多数据表,同时又需要根据这些数据信息制作出大量信函、信封或者是工资条等。面对如此繁杂的数据,有没有简单的方法可以实现呢?

借助 Word 提供的一项功能强大的数据管理功能——"邮件合并",完全可以轻松、准确、快速地完成这些任务。

邮件合并就是在邮件主文档(用 Word 建立)的固定内容中,合并与发送数据源表格记录中的相关信息(数据源表格可以是 Word、Excel、Access、Query、Foxpro 或 Outlook 中的记录表),从而批量生成需要的邮件文档(Word 文档)。

邮件合并的三个步骤:①建立主文档;②准备好数据源;③把数据源合并到主文档中。即两个准备(主文档和数据源)和一个操作(插入数据域并合并到新文档)。

本实验"成绩单.xls"的"第一学期成绩"工作表中包含全体学生的考试成绩、总分和名次,现要为每位学生制作"考试成绩通知单",并要将各门成绩、总分和名次自动填入。利用邮件合并功能,以一份"考试成绩通知单(主文档).doc"作为"底稿"文档,在文档中自动填入数据表中的各种数据,从而制作出"一式多份"的文档。

2. 解决思路

(1) 利用 Word 编辑空白"考试成绩通知单"——主文档。文档内容及格式如图 8-1 所示。

(2) 利用 Excel 输入"成绩单"中的信息——数据文档,如图 8-2 所示。

(3) 利用 Word 中的"邮件合并"功能,实现"主文档"和"数据文档"的合并,快速生成"一式多份"文档。

3. 实验文件

本实验主文档及数据源文件存放于随书光盘"设计与开发型实验和研究与创新型实验\设计与开发型实验 01-邮件合并(考试成绩通知单)"文件夹中。

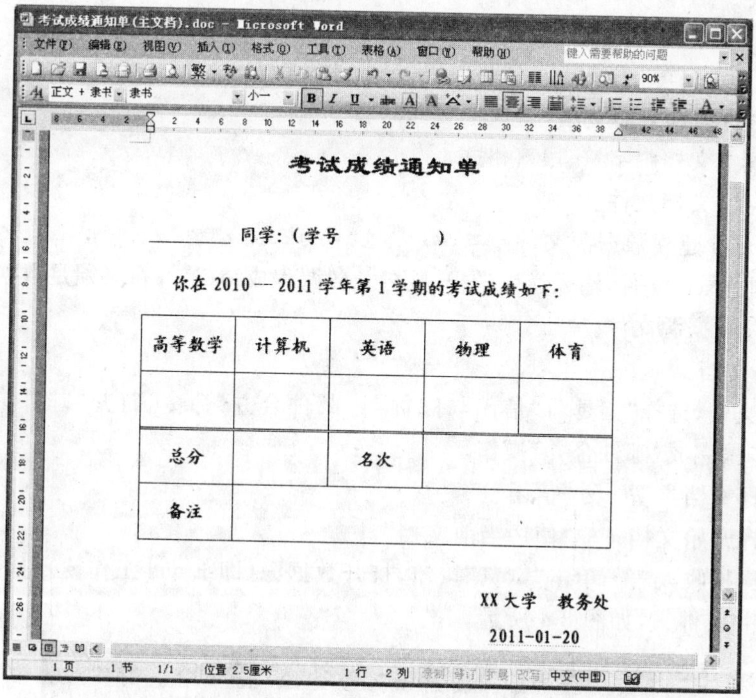

考试成绩通知单

________ 同学：(学号　　　　　　)

你在 2010 -- 2011 学年第 1 学期的考试成绩如下：

高等数学	计算机	英语	物理	体育
总分		名次		
备注				

XX大学　教务处

2011-01-20

图 8-1　主文档

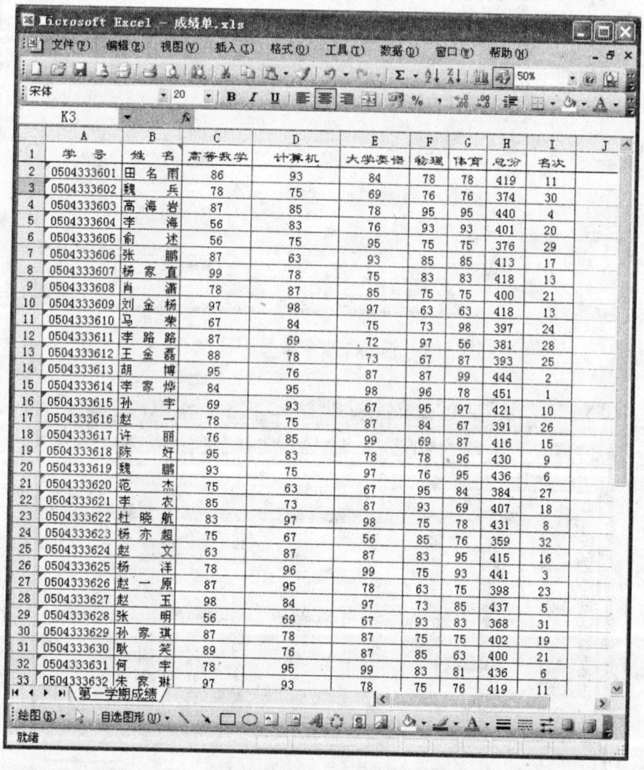

学号	姓名	高等数学	计算机	大学英语	物理	体育	总分	名次
0504333601	田名雨	86	93	84	78	78	419	11
0504333602	魏兵	78	75	69	76	76	374	30
0504333603	高海岩	87	85	78	95	95	440	4
0504333604	李海	56	83	76	93	93	401	20
0504333605	俞述	56	75	95	75	75	376	29
0504333606	张鹏	87	63	93	85	85	413	17
0504333607	杨家直	99	78	75	83	83	418	13
0504333608	肖潇	78	87	85	75	75	400	21
0504333609	刘金杨	97	98	97	63	63	418	13
0504333610	马荣	67	84	75	73	98	397	24
0504333611	李路路	87	69	72	97	56	381	28
0504333612	王金磊	88	78	73	67	87	393	25
0504333613	胡博	95	76	87	87	99	444	2
0504333614	李家烨	84	95	98	96	78	451	1
0504333615	孙宇	69	93	67	95	97	421	10
0504333616	赵一	78	75	87	84	67	391	26
0504333617	许丽	76	85	99	69	87	416	15
0504333618	陈妤	95	83	78	78	96	430	9
0504333619	魏鹏	93	75	97	76	95	436	6
0504333620	范杰	75	63	67	95	84	384	27
0504333621	李农	85	73	87	93	69	407	18
0504333622	杜晓航	83	97	98	75	78	431	8
0504333623	杨亦超	75	67	56	85	76	359	32
0504333624	赵文	63	87	87	83	95	415	16
0504333625	杨洋	78	96	99	75	93	441	3
0504333626	赵一原	87	95	78	63	75	398	23
0504333627	赵玉	98	84	97	73	85	437	5
0504333628	张明	56	69	67	93	83	368	31
0504333629	孙家琪	87	78	87	75	75	402	19
0504333630	耿笑	89	76	87	85	63	400	21
0504333631	何宇	78	95	99	83	81	436	6
0504333632	朱家琳	97	93	78	75	76	419	11

图 8-2　数据文档

4. 操作步骤

1) 用 Word 编辑"主文档"(合并前,只是普通文档)

(1) 新建 Word 空白文档,输入主文档内容。

(2) 设置主文档中字符、段落格式。

(3) 保存主文档文件。

2) 用 Excel 建立数据源文件

(1) 新建 Excel 文件,输入学生学号、姓名及各课程成绩(第一行必须是数据列标题)。

(2) 保存数据源文件。

3) 合并文档

打开主文档,选择"工具"|"信函与邮件"|"邮件合并"命令,打开"邮件合并"任务窗格,分 6 个步骤完成"邮件合并"操作。

(1) 选择文档类型——"信函"。

(2) 选择开始文档——"使用当前文档"。

(3) 选择接收人——单击"浏览"按钮,打开数据源(即 Excel 工作簿),如图 8-3 所示。选取邮件合并收件人,如图 8-4 所示。

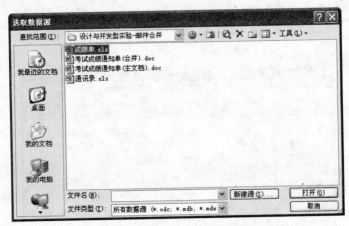

图 8-3　选取数据源 Excel 文件

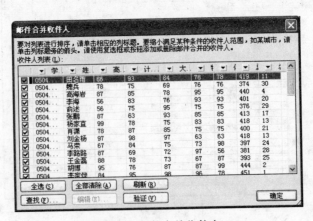

图 8-4　邮件合并收件人

（4）撰写信函——在主文档中插入合并域。

① 选择"视图"|"工具栏"|"邮件合并"命令，启动"邮件合并"工具栏，如图8-5所示。

图8-5 "邮件合并"工具栏

② 将光标依次置于要插入数据处，单击"邮件合并"工具栏中的"插入域"按钮，打开"插入合并域"对话框，如图8-6所示。选取"域"列表框中的项目，单击"插入"按钮。插入合并域后的主文档，如图8-7所示。

图8-6 "插入合并域"对话框

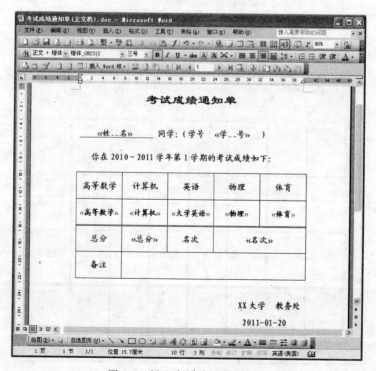

图8-7 插入合并域后的主文档

（5）预览信函——可查看第一人至最后一人的成绩单，如图 8-8 所示。

图 8-8　预览第一人至最后一人的成绩单

（6）完成合并，单击"编辑个人信函"，打开"合并到新文档"对话框，如图 8-9 所示，单击"确定"按钮。打印合并后文档如图 8-10 所示。

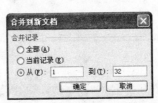

图 8-9　合并到新文档

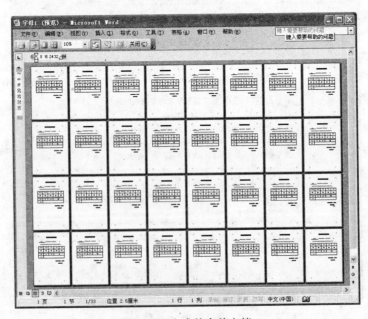

图 8-10　生成的合并文档

8.1.2 02——邮件合并(制作带照片的胸卡)

1. 问题描述

随着数码设备的普及,利用 Word 邮件合并功能批量打印带照片的胸卡或证书成为很普遍的应用,与前一实验类似,将胸卡内容制作成"主文档",比如胸卡中的姓名、性别、班级等文字对每个胸卡持有人都是不变的内容等。将每个人的姓名、性别、班级、照片名称制作成数据源,利用 Word 邮件合并将数据源中每一记录的相应内容填入主文档,形成批量胸卡文件。

2. 解决思路

(1) 利用 Word 编辑空白"胸卡主文档. doc"。文档内容及格式如图 8-11 所示。

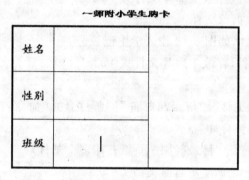

图 8-11　胸卡主文档

(2) 利用 Excel 输入"胸卡数据源. xls"中的信息,如图 8-12 所示。

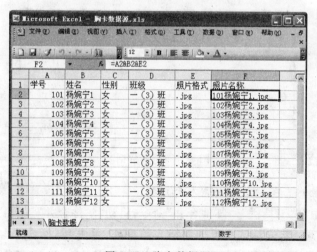

图 8-12　胸卡数据源

注意:制作数据源时,字段行(标题行)要求是第一行,中间的记录行不要出现空行;合并包含照片的数据时,最好把照片、数据源文件和主文档存放到同一目录下以避免输入路径的麻烦。

（3）利用 Word 中"邮件合并"功能，实现"主文档"和"数据文档"的合并，其中图片的合并要利用 Word 的 Includepicture 域。

3. 实验文件

本实验主文档及数据源文件存放于随书光盘"设计与开发型实验和研究与创新型实验\设计与开发型实验 02-邮件合并（制作带照片的胸卡）"文件夹中。

4. 操作步骤

1）用 Word 编辑"主文档"（合并前，只是普通文档）

（1）新建 Word 空白文档，如图 8-11 输入主文档内容。

（2）设置主文档中字符和表格的格式。

（3）保存主文档文件（存放于照片文件夹中）。

2）用 Excel 建立数据源文件

（1）新建 Excel 文件，如图 8-12 输入学生记录。

（2）保存数据源文件（存放于照片文件夹中）。

3）合并文档

打开主文档，选择"工具"|"信函与邮件"|"邮件合并"命令，打开"邮件合并"任务窗格，分 6 个步骤完成"邮件合并"操作。

（1）选择文档类型——"目录"（用一页纸打印多个邮件）。

（2）选择开始文档——"使用当前文档"。

（3）选择接收人——单击"浏览"按钮，打开"胸卡数据源. xls"中"胸卡数据"工作表。选取邮件合并收件人，如图 8-13、图 8-14 所示。

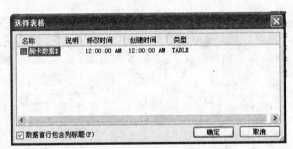

图 8-13　选择数据表

（4）选择目录——在主文档中插入合并域。

① 选择"视图"|"工具栏"|"邮件合并"命令，启动"邮件合并"工具栏，如图 8-5 所示。

② 插入文字域：将光标依次置于要插入数据处，单击"邮件合并"工具栏中的"插入域"按钮，打开"插入合并域"对话框，选取"域"列表中的项目，单击"插入"按钮。

③ 插入图片域：选择"插入"|"域"命令，选择 Includepicture 类（如图 8-15 所示），单击"确定"按钮，显示合并域，如图 8-16 所示。按 Alt＋F9 键，显示域代码，如图 8-17 所示。

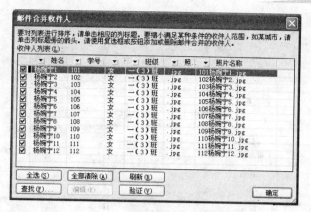

图 8-14 选择邮件合并收件人

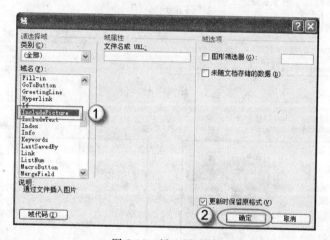

图 8-15 插入图片域

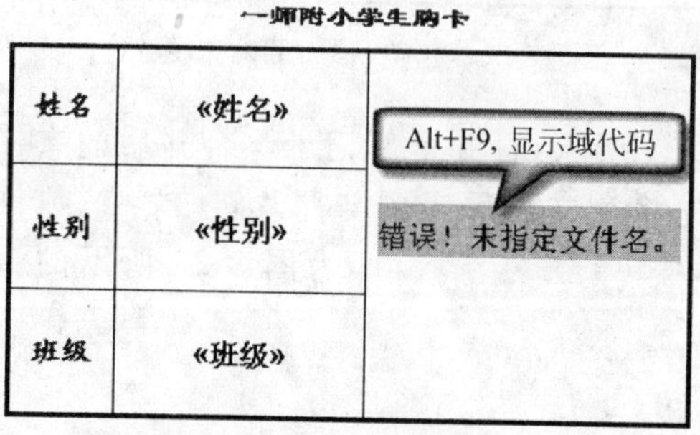

一师附小学生胸卡		
姓名	《姓名》	
性别	《性别》	Alt+F9,显示域代码 错误！未指定文件名。
班级	《班级》	

图 8-16 显示合并域

一师附小学生胸卡		
姓名	{ MERGEFIELD "姓名" }	
性别	{ MERGEFIELD "性别" }	INCLUDEPICTURE * MERGEFORMAT
班级	{ MERGEFIELD "班级" }	

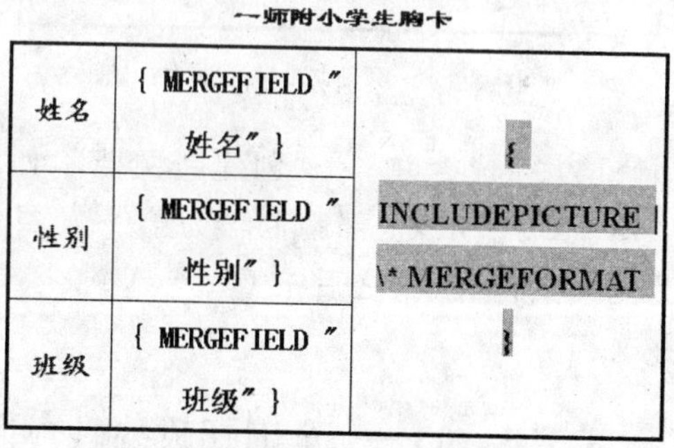

图 8-17 显示域代码

④ 在图片域中插入"照片名称"域,如图 8-18 所示。

⑤ 按 Alt+F9 键回到显示合并域的状态,外观如图 8-16 所示。

⑥ 按 F9 键,更新域,显示照片,如图 8-19 所示。

(5) 预览目录——可查看第一人至最后一人的信息,此时照片未更新,如图 8-20 所示。

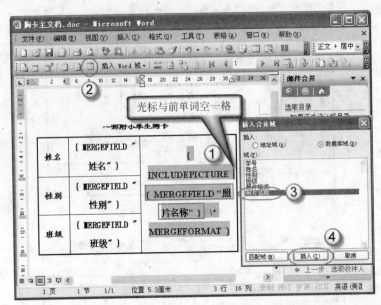

图 8-18　插入"照片名称"域

图 8-19　更新域,显示照片

图 8-20　预览目录,照片未更新

　　(6) 完成合并——"创建新文档",如图 8-21 所示,合并全部记录。合并后的文档如图 8-22 所示,全部胸卡均为第一人照片,先将该文档保存到与照片、主文档、数据源同一文件夹下,之后按 Ctrl＋A 键全选,再按 F9 键更新域,即为图 8-23 所示的合并文档。

8.1.3　03——全国邮政编码查询

1. 问题描述

　　多人协同工作,共同制作一个内含 30 余张工作表的 Excel 工作簿。所有参与文件编辑的学生"共享"该工作簿,在同一个工作簿中,每人负责一张工作表,同时进行编辑工作,完成某省、市的邮政编码的编辑整理,最后保存生成的整个工作簿可实现"全国邮政编码"的查询。

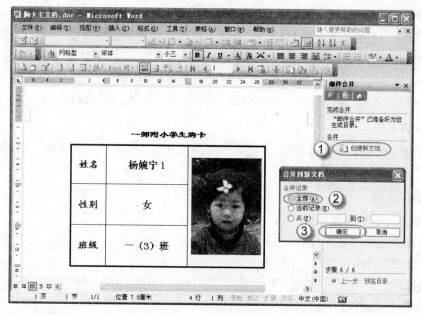

图 8-21　合并到新文档

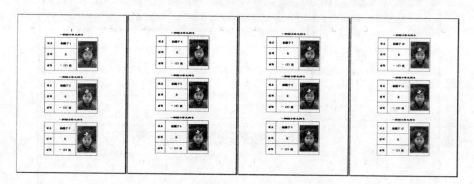

图 8-22　合并后未保存与更新的文档

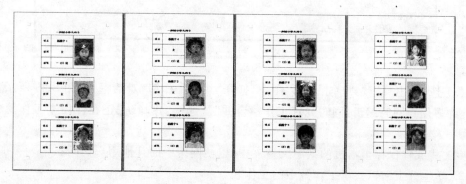

图 8-23　保存并更新后的文档

2. 解决思路

（1）新建一个 Excel 文件，设置为"共享工作簿"，并将该工作簿保存在其他用户可以访问到的网络位置上（如教师机）。

（2）每个学生通过"网上邻居"，打开共享工作簿，插入新工作表，完成各自工作表中的编辑工作，并单击"保存"按钮，对教师机上的"共享工作簿"进行保存。

3. 实验文件

本实验文件存放于随书光盘"设计与开发型实验和研究与创新型实验\设计与开发型实验 03-全国邮政编码查询"文件夹中。

4. 操作步骤

1）建立共享工作簿

此步骤为实验准备工作，可由教师统一完成。

（1）新建 Excel 文件。

（2）保留一张工作表（Sheet1），并改名为"封面"，完成当前工作表的编辑，并删除多余的工作表，如图 8-24 所示。

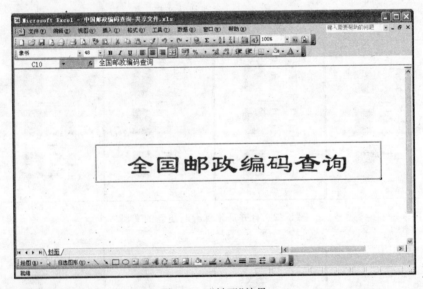

图 8-24 "封面"效果

（3）选择"工具"|"共享工作簿"命令，打开"共享工作簿"对话框，如图 8-25 所示。选中"允许多用户同时编辑，同时允许工作簿合并"复选框，并确认"正在使用本工作簿的用户"为一人独占。

（4）将文件保存至本机的共享文件夹中，以便网络中的其他用户访问。

2）学生分工编辑共享工作簿中的工作表

（1）通过"网上邻居"打开共享工作簿。

（2）右击工作表标签，选择快捷菜单中的"插入"命令，打开"插入"对话框，如图 8-26 所示，选择"工作表"，单击"确定"按钮。

图 8-25 "共享工作簿"对话框

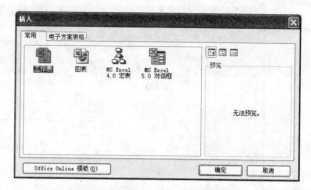
图 8-26 "插入"工作表对话框

（3）单击工作表中的"全选"按钮，将所有单元格的"数字"格式设置为"文本"（这种格式可以保证邮编前面的 0 不被丢掉），如图 8-27 所示。

（4）打开已有的 Word 文档（如：设计与开发型实验 02-制作"全国邮政编码查询"工作簿\03-河北.doc），选中 Word 文档中的地名和邮编，单击"复制"按钮，切换到 Excel 工作表中，选择"编辑"|"选择性粘贴"命令，打开"选择性粘贴"对话框，如图 8-28 所示，选择"文本"粘贴方式。

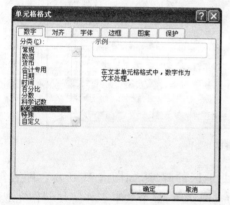
图 8-27 "单元格格式"对话框"数字"选项卡

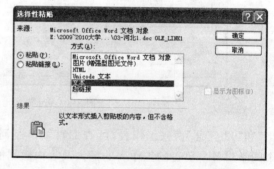
图 8-28 "选择性粘贴"对话框

（5）选择"数据"|"分列"命令，将原本处于同一列的地名和邮编分成两列（注意：要在分开之列后面预留空列），并在地名前一列加上地区名，调整表格的布局及行高列宽。效果如图 8-29 所示。

（6）分别选中每个地区地名和邮编所在的单元格区域，选择"插入"|"名称"|"定义"命令，定义选中的单元格区域的名称为地区名，如图 8-30 所示，例如，将北京地区的地名和邮编选中，定义该单元格区域的名称为"北京"（注：先选"北京"单元格，再拖动选中单元格区域，系统自动默认"北京"为该单元格区域的名称，省去了输入的麻烦）。

（7）保存 Excel 文件。单击"保存"按钮，将自己的工作表保存于共享工作簿中。

3）查询某地区邮政编码

在 Excel 名称框中选取要查询的地区名即可。现已有两个学生分别完成了"01-直辖

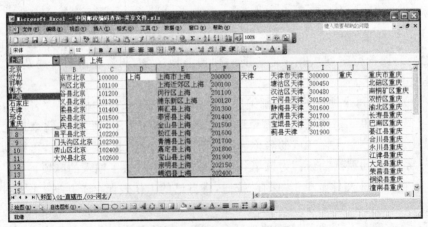

图 8-29　数据分列整理后的效果

图 8-30　定义单元格区域名称

市"和"03-河北"两张工作表,可查询直辖市及河北地区的邮编,如图 8-31 所示。随着每个同学对各自负责的工作表的插入及表内数据的整理完毕,整个共享工作簿便制作完成。

图 8-31　通过名称框查询结果

8.1.4　04——单人成绩输出

1. 问题描述

通常人们习惯按图 8-32 的形式填写成绩单,便于成绩的统计和计算,但若将成绩通知到每个学生时,则按图 8-33 的形式安排较为合理,便于成绩的打印。

图 8-32　原始成绩单(部分)　　　　图 8-33　希望的输出形式

2. 解决思路

一般成绩单是将包含"学号"、"姓名"及各科"成绩"等字段的记录按行排列的,对于多科成绩(如"原始成绩单"工作表中的 20 科成绩),表格很宽,即便横向放纸,也不能在一页内输出。因此,先利用 Excel 工作表的转置功能,可以将原表中的记录由原来的"按行"排列转为"按列"排列,然后利用 Excel 工作表的左端标题列和页边距调整功能便可实现将每个学生成绩的单页连续打印。

3. 实验文件

本实验文件存放于随书光盘"设计与开发型实验和研究与创新型实验\设计与开发型实验 04-单人成绩输出"文件夹中。

4. 操作步骤

(1) 打开"设计与开发型实验 04-单人成绩输出.xlt"文件,选中工作表"1-原始成绩单"中的数据区域,单击"复制"按钮。在工作表"2-转置"中,选择"编辑"|"选择性粘贴"命令,打开"选择性粘贴"对话框,如图 8-34 所示,选中"转置"复选框,单击"确定"按钮。

(2) 将转置后的表格复制到工作表"3-页眉页脚"中,选择"视图"|"页眉和页脚"命令,如图 8-35 所示。添加页眉为"2010—2011 学年总成绩",页脚为"XX 大学教务处",对页眉页脚设置合适的字体、字号。

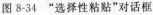

图 8-34　"选择性粘贴"对话框

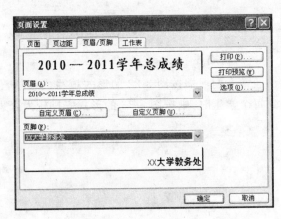

图 8-35　添加"页眉和页脚"

（3）单击"全选"按钮，将单元格字号改为 20；选择"文件"|"页面设置"命令，单击"页边距"选项卡，如图 8-36 所示，设置页边距；单击"工作表"选项卡，设置左端标题列，如图 8-37 所示。

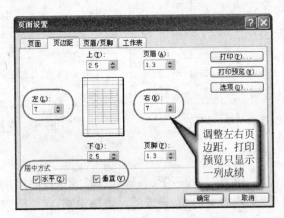

图 8-36　"页面设置"中的"页边距"选项卡

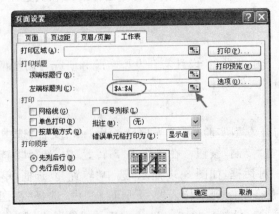

图 8-37　"页面设置"中的"工作表"选项卡

（4）选择"文件"|"打印预览"命令，使每页只能显示一个人的成绩即可。将打印预览界面拷屏后粘贴到"4-页面设置"工作表中（检查作业用）。

8.1.5 05——制作数学试卷答案

1. 问题描述

数学老师希望用 Word 软件编辑制作一份"数学试卷答案"，共 3 页，内容如图 8-38、图 8-39 和图 8-40 所示。

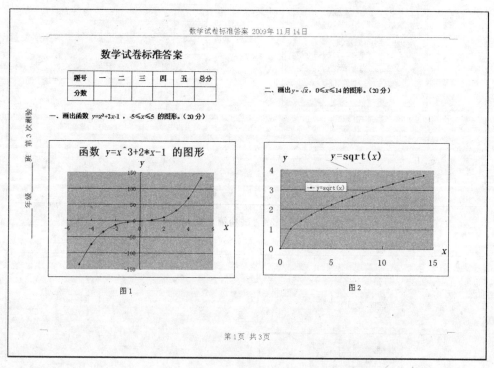

图 8-38 试卷第 1 页

2. 解决思路

纸张横置（宽度为 36.4 厘米，高度为 25.7 厘米）。分两栏设置考试题目。标题——"数学试卷标准答案"用"标题 1"修饰，文字字号为四号，宋体，加粗。其他文字字体、字号自定。题目号用项目编号"一、二、三、……"修饰。利用 Office 公式编辑器书写复杂公式，函数图由 Excel 图表生成后复制到 Word 文档中。页眉由"关键字"域（先将 Word 文档的"关键字"属性设为"数学试卷标准答案"）和"当前日期"域组成，左侧文本框也为页眉，页脚插入"自动图文集"中的"第 X 页 共 Y 页"。

3. 实验文件

本实验样例图片文件存放于随书光盘"设计与开发型实验和研究与创新型实验\设计与开发型实验 05-制作数学试卷答案"文件夹中。

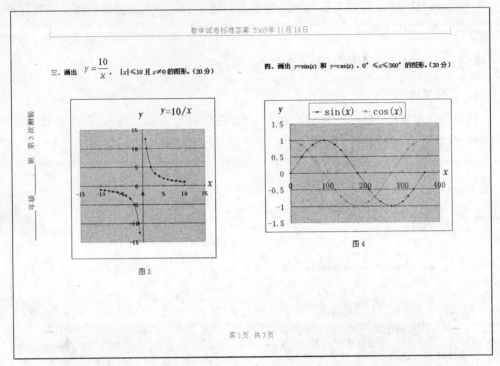

图 8-39　试卷第 2 页

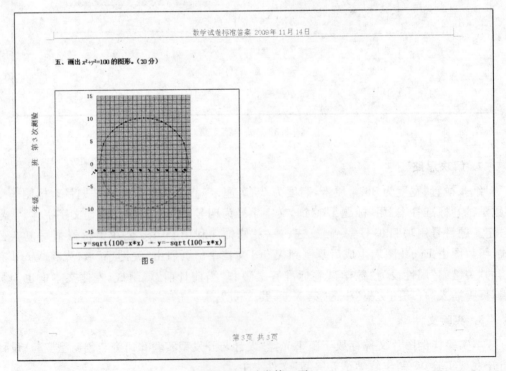

图 8-40　试卷第 3 页

4. 操作步骤

（1）页面设置。选择"文件"|"页面设置"命令，设置纸张方向、页边距及纸张大小，如图 8-41 和图 8-42 所示。

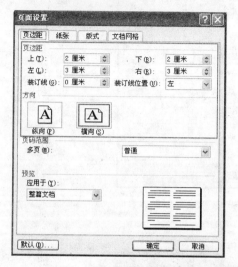

图 8-41 设置纸张方向及页边距

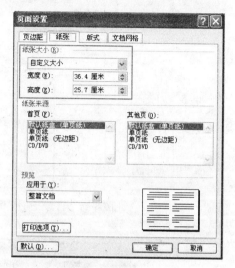

图 8-42 设置纸张大小

（2）分栏。选择"格式"|"分栏"命令，如图 8-43 所示。

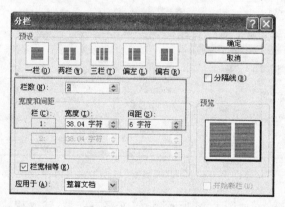

图 8-43 "分栏"对话框

（3）以"数学试卷标准答案"为文件名，保存文档，并退出 Word。

（4）修改属性。右击文件图标，选择快捷菜单中的"属性"命令，打开"属性"对话框，如图 8-44 所示。

（5）添加页眉和页脚。

① 选择"视图"|"页眉和页脚"命令，进入到"页眉页脚"编辑状态。

② 上页眉 1：选择"插入"|"域"命令，如图 8-45 所示进行设置。

③ 上页眉 2：选择"插入"|"日期和时间"命令。

④ 左页眉：选择"插入"|"文本框"|"竖排"，添加竖排文本框。选中文本框后，选择

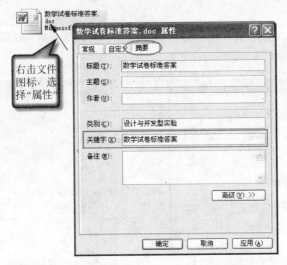

图 8-44　将"关键字"属性设为"数学试卷标准答案"

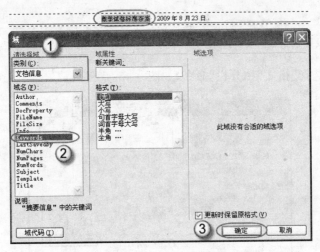

图 8-45　插入"关键字"域作为页眉内容

"格式"|"文字方向"命令,如图 8-46 所示,设置文字方向后,输入相应文字。

⑤ 页脚:选择"插入"|"自动图文集"命令,在打开的对话框中选择"第 X 页 共 Y 页"项。

(6) 文字录入。其中题目号使用"格式"|"项目符号和编号"命令,插图编号使用"插入"|"引用"|"题注"命令打开"题注"对话框,然后单击"自动插入题注"实现自动编号。

(7) 编辑公式。选择"插入"|"对象"命令,打开"对象"对话框,选择"Microsoft 公式 3.0",如图 8-47 所示。利用该公式编辑器,完成公式的编辑。

(8) 制作 Excel 图表。在 Excel 工作表中首先将 x 的取值置为一列,将计算出的函数值放在相邻列中(如图 8-48 所示),选中数值单元格按图表向导的提示(如图 8-49 所示),生成对应的图表。

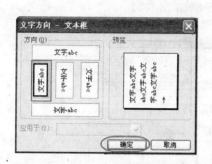

图 8-46　"文字方向"对话框

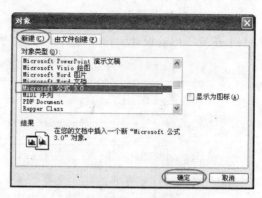

图 8-47　启动"公式编辑器"

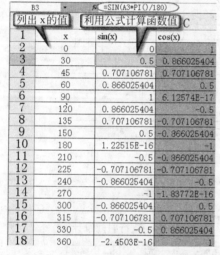

图 8-48　数据表

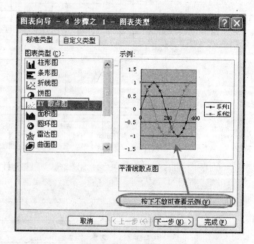

图 8-49　图表向导

（9）将生成的数据图表复制并粘贴到 Word 文件中即可。

8.2　研究与创新型实验

8.2.1　01——飞行时间统计

1. 问题描述

某航空公司希望用 Excel 制作"飞行时间统计表"。其中包括：

（1）月统计表（每个月1张表）——根据录入的飞行员每天飞行的"左座"、"右座"时间自动计算出每天的总飞行时间（左、右座时间相加），并统计该月累计的这三项飞行时间。

（2）年统计表——汇总各飞行员各月及全年累计的三项飞行时间。汇总全队各月及全年累计的三项飞行时间。

2. 解决思路与操作提示

(1) 按要求内容设计工作表的结构,可参考图 8-50 和图 8-51。

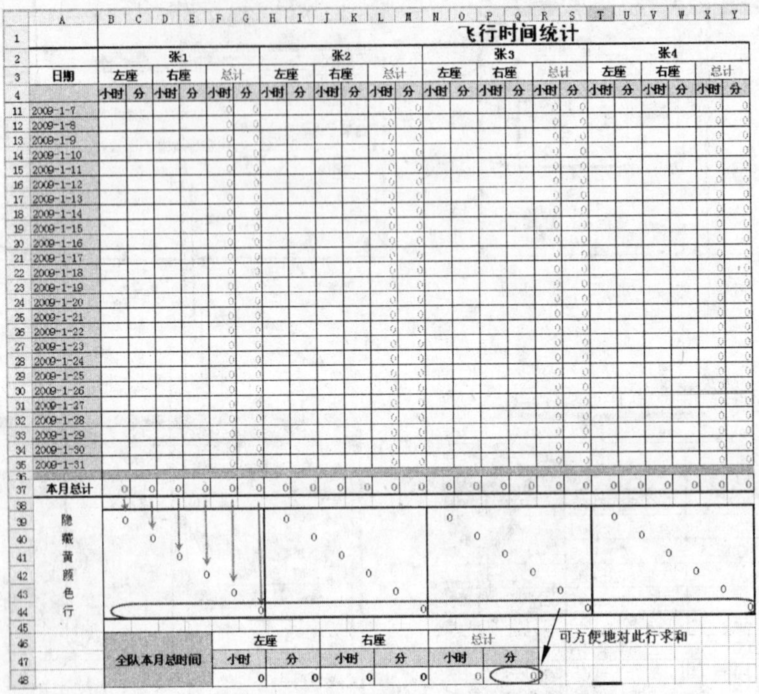

图 8-50   月统计表结构(部分)

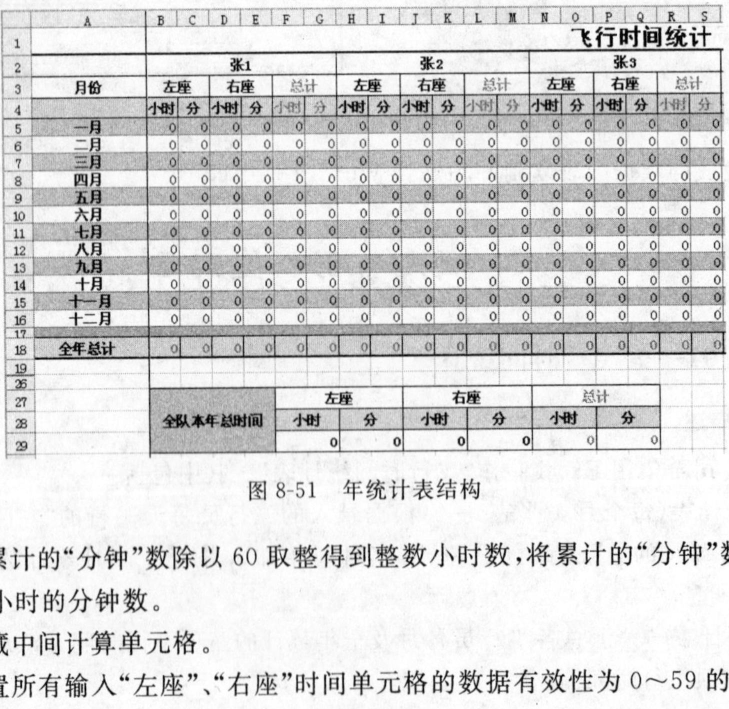

图 8-51   年统计表结构

(2) 将累计的"分钟"数除以 60 取整得到整数小时数,将累计的"分钟"数对 60 取余,得到不足 1 小时的分钟数。

(3) 隐藏中间计算单元格。

(4) 设置所有输入"左座"、"右座"时间单元格的数据有效性为 0~59 的整数。

（5）保护除所有输入"左座"、"右座"时间单元格外的其他单元格。

3. 实验文件

本实验文件存放于随书光盘"设计与开发型实验和研究与创新型实验\研究与创新型实验01-飞行时间统计"文件夹中。

8.2.2　02——自动显示空教室

1. 问题描述

在学校里，常常遇到某个班需要临时加课的情况。当总课表排好后（如图8-52所示），要查找某天某节课是否有空教室是一件相当麻烦的事情。利用Excel可以快速实现查找。

序号	所有教室	教室类别	节次	一 1-2	二 1-2	三 1-2	四 1-2	五 1-2	一 3-4	二 3-4	三 3-4	四 3-4	五 3-4	一 5-6
								使用方法：将某星期某节次整列数据复制到"原始数据"列，则会自动显示教室						
1	1-阶1	多媒体		2-103	2-阶2	3-204	2-304	2-阶2	2-105	3-308	2-阶2	2-304	2-105	3-308
2	2-101			3-308	2-阶2		2-304	2-阶2		2-103	2-阶2	2-304	2-304	3-307
3	2-103			2-104	3-308	2-阶2	2-403	2-105	2-403			3-204	2-阶2	3-307
4	2-104	多媒体		2-104		2-阶2	3-303	2-105		3-306	2-403	2-403	2-阶2	2-403
5	2-105	多媒体		2-403	2-404	2-403	2-105	2-404	2-104		3-304			
6	2-107				2-207	2-404	2-401	2-105	2-404	2-104	3-206		3-304	
7	2-108				2-205	3-206	2-404		2-205	2-207		3-304		
8	2-109	多媒体		2-205		2-404	2-207	2-205	2-207		2-401	2-105	2-404	3-206
9	2-110	多媒体		2-201	2-405		2-405	2-201	2-205	3-407	2-401	3-203	2-404	2-207
10	2-201			3-405	2-405		2-201	2-405		2-205			2-205	2-201
11	2-202	多媒体		2-阶1	2-203	2-405	3-208	2-109	2-阶3				2-405	2-205
12	2-203			2-阶1	3-406	2-405	3-208	2-109		2-405		2-203	2-405	2-203
13	2-204	多媒体		2-209	3-104	3-404	2-203	3-104		2-阶3	3-104		2-109	2-203
14	2-205	多媒体		2-209	3-104	2-101	2-101		2-101	2-阶3	3-104		2-109	
15	2-207			2-101	2-209	3-104	2-104	2-209	2-105	3-104	3-304	2-101	3-104	2-阶1
16	2-209	多媒体			2-209	3-104	2-104	2-209	2-209	3-104	3-104	2-101	3-104	2-阶1
17	2-210			3-阶1		2-209	3-403	2-302	3-阶1		1阶1	2-412	3-阶1	3-阶1
18	2-212	多媒体		2-409					2-105	1-阶1			2-104	3-203
19	2-301				3-303	2-104	3-305	2-107	2-205	1-阶1		2-107	2-104	
20	2-302	多媒体		1-阶1	3-阶1	2-203	2-412	2-104	2-409	2-209	3-403		2-209	3-407
21	2-303				1-阶1	3-403		2-104	1-阶1	3-阶1	2-209	3-203	2-108	2-209
22	2-304			3-206	2-108	2-103	3-304	2-302		2-209	3-203		2-101	
23	2-305	多媒体		3-403	3-404	3-303	2-107	2-304	2-209		2-302		2-107	
24	2-307			3-307	3-306		2-108	2-304	2-209	2-108	2-304	3-303		
25	2-309	多媒体		3-阶1		2-309	3-403	3-阶1		2-302	3-阶1	2-302	3-阶1	
26	2-312			2-105	4-阶1	2-303	3-209	4-阶1	2-307		4-阶1	2-212	2-212	
27	2-401			2-105	4-阶1	3-206	2-309	4-阶1		3-203	4-阶1	2-212	2-212	2-307
28	2-402	多媒体		3-203		2-204	2-212	2-210		3-阶1	2-309	4-阶1	2-210	

图8-52　原始课表（局部）

2. 解决思路与操作提示

一般情况会使用Excel来排课表，由学习中知道Excel有个查询函数VLOOKUP，若依次判断某教室在某天某课次中被使用，便可反向找出空教室。

（1）修改原始课表，增加D列～J列7个字段，如图8-53所示。

（2）在"粘贴某节次数据"列中粘贴想要加课的星期和节次。

（3）利用VLOOKUP函数，判断B列的教室是否用过，并将结果存放于E列。

提示：在"VLOOKUP函数"列E4单元格输入公式："=VLOOKUP(B4,\$D\$4：\$D\$74,1,FALSE)"。

（4）嵌套使用IF函数和ISNA函数，将E列中使用过的教室号存入F列；未用过的教室号存放于G列。

提示：在F4单元格中输入公式："=IF(ISNA(E4),"",E4)"，在G4单元格中输入公式："=IF(ISNA(E4),B4,"")"。

	A	B	C	D	E	F	G	H	I	J	K	L
1	使用方法：将某星期某节次整列数据复制到"粘贴某节次数据"列，则会自										星期	一
2												
3		序号	所有教室	教室类别	粘贴某节次数据	VLOOKUP函数	使用教室	空教室	多媒体空	机房空	普通空	节次	1~2
4	1	1-阶1	多媒体									2-103
5	2	2-101										3-308
6	3	2-103										2-104
7	4	2-104	多媒体									2-104
8	5	2-105	多媒体									2-403
9	6	2-107										2-207
10	7	2-108										2-205
11	8	2-109	多媒体									2-205
12	9	2-110	多媒体									2-201
13	10	2-201										3-405
14	11	2-202	多媒体									2-阶1
15	12	2-203										2-201
16	13	2-204	多媒体									2-209
17	14	2-205	多媒体									2-209
18	15	2-207	多媒体									2-101
19	16	2-209	多媒体									

图 8-53　修改原始课表

（5）在 H 列中依次判断 G 列中的教室号若满足既是"多媒体"又是空教室，则将该教室号存放于 H 列。

提示：在 H4 单元格中输入公式："=IF(AND(C4="多媒体",G4<>""),B4,"")"。

（6）在 I 列中依次判断 G 列中的教室号若满足既是"机房"又是空教室，则将该教室号存放于 I 列。

提示：在 I4 单元格中输入公式："=IF(AND(C4="机房",G4<>""),B4,"")"。

（7）将既不是"多媒体"又不是"机房"的空教室号存放于 J 列。

提示：在 J4 单元格中输入公式："=IF(AND(C4="",G4<>""),B4,"")"。

（8）保护工作表。

为避免误操作删除原始课表及有公式的单元格内容，将 D4:D74 单元格区域的锁定去除（为能粘贴数据）（如图 8-54 所示），然后设置工作表保护如图 8-55 所示。

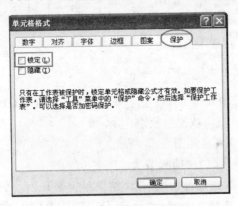

图 8-54　去除单元格"锁定"

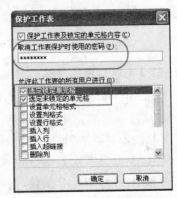

图 8-55　工作表保护

3. 实验文件

本实验文件存放于随书光盘"设计与开发型实验和研究与创新型实验\研究与创新型实验 02-自动显示空教室"文件夹中。

读者意见反馈

亲爱的读者：

    感谢您一直以来对清华版计算机教材的支持和爱护。为了今后为您提供更优秀的教材，请您抽出宝贵的时间来填写下面的意见反馈表，以便我们更好地对本教材做进一步改进。同时如果您在使用本教材的过程中遇到了什么问题，或者有什么好的建议，也请您来信告诉我们。

    地址：北京市海淀区双清路学研大厦 A 座 602 室 计算机与信息分社营销室 收

    邮编：100084   电子邮件：jsjjc@tup.tsinghua.edu.cn

    电话：010-62770175-4608/4409   邮购电话：010-62786544

教材名称：计算机基础实践导学教程

ISBN：978-7-302-22488-4

个人资料

姓名：＿＿＿＿＿＿　　年龄：＿＿＿＿＿＿　所在院校/专业：＿＿＿＿＿＿＿＿＿

文化程度：＿＿＿＿＿＿　通信地址：＿＿＿＿＿＿＿＿＿＿＿＿＿＿

联系电话：＿＿＿＿＿＿　电子信箱：＿＿＿＿＿＿＿＿＿＿＿＿＿＿

您使用本书是作为： □指定教材 □选用教材 □辅导教材 □自学教材

您对本书封面设计的满意度：

□很满意 □满意 □一般 □不满意　改进建议＿＿＿＿＿＿＿＿＿＿＿＿＿

您对本书印刷质量的满意度：

□很满意 □满意 □一般 □不满意　改进建议＿＿＿＿＿＿＿＿＿＿＿＿＿

您对本书的总体满意度：

从语言质量角度看 □很满意 □满意 □一般 □不满意

从科技含量角度看 □很满意 □满意 □一般 □不满意

本书最令您满意的是：

□指导明确 □内容充实 □讲解详尽 □实例丰富

您认为本书在哪些地方应进行修改？（可附页）

＿＿＿＿＿＿＿＿＿＿＿＿＿＿＿＿＿＿＿＿＿＿＿＿＿＿＿＿＿＿＿＿＿＿＿＿

＿＿＿＿＿＿＿＿＿＿＿＿＿＿＿＿＿＿＿＿＿＿＿＿＿＿＿＿＿＿＿＿＿＿＿＿

您希望本书在哪些方面应进行改进？（可附页）

＿＿＿＿＿＿＿＿＿＿＿＿＿＿＿＿＿＿＿＿＿＿＿＿＿＿＿＿＿＿＿＿＿＿＿＿

＿＿＿＿＿＿＿＿＿＿＿＿＿＿＿＿＿＿＿＿＿＿＿＿＿＿＿＿＿＿＿＿＿＿＿＿

电子教案支持

敬爱的教师：

    为了配合本课程的教学需要，本教材配有配套的电子教案（素材），有需求的教师可以与我们联系，我们将向使用本教材进行教学的教师免费赠送电子教案（素材），希望有助于教学活动的开展。相关信息请拨打电话 010-62776969 或发送电子邮件至 jsjjc@tup.tsinghua.edu.cn 咨询，也可以到清华大学出版社主页（http://www.tup.com.cn 或 http://www.tup.tsinghua.edu.cn）上查询。